"十四五"国家重点出版物出版规划项目

航海导航技术系列丛书

静电陀螺仪及系统技术

The Technologies of Electrostatic Gyroscope and System

罗 巍 侯 巍 张 健 王兴岭 等编著

丛书主编 赵小明

国防工业出版社

·北京·

内 容 简 介

静电陀螺仪是一种典型机光电集成的超精密仪器。静电陀螺仪的研制体现了一个国家在这一领域及相关科学技术领域的综合水平。各军事强国一直致力于静电陀螺仪在长航时高精度领域的应用。以静电陀螺仪为基础研制成功的惯性导航仪和监控器一直是海洋远程运载器的主要导航设备，并被列为战略核潜艇的三大核心技术之一。

本书共分为六章：第一章简述了静电陀螺仪的发展历程；第二章重点讨论了静电陀螺仪制造与控制的关键技术；第三章详细描述了静电陀螺仪的误差测试技术；第四章系统分析了静电陀螺仪的漂移误差抑制技术；第五章介绍了静电陀螺仪的系统应用技术；第六章详细介绍了长航时静电陀螺仪漂移系数误差影响及控制方法。

图书在版编目（CIP）数据

静电陀螺仪及系统技术／罗巍等编著． — 北京：国防工业出版社，2025.6． — （航海导航技术系列丛书／赵小明主编）． — ISBN 978 – 7 – 118 – 13762 – 0

Ⅰ．TN965

中国国家版本馆 CIP 数据核字第 20258K8N20 号

※

国防工业出版社 出版发行

（北京市海淀区紫竹院南路 23 号　邮政编码 100048）
雅迪云印（天津）科技有限公司印刷
新华书店经售

＊

开本 710×1000　1/16　　印张 15¼　　字数 290 千字
2025 年 6 月第 1 版第 1 次印刷　　印数 1—1500 册　　定价 178.00 元

（本书如有印装错误，我社负责调换）

国防书店：(010) 88540777　　书店传真：(010) 88540776
发行业务：(010) 88540717　　发行传真：(010) 88540762

"航海导航技术系列丛书"编委会

主 任 委 员　赵小明
副主任委员　罗　巍　于　浩　王凤歆　张崇猛
　　　　　　侯　巍　赵子阳（执行）
委　　　员　赵丙权　王兴岭　陈　刚　颜　苗
　　　　　　孙伟强　刘红光　谢华伟　潘国良
　　　　　　王　岭　聂鲁燕　梁　瑾　杨　晔
　　　　　　陈　伟　刘　伟　尹　滦　高焕明
　　　　　　蔡　玲　张子剑
秘　　　书　庄新伟　张　群

《静电陀螺仪及系统技术》编写组

主　　编　罗　巍
副 主 编　侯　巍　张　健　王兴岭
参编人员　朱学毅　丁春蕾　赵汪洋　李立勇
　　　　　　刘　伟　贾福利　饶　鑫　尚　岳
　　　　　　海　淼

丛书序

地球表面71%是蓝色的海洋，海洋为人类的生存和发展提供了丰富的资源，而航海是人类认识、利用、开发海洋的基础和前提。从古至今，人类在海洋中的一切活动皆离不开位置和方向的确定——航海导航。

21世纪是海洋的世纪，国家明确提出了建设海洋强国的重大发展战略，提高海洋资源开发能力，发展海洋经济，保护海洋生态环境，坚决维护国家海洋权益，建设海洋强国。随着海洋资源探查、工程开发利用、环境保护、远洋运输等海洋经济活动不断走向深海和远洋，海洋权益的保护也需要强大的海上力量。因此，海工装备、民用船舶及军用舰艇都需要具备走向深远海的能力，也就对作为基础保障能力的航海导航提出了更高的要求。航海导航技术的发展与应用将成为支撑国家海洋战略的关键一环。

近年来，基于新材料、新机理、新技术的惯性敏感器件不断涌现，惯性导航、卫星导航、重力测量、舰艇操控、综合导航等技术均取得了突飞猛进的发展。"航海导航技术系列丛书"紧跟领域新兴和前沿技术及装备的发展，立足长期工程实践及国家海洋发展战略对深远海导航保障能力建设需求，凝聚了天津航海仪器研究所编写人员多年航海导航相关技术研究成果与经验，覆盖了海洋运载体航海导航保障所涉及的运动感知、信息测量与获取、信息综合、运动控制等全部流程；从理论和工程实现的角度系统阐述了光学、谐振、静电等新技术体制惯性敏感器及其航海惯性导航系统的原理技术及加工制造技术，基于惯性、水声、无线电、卫星、天文、地磁、重力等多种技术体制的导航技术以及综合导航系统技术、航海操纵控制理论和技术等；以基础性、前瞻性和创新性研究成果为主，突出工程应用中的关键技术。

丛书的出版对导航、操纵控制等相关领域的人才培养很有意义，对从事舰船航海导航装备设计研制的工业部门、舰船的操纵使用人员以及相关领域的科技人员具有重要参考价值。

2024 年 1 月

前　言

　　自静电陀螺仪概念提出以来，已历经半个世纪的发展历程。各军事强国一直致力于静电陀螺仪在长航时高精度领域的应用。以静电陀螺仪为基础研制成功的惯性导航仪和监控器一直是海洋远程运载器的主要导航设备，并被列为战略核潜艇的三大核心技术之一。

　　本书共6章：第1章介绍了静电陀螺仪的发展历程，并对两种静电陀螺仪方案的技术特点进行介绍，最后总结了各国的应用情况；第2章重点讨论了静电陀螺仪制造与控制的关键技术，主要包括总体技术、转子技术、支承电极技术、支承控制技术、转速控制技术、真空维持技术；第3章详细介绍了静电陀螺仪漂移误差测试技术，主要包括漂移误差源分析、误差模型的建立与辨识，以及漂移误差的测试技术；第4章详细介绍了静电陀螺仪的漂移误差抑制技术，主要包括旋转调制技术和环境因素控制技术；第5章详细介绍了静电陀螺仪的系统应用技术，主要包括几何式系统应用技术、解析式系统应用技术以及捷联式系统应用技术；第6章详细介绍了长航时静电陀螺仪漂移系数误差影响及控制方法，主要包括长航时静电陀螺仪漂移误差对导航监控以及导航系统的影响，并对长航时静电陀螺仪精度评定方法进行了探讨。

　　在"航海导航技术系列丛书"编委会的直接领导下，编者及其团队成员经过一年多的努力完成了本书的撰写。在此，谨向所有关心和支持本书编写工作的领导与同仁致以诚挚的谢意。

　　由于编者水平有限，书中难免存在疏漏和不足，恳请同行专家和读者批评指正。

编著者
2024年12月

目 录

第1章 静电陀螺仪发展历程 001

1.1 引言 001
1.2 发展简介 002
1.3 技术特点 007
    1.3.1 空心转子静电陀螺仪 008
    1.3.2 实心转子静电陀螺仪 010
1.4 应用情况 011
    1.4.1 美国 N88 型静电陀螺导航系统 011
    1.4.2 美国 AN/ASN-131 型静电陀螺导航系统 012
    1.4.3 俄罗斯 СКАНДИЙ 静电陀螺监控器 013
    1.4.4 法国 ESGM 系统方案 14

第2章 静电陀螺仪关键技术 016

2.1 引言 016
2.2 总体技术 016
    2.2.1 $Φ38mm$ 空心转子静电陀螺仪 017
    2.2.2 $Φ50mm$ 空心转子静电陀螺仪 018
    2.2.3 实心转子静电陀螺仪 019
    2.2.4 两类静电陀螺仪技术方案比较 020
2.3 转子技术 021
    2.3.1 转子设计技术 021
    2.3.2 转子高精度球面实现技术 022

2.3.3 转子偏心检测与修正技术 024
   2.3.4 转子主轴标定 029
2.4 支承电极技术 030
   2.4.1 总体要求 030
   2.4.2 关键工艺 031
2.5 支承控制技术 036
   2.5.1 转子位移检测技术 037
   2.5.2 数字伺服控制线路 039
   2.5.3 高压电源及放大技术 040
2.6 转速控制技术 041
   2.6.1 转子加转及制动 042
   2.6.2 惯性主轴定中技术 042
   2.6.3 恒速控制 043
2.7 真空维持技术 044
   2.7.1 总体要求 044
   2.7.2 技术方案 044

第 3 章 静电陀螺仪漂移误差测试技术 046

3.1 引言 046
3.2 漂移误差源分析 046
3.3 漂移误差模型建立与辨识 050
   3.3.1 静电陀螺仪的常值漂移模型 050
   3.3.2 静电陀螺仪的随机漂移模型 051
   3.3.3 壳体翻滚自动补偿技术对静电
         陀螺仪漂移模型的影响 052
3.4 漂移误差测试技术 053
   3.4.1 转台伺服法测试 054
   3.4.2 系统级测试 063

第4章 静电陀螺仪漂移误差抑制技术 087

4.1 引言 087
4.2 旋转调制补偿技术 088
    4.2.1 旋转调制方式 088
    4.2.2 旋转调制运动分析 098
    4.2.3 旋转调制对干扰力矩的平均效果 102
    4.2.4 旋转调制对漂移模型的影响 111
4.3 环境因素控制技术 116
    4.3.1 温度环境控制技术 116
    4.3.2 振动环境控制技术 122
    4.3.3 电磁环境控制技术 135

第5章 静电陀螺仪系统技术 142

5.1 引言 142
5.2 几何式系统技术 143
    5.2.1 概述 143
    5.2.2 相关概念 143
    5.2.3 静电陀螺监控器工作原理 148
5.3 解析式系统技术 154
    5.3.1 概述 154
    5.3.2 工作原理 155
    5.3.3 关键技术 156
    5.3.4 惯性平台主要元部件和装置的设计 162
5.4 捷联式系统技术 176
    5.4.1 概述 176
    5.4.2 实心转子静电陀螺仪 176
    5.4.3 捷联式惯性姿态控制系统 184
    5.4.4 转子角位置测量技术 196
    5.4.5 研究成果 199

第6章 长航时静电陀螺仪漂移系数误差影响及控制方法 201

6.1 引言 201
6.2 长航时静电陀螺仪漂移误差对导航监控的影响 202
    6.2.1 静电陀螺监控器中的静电陀螺漂移误差模型 202
    6.2.2 长航时静电陀螺仪漂移对静电陀螺监控器误差的影响 204
    6.2.3 长航时静电陀螺仪漂移系数耦合项的影响分析 210
6.3 长航时静电陀螺仪误差对惯性导航误差的影响 213
    6.3.1 空间稳定惯性导航系统中的静电陀螺仪漂移误差模型 213
    6.3.2 空间稳定惯性导航系统平台漂移模型 214
    6.3.3 长航时静电陀螺仪漂移对空间稳定惯性导航系统导航误差的影响 217
6.4 长航时静电陀螺仪精度评定方法探讨 224
    6.4.1 长航时应用静电陀螺仪精度评价方法 224
    6.4.2 长航时应用静电陀螺仪误差评定方法探讨 224

参考文献 229

第1章　静电陀螺仪发展历程

1.1　引　　言

陀螺仪作为一种惯性元件，广泛应用于航空、航天、航海、大地测量等领域。从最初的机电式陀螺仪，如滚珠轴承陀螺仪、挠性陀螺仪、液浮陀螺仪、气浮陀螺仪、静电陀螺仪，发展到光学陀螺仪、谐振陀螺仪以及原子陀螺仪等。在众多的陀螺仪中，静电陀螺仪是机光电集成的超高精密仪器，它的发明和研制是惯性技术发展的一个重要里程碑。静电陀螺仪作为一种自由转子陀螺仪，具有极稳定的定轴性，是长航时自主导航系统的核心敏感元件。以此为基础研制的静电陀螺导航仪和静电陀螺监控器一直是海洋远程运载器的主要导航设备。而且，在今后相当长的一段时期，它仍然是高精度惯性导航的主要惯性元件。

静电陀螺仪结构简单，核心敏感元件是由一个具有数对金属电极的陶瓷壳体和一个球形金属转子组成的。其基本工作原理是利用静电场的静电力使球形金属转子悬浮并高速旋转。支承控制系统接收转子与电极之间的电容变化信息，并对电极施加反馈电压以调整作用在转子上的静电力，使转子在电极壳体内处于稳定的平衡状态。

为了保证静电支承具有足够大的刚度，转子与电极之间必须有尽可能高的场强，在极小间隙下实现高电压支承。转子与电极间必须持续维持超高真空状态以避免高压击穿，并使转子的阻尼力矩减小到最低限度。转子起支后，由定子线圈产生的旋转磁场将其加速到工作转速，利用磁场作用消除因转动轴与转子形心轴不重合而产生的摆动现象后切断旋转电源，转子依靠自身的惯性在无阻尼环境中维持转动。由于静电力很微弱，转子必须采用铍或铝等轻金属制成薄壁或小型实心球体。薄壁空心球转子可利用加厚的赤道环形成惯性主轴，实心球转子则利用质心的微小偏移形成惯性主轴，利用这种偏心所产生的侧向摆动来检测转子姿态角并施加控制力矩。

静电陀螺仪是目前为止精度最高的机械陀螺仪，具有以下不同于传统框架陀螺仪的特点。

（1）结构简单，干扰源少，陀螺漂移率极低而且具有高度的重复性和可预测性。

（2）当转子相对壳体有线性位移时，支承力的作用点也随之移动，不存在框架陀螺仪的非等弹性效应。

（3）转子与壳体之间为"力矩绝缘"，作用在壳体上的干扰力矩或指令力矩传不到转子上去，只有直接作用在转子上的力才能形成力矩。

（4）对外表面为理想球形的转子，静电引力不能构成力矩。因此，转子外表面的非球形是形成静电场干扰力矩的基本因素。

本章首先简要介绍静电陀螺仪的发展历程；其次，对空心转子和实心转子两种不同的静电陀螺仪方案的技术特点进行介绍；最后，总结公开文献报道，叙述静电陀螺仪监控系统和导航仪的组成和性能。

1.2 发展简介

自陀螺仪问世以来，各国科学家一直在提高陀螺仪的精度及长期稳定性方面不懈努力。美国伊利诺伊大学诺尔德西克教授早在 1950 年就开始研究场支承来消除机械陀螺仪长时间的漂移。最初选用的磁场能够提供所需要的支承，但因为涡流损失、磁滞损失和转子磁力矩的影响，仍有残余力矩产生。1952 年，诺尔德西克教授发明了电真空陀螺仪——静电陀螺仪的前身。1954 年，诺尔德西克教授向美国海军研究办公室提出了静电陀螺仪的方案，如图 1.1 所示。静电陀螺仪是一种球形转子自由陀螺仪。转子为赤道上带有土星环的空心球，它被密封在具有相似内腔但稍大一点的壳体内。转子和壳体球面部分形成静电轴承，将转子悬浮在壳体内；而土星环形成电容式角度传感器，用来测量转子主轴相对壳体的转角。同时，该方案还采用双轴伺服框架隔离载体运动，以保持壳体与转子方位一致。

美国霍尼韦尔（Honeywell）公司在研制静电陀螺仪方面走在前列，采用 Φ38mm 空心铍球转子以及通过光电信号器读取姿态信号方案，主要技术创新点如下：①研制成功第一个球形转子静电陀螺仪；②形成了全姿态读出的捷联式静电陀螺仪，得到大量静电陀螺仪漂移数据，为后续航行方案实施奠定

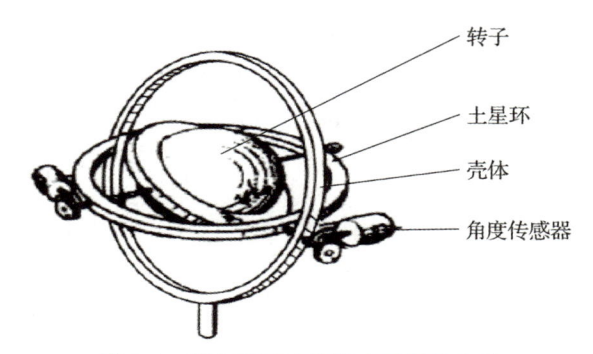

图 1.1　诺尔德西克的静电陀螺仪方案

基础；③发明了第一台用在常平架静电陀螺仪中的轴端传感器；④制造出第一个小型静电陀螺仪和第一个固态光学传感器。在静电陀螺仪的早期研制中，Honeywell 公司进行了大量的试验，如温度、无线电噪声、磁场、加速度、振动和冲击等。表 1.1 所示为 Honeywell 公司著名的 75000h 静电陀螺仪试验。

表 1.1　Honeywell 公司静电陀螺仪试验统计情况

陀螺仪	试验类型	时间/h							总计/h
		1957 年	1958 年	1959 年	1960 年	1961 年	1962 年	1963 年	
土星环研究陀螺仪	研究	10	2000	—	—	—	—	—	2010
海军研究 KEG 陀螺仪	漂移	—	—	6000	8000	—	—	—	14000
空用静电陀螺仪研究模型	漂移	—	—	—	100	100	—	—	200
捷联式舰船惯性陀螺仪	漂移	—	—	—	—	10500	—	—	10500
BB 空用静电陀螺仪	研制	—	—	—	—	—	40	—	40

续表

陀螺仪	试验类型	时间/h							总计/h
		1957 年	1958 年	1959 年	1960 年	1961 年	1962 年	1963 年	
空用静电陀螺仪	漂移	—	—	—	—	—	700	400	1100
	环境	—	—	—	—	—	1800	900	2700
静电陀螺仪监控器	漂移	—	—	—	—	—	19800	16100	35900
	系统	—	—	—	—	—	3000	4400	7400
BB 小型静电陀螺仪	研制	—	—	—	—	—	250	—	250
小型静电陀螺仪	漂移	—	—	—	—	—	—	900	900
总计		10	2000	6000	8100	10600	25590	22700	75000

和 Honeywell 公司采用的 Φ38mm 空心铍球转子技术方案不同，奥特奈蒂克斯（Autonetics）公司采用 Φ10mm 实心铍球转子以及质量不平衡调制读取全姿态信号的方案，先后研制成功了 G11A 型陀螺仪（图 1.2）。以 G11A 陀螺仪为例，它只有一个活动件，即直径为 10mm 的实心球形转子，转子装在由两个半圆形外壳组成的球形中。陀螺仪被抽真空（约 10^{-8} 托，1 托 = 133.322Pa），以便根本消除气体分子碰撞转子所产生的误差力矩。转子自转到每秒 2460 周（约 15 万转/min）。整个陀螺仪约 3 立方英寸（49cm³），重约 0.5 磅（1 磅 = 0.454kg）。常规单自由度液浮陀螺仪中约有 10 个精密件，而微型静电陀螺仪只有 3 个精密件，总零件数不到单自由度液浮陀螺仪的一半。微型静电陀螺仪的这些情况表明，这种技术具有低成本的固有特性。

(a) 外形　　(b) 机械结构分解

图 1.2　Autonetics 公司的 G11A 静电陀螺仪

1985 年，美国斯坦福大学物理系和航空系的学者为了证明相对论效应而研制试验用的静电陀螺仪。这是美国国家航空航天局（NASA）的科研项目，称为 GP-B 项目（Gravity Probe B，Stanford Relativity Gyroscope Experiment）。他们的静电陀螺仪采用实心石英转子，直径为 $\Phi38mm$，依靠圆度和材料的均匀性来保证转子的平衡精度。为此提出，转子在三个正交的大圆截面中圆度应优于 1 微英寸（1 微英寸 = 0.0254μm）。表 1.2 所示为最终石英球在三个互相正交大圆截面的圆度（μm）测试数据。在空间失重状态下，定向精度可高达每年只有 2 英寸（1 英寸 = 0.0254m），并于 20 世纪末完成了地面试验。

表 1.2 石英球在三个互相正交大圆截面的圆度

	测试日期	87-C6 石英球/μm			87-C7 石英球/μm		
		1	2	3	1	2	3
中国	1987-07-14	0.074	0.007	0.017	0.009	0.020	0.020
美国	1987-09-28	0.016	0.018	0.022	0.018	0.018	0.020
	1987-09-29	0.017	0.021	0.022	0.017	0.018	0.022
	1987-10-22	0.016	0.019	0.019	0.017	0.018	0.019

俄罗斯中央电气研究所一直致力于 $\Phi50mm$ 空心铍球转子带壳体旋转的静电陀螺仪的研究。1975 年研制的静电陀螺仪带壳体翻转装置（自动补偿装置），其陀螺漂移已达到 0.0005～0.0001°/h，型号为 Д-15。该陀螺仪的结构和外形尺寸如图 1.3 所示，外形尺寸为 $\phi148mm \times 230.4mm$，质量小于或等于 9.6kg。其中，静电陀螺仪本身（不带壳体翻转装置）尺寸为 $\Phi134mm \times 152mm$，质量为 6kg，保精度工作寿命长达 6 年，成功应用于静电陀螺仪监控器中，并于 1985 年装备了"台风"级导弹核潜艇。

法国 SAG 公司与海军合作研制的静电陀螺仪，借鉴了 Honeywell 公司空心铍球转子方案，但其他结构及控制电路基本上是依据 Autonetics 公司的实心铍球转子所采用的原理。该静电陀螺仪原理结构如图 1.4 所示。法国于 1993 年以自己研制的静电陀螺仪为核心敏感元件组成了静电陀螺仪监控器，并已装备了法国新一代"凯旋"导弹核潜艇。

我国研制静电陀螺仪始于 1965 年。先后参与过该课题研究的单位有清华大学、天津航海仪器研究所、上海交通大学、常州航海仪器厂。1965—1968 年，

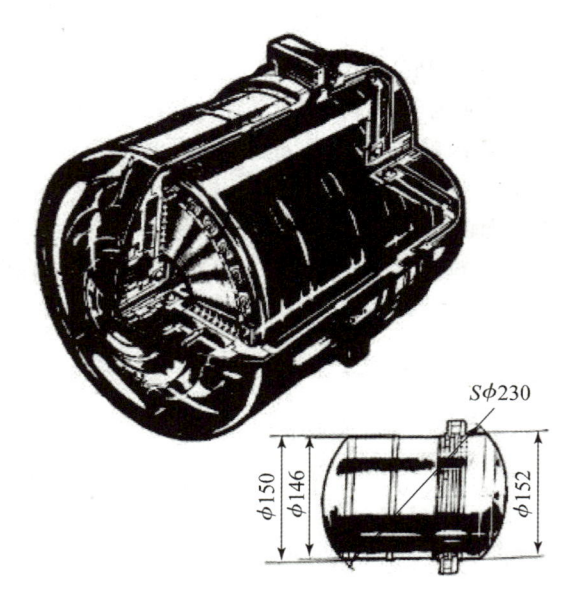

图 1.3　俄罗斯静电陀螺仪结构方案

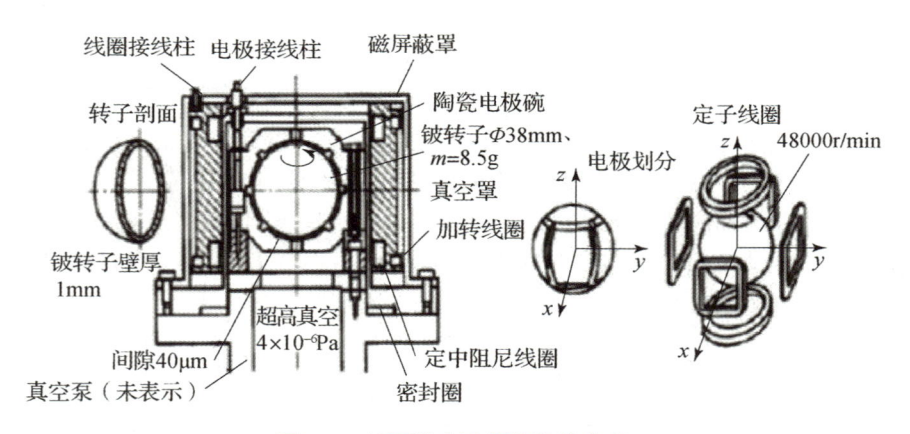

图 1.4　法国静电陀螺仪结构方案

主要开展方案研究和单项技术攻关。1968—1972 年，进行了原理样机研究。原理样机采用 $\Phi 38\text{mm}$ 空心铝球转子、95% 氧化铝陶瓷电极碗、冷阴极小钛泵维持超高真空、极坐标光电测角传感器，以及方波交流静电支承电路。从 1971 年开始，开展静电陀螺仪在高精度方面的应用研究。我国高精度航海陀螺仪结构如图 1.5 所示。

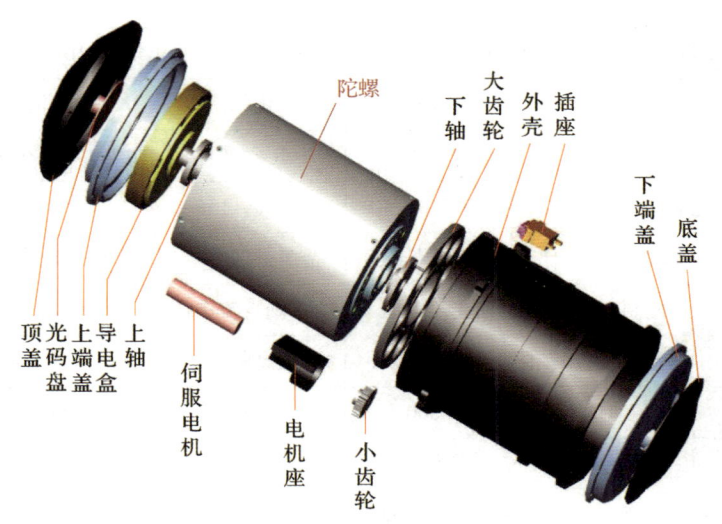

图 1.5 我国高精度静电陀螺仪结构

1.3 技术特点

从转子的结构上区分，静电陀螺仪可分为两大类：一类为空心结构，以俄罗斯中央电气研究所的Д-15型静电陀螺仪和美国Honeywell公司的SPN/GEANS型静电陀螺仪为典型代表；另一类为实心结构，以美国Autonetics公司的G11A型实心转子静电陀螺仪和俄罗斯中央电气研究所的实心转子静电陀螺仪为代表。不同静电陀螺仪的技术特点如表1.3所示。

表 1.3 不同静电陀螺仪技术特点

对比项目		Φ38mm 空心转子	Φ50mm 空心转子	Φ10mm 实心转子
转子	材料	铍	铍	铍
	形状	赤道较厚空心球	赤道较厚空心球	质量偏心球
	直径/mm	38	50	10
	质量/kg	1×10^{-2}	2×10^{-2}	2×10^{-3}
	惯量比	0.9	0.9	0.999

续表

对比项目		Φ38mm 空心转子	Φ50mm 空心转子	Φ10mm 实心转子
电极碗	材料	氧化铝陶瓷	氧化铝陶瓷	氧化铍陶瓷
	电极划分	正六面体	正六面体	正八面体
	电极间隙/μm	50~70	100~150	5~7.5
	安装方式	金属扩散焊连接	金属扩散焊连接	销钉定位螺钉压紧
支承	控制	三轴交流电压	三轴直流电压	四轴交流电压
	测量	附加高频电容桥	附加高频电容桥	测量/控制合一
转速	额定值/Hz	400~800	300	2500~3500
	恒速	磁场	磁场	电场
阻尼	方案	直流磁场被动式	直流磁场被动式	可控磁场主动式
测角	姿态信号读取方式	光电传感器/质量不平衡调制	光电传感器	质量不平衡调制
	范围	小角度	小角度	小角度/大角度
真空	密封	直接密封/钟罩	直接密封	钟罩
	维持方式	溅射离子泵	溅射离子泵	溅射离子泵

1.3.1 空心转子静电陀螺仪

Honeywell 公司研制的 SPN/GEANS 静电陀螺仪的原理示意图如图 1.6 所示。机械部分包括转子和支承电极组合件、极轴与赤道光电传感器、真空泵及真空测量装置、冗余轴施矩线圈、温度控制装置、磁屏蔽罩。

SPN/GEANS 静电陀螺仪的转子为 $\varPhi$38mm 空心铍球，质量为 1×10^{-2}kg，转子转速范围为 38400~43200r/min。静止时，转子为一长球，极轴方向直径约比赤道方向直径长 50×10^{-6} 倍，即 $50\times10^{-6}\times38\times10^{3}=1.9$（μm）。当转子速度达到工作转速时，离心力使转子变成圆球。转子采用铍材料的原因主要是其具有比重小、杨氏模量高、温度膨胀系数小等特性。

支承电极碗的材料为氧化铝陶瓷。内球面六面体投影电极由金属化工艺形成。上、下电极碗装配后的非球度误差小于 1μm，电极与转子间的间隙为 50μm。电极球腔内的真空度为 2.25×10^{-6}Pa，由钛泵维持，钛泵寿命为 75000h。

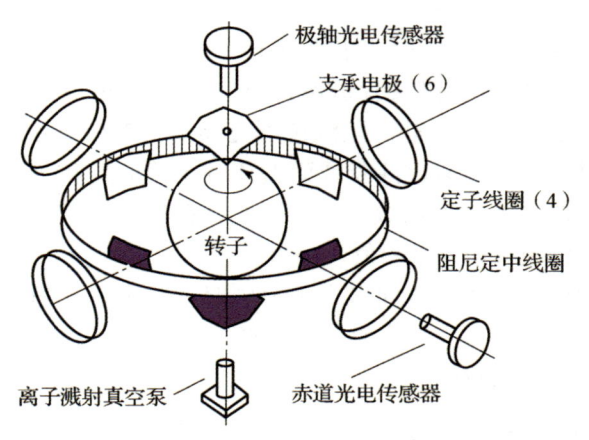

图 1.6　静电陀螺仪原理示意图

极轴光电传感器给出正弦波误差信号，其幅值与转子自转轴相对传感器光轴的偏角成正比。转子上有两条子午线方向的刻线，转子每转 1 圈，赤道光电传感器给出脉冲信号，用来作为光电测角解调器的参考信号。

电极碗的温度控制在（82±1）℃。在温控装置的测温点上，要求温控精度为 ±0.05℃。电极碗上的加热器功率为 15W。当静电陀螺仪启动时，需要采用 75W 的加热器。

机械部分为组装式结构。其中，光电传感器、冗余轴施矩线圈以及真空泵安装在陶瓷电极碗组合件上。加转线圈和阻尼线圈也组装成一体。机械部分全部封装在磁屏蔽罩内。

电路部分包括 5 个模块：①三轴支承控制，每轴 1 个，共计 3 个模块；②电源模块 1 个，包括直流电源，由直流逆变器产生；③电容电桥与测量电路模块 1 个，包括交流三相测量电源和三相支承电压调制器电源。

外部电源为 27V 直流，并有 25V 直流电池作为备用电源。二者用二极管隔开，一旦外部电源断电，备用电源可保证静电陀螺仪工作 5min，并使转子停转。

支承电路由混合集成电路组成。转子采用电容电桥测量。电桥的输出信号经过放大和解调，产生与转子位移成比例的直流信号。这一直流信号再经过比例–积分–微分（Proportional–Integral–Derivative，PID）控制器后，调制成 20kHz 的交流电压。然后，经过高压变压器升压，产生所需的支承高压，并加到对应的支承电极上。三轴支承电压控制电路相同，每一轴的电路为 1 个模块，且具有互换性。各个电路模块之间（包括支承高压的连线在内）均采用带状软导线和 25 芯的接插件连接，而不采用焊接方式。5 个电路模块上都有相应的测试点，以便于查错。静电陀螺仪的机械部分与电路部分之间也通过接插件连接。关键电路在接插件上还采用了双线连接。

SPN/GEANS 静电陀螺仪没有恒速控制和壳体翻转装置。在真空中工作时，衰减速率为 0.01Hz/h，静电陀螺仪可连续工作 1 周，才需要校正。静电陀螺仪在工作过程中，转速逐渐衰减而偏离额定值时，转子的非球度误差将发生变化，从而使漂移误差系数增大。因此，在标定过程中，应当采用两种不同的转速来测定漂移误差系数值。

当静电陀螺仪用于四环空间稳定平台中时，其中一只静电陀螺仪的一根轴由冗余轴线圈锁定，作为冗余轴。它对陀螺仪的另一根工作轴会产生耦合误差，必须加以校准和补偿。

1.3.2 实心转子静电陀螺仪

Autonetics 公司研制的实心静电陀螺仪成功应用于捷联式导航系统和微型导航仪上。Autonetics 公司为舰船导航开发出静电陀螺仪的型号为 G11A。

G11A 静电陀螺仪是一个提供导航基准平面的二自由度惯性仪表。陀螺仪的"旋转器"由转子、机械真空壳体的固定装置和马达组成，如图 1.2 所示。真空泵安装在壳体上。转子是一个直径为 10mm 的实心铍球，它被伺服静电场支承后在真空中旋转。转子和电极壳体间的间隙为 300 微英寸。用 4 对电极产生支承电荷。每个电极是球形内表面的 1/8，它们用电镀方法镀于氧化铍的电极壳体基体上。电极壳体由法兰和球形两部分组成，并且被制成两个粗糙的半球。铍转子的球形度在直径方向允许误差总计 2 微英寸。电极材料是导电性能优良的镍，电镀后再进行研磨。电极凹面的形状对计量和研磨都非常困难，凹面的球形度允许误差保持在 5 微英寸左右。

转子和电极壳体组件安装于不锈钢真空壳体上，在外壳上装有 8 根馈电线。外壳围绕在 3 对正交的马达绕组附近，马达绕组供转子启动、停转、转子自转轴相对于陀螺仪的电极壳体定向以及调整自转轴的方位（Polhode 阻尼）之用。这些马达绕组装在一个圆柱形的高导磁金属壳体的磁屏蔽罩内。

转子沿其主惯性矩加速到 2590r/s 的正常速度。这个自转频率远远高于支承伺服系统的固有频率（800Hz）。因此，转子的自转轴非常接近质量中心，转子的几何中心绕半径为 30μm 的圆做圆周运动。

用于支承的 4 对相同的电极提供 4 个电容耦合传感器信号，这些信号在信号调节器中进行调制、解调、校正、放大等处理。作为质量不平衡信号的基准输出是传感器信号的调制包络线。在这些质量不平衡调制信号的相对振幅和相位关系中包含所有的自转轴姿态信息。这些信息作为第一阶傅里叶系数提供给数字信号处理机。

静电陀螺仪的转子速度是由支承伺服系统来控制的，转子速度保持在与额定速度每秒相差零点几转的范围内。当引起转子质心轨道的质量不平衡出现时，支承伺服系统就绕自转轴加一个小力矩。如果伺服系统的输出滞后于传感器信号，则这个小力矩将阻止转子做轨道运动，反之则将使转子加速。补偿网络附加于悬浮伺服系统中，以便随转速提供适当的超前－滞后关系。

1.4 应用情况

静电陀螺仪转子在超高真空球腔内高速旋转，完全消除了作用于转子的机械摩擦力矩，工作时保持不对转子施加外部修正力矩，保证了静电陀螺仪工作在理想自由状态，因此具有极低的陀螺漂移。正是由于静电陀螺仪高精度的优势，美国、法国、俄罗斯、中国都对静电陀螺仪组成的惯性导航系统开展了深入研究。

1.4.1 美国 N88 型静电陀螺导航系统

20 世纪 70 年代，美国 Autonetics 公司在航海静电陀螺仪（G11A）研制成功的基础上，开发了高精度 N88 型静电陀螺导航系统。但美国海军认为该技术尚未成熟，在研究"三叉戟"核潜艇惯性导航系统（Inertial Navigation System，INS）时选定采用 INS/静电陀螺监控器（Electro Static Gyro Monitor，ESGM）组合系统的方案，并由 Autonetics 公司研制生产静电陀螺监控器，如图 1.7 所示。该系统采用 Φ10mm 实心铍球转子质量不平衡调制读取全姿态信号的方案，由平台、箱体、电子控制及数字计算机组成。它是一个独立的静电陀螺惯性导航系统，可以单独使用，它在监控常规舰船惯性导航系统时，只提供其位置信息，并通过卡尔曼滤波器进行修正。1975 年在"罗经岛"号导航试验船上进行了海上试验，1979 年后与 MK2 MOD7 配套陆续装备"三叉戟"核潜艇。该套系统定位精度比 MK2 MOD6 的短期精度提高 1 倍，长期精度提高两个数量级，重调周期延长了 3～10 倍，系统定位精度为 0.2km/14d。

在静电陀螺监控器的基础上，1975 年 Autonetics 公司研制出高精度静电陀螺导航系统，为双小型空间稳定四常平架静电陀螺惯性导航系统，军方型号为 AN/WSN-3。该系统是 AN/WSN-1 和 N88 静电陀螺惯性导航系统的结合，继承了 AN/WSN-1 导航系统的导航、控制、接口以外，还采用了 N88 静电陀螺导航系统的重调、校准、空间坐标与当地水平坐标变换等技术。此

图1.7 ESGM平台结构

外，该系统还采用了特殊的平台翻转法来提高系统精度，这种方法可平均掉与壳体相关的陀螺仪和加速度计误差。20世纪90年代后开始装备"三叉戟"核潜艇，每艘装备2套。

1.4.2 美国 AN/ASN-131 型静电陀螺导航系统

除了 Autonetics 公司的实心转子静电陀螺导航系统，Honeywell 公司的空心转子静电陀螺导航系统也得到了广泛的运用。该公司最具代表性的静电陀螺导航系统分别是 SPIN/GEANS 和 GEO/SPIN。

SPIN/GEANS 系统如图1.8所示，是标准精密导航仪/框架式静电陀螺仪飞机导航系统，其军用编号为 AN/ASN-131，主要是在美国空军航空电子实验室资助下研制完成的。空间稳定平台为四环式框架结构，台体上正交安装2只Φ38mm 空心铍转子静电陀螺仪和3只 GG-177 加速度计。一只静电陀螺仪的转子自转轴平行地轴（也称极轴陀螺仪），另一只在赤道平面（也称赤道陀螺仪）。平台台体、内环及中环的三根轴组成空间稳定的直角坐标系。其中，台体轴跟踪赤道陀螺仪的一个输出轴，内环轴和中环轴分别由极轴陀螺仪的两个输出轴稳定。外环是随动环，由内环轴上的角度传感器信号驱动，始终保持内环轴的转角为零。赤道陀螺仪的一个冗余轴由专用电磁线圈锁定，以保持极轴陀螺仪和赤道陀螺仪的自转轴始终在空间正交。SPN/GEANS 系统连续工作12h的导航精度为0.1海里/h（1海里=1852m）。工作6h的精度为0.064海里/h。附加重力修正的卡尔曼滤波技术，长时间工作的圆概率误差（Circular Error Probable，CEP）为0.02海里/h。该系统已用于美国空军 B-52 战略轰炸机和 F-117A 隐身战斗机。

图 1.8 SPN/GEANS 稳定平台

另一种典型的静电陀螺导航系统是 AN/ASN-101 系统。该系统采用四环稳定平台和两个静电陀螺仪，陀螺仪采用空心铍转子，转速为 60000r/min，直径 1.5 英寸，采用较大的转子能够获得较低的漂移。据 1972 年在俄亥俄州代顿市召开的美国国家宇宙航行会议宣称，由 Honeywell 公司研制的 3 台 AN/ASN-101 系统样机，已经累积了超过 900h 飞行试验。GEANS（常平架式静电陀螺仪飞机用导航系统）是 AN/ASN-101 的型号之一，系统由常平架、2 个精度为 0.001°/h 的静电陀螺仪和 1 个加速度计组件总重 70kg，功耗 850W，可以承受 10g 以上的加速度。GEANS 可以利用多普勒装置和正向视野雷达定位在空中启动和校准。利用多普勒速度进行阻尼，利用卡尔曼滤波的位置修正在空中和地面完成校准。该系统已经装备在波音 NC-135 和麦克唐纳·道格拉斯（McDonnell Douglas）公司的 RF-4C 飞机上。

1.4.3 俄罗斯 СКАНДИЙ 静电陀螺监控器

俄罗斯中央电气研究所于 1983 年研制成 СКАНДИЙ 静电陀螺监控器，并与惯性导航系统构成三套对三套的 INS/ESGM 组合系统，装备于"飓风"级导弹核潜艇。该系统的静电陀螺监控器不能单独作为导航仪使用，必须与常规惯性导航系统相结合，才能提供完整的导航信息。常规惯性导航系统提供静电陀螺监控器水平基准，采用静电陀螺监控器的平台框架角表示动量矩在空间的位置，采用天文导航原理完成静电陀螺漂移建模和常规惯性导航系统经纬度误差及航向角误差的计算，并用经纬度误差和航向角误差定时校正常规惯性导航系统。通过两种惯性设备的组合实现高精度导航。

在静电陀螺监控器中，采用沿动量矩方向控制陀螺仪壳体恒速连续转动的方法，自动补偿由热、磁和其他因素引起的缓慢变化的常值漂移误差。壳体旋转速度为 0.25r/min。监控器平台为"哑铃"式结构，如图 1.9 所示。

图 1.9 СКАНДИЙ 系统机械结构

平台的中部为间接稳定的复示水平平台。台体上沿纵摇轴、横摇轴正交安装两只液浮加速度计。平台依靠跟踪常规舰船惯性导航系统的纵摇角、横摇角信号，复示当地水平面。通过对比复示平台上的加速度计和常规舰船惯性导航系统上的加速度计信号，构造精确的水平坐标系。

台体上、下方各安装一只带双框架的 Д-15 静电陀螺仪。为了平均上下陀螺仪与壳体有关的漂移力矩，两个陀螺仪的壳体分别由台体上伺服电动机通过钟形齿轮驱动，相对转子主轴连续同步旋转。

两只静电陀螺仪的外框架均与水平面垂直。工作时，上陀螺仪的转子主轴平行地轴，下陀螺仪的转子主轴落在地球赤道平面内。这样，在复示水平平台上工作的两只静电陀螺仪构成两颗人工星体，框架角代表两颗人工星体的高度角和方位角。采用天文导航基本原理，根据地平坐标系下这两个高度角和方位角与赤道坐标下赤纬、时角的关系，与惯性导航共同构建导航模型，可计算出惯性导航的经纬度差和航向差，并用于常规舰船惯性导航系统的信息校正和重调。

1.4.4 法国 ESGM 系统方案

法国于 1970 年开始研究 Φ6mm 铍材实心转子静电陀螺仪及其导航系统，萨基姆（SAGEM）公司的 ESGM 系统方案与美国 Autonetics 公司的系统方案相似，也是采用空间稳定四环平台和吊装式安装结构，如图 1.10 所示。赤道陀螺仪的一个冗余自由度提供附加随动环保持其转子偏角始终为零。1993 年研制成 CIN/SGM-3C/ESGM 纯惯性组合系统，并开始装备"凯旋"级战略核潜艇。

第 1 章 静电陀螺仪发展历程

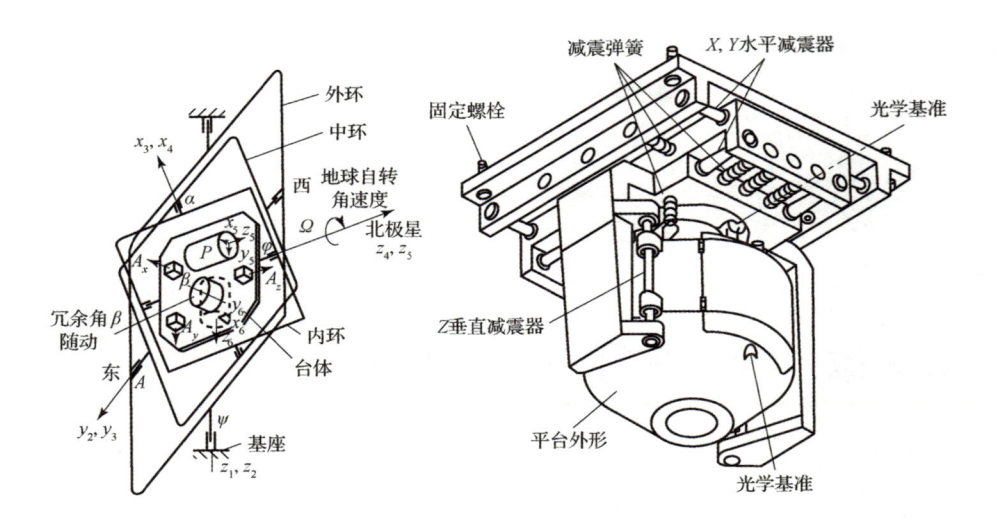

P—极轴陀螺；E—赤道陀螺；A_x，A_y，A_z—三轴加速度计；
φ，α，e，ψ—四环平台转角；β—赤道陀螺冗余角。

图 1.10 法国 SAG 公司的 ESGM 方案

第 2 章　静电陀螺仪关键技术

2.1　引　　言

静电陀螺仪是机光电集成的超精密仪器，它的研制存在多方面的困难：多学科综合，技术复杂，研制周期长，研制投入大。静电陀螺仪的研制体现了一个国家在这一领域及相关科学技术领域的综合水平。本章的重点是讨论静电陀螺仪制造与控制的关键技术，主要包括总体技术、转子技术、支承电极技术、支承控制技术、转速控制技术、真空维持技术。

2.2　总体技术

静电陀螺仪通常按转子结构分类，一般可分为空心转子静电陀螺仪和实心转子静电陀螺仪。其中，空心转子静电陀螺仪目前实际应用的有 $\Phi38mm$ 空心转子静电陀螺仪和 $\Phi50mm$ 空心转子静电陀螺仪，实心转子静电陀螺仪只有 $\Phi10mm$ 转子静电陀螺仪。

静电陀螺仪主要由 7 部分构成：①转子和支承电极组合体；②转子角度传感系统；③支承控制系统；④转速控制系统；⑤真空维持系统；⑥温控系统；⑦磁屏蔽系统。

1. 转子和支承电极组合体

由转子和支承电极组成的电极组合体是静电陀螺仪核心部件，为实现转子持续稳定高速转动，需要提供一个洁净、高真空环境，以及为转子施加静电力需要提供高精度球形金属电极层。

2. 转子角度传感系统

转子角度传感系统用于测量静电陀螺仪壳体相对转子的角度变化量。

3. 支承控制系统

支承控制系统在支承电极上施加静电支承力，将转子稳定悬浮在支承电极内球腔中。

4. 转速控制系统

转速控制系统在转子悬浮于支承电极腔体后，通过施加旋转磁场将转子加速到指定转速。

5. 真空维持系统

转子所在支承电极球腔内维持超高真空度是静电陀螺仪可靠稳定工作的前提条件，真空维持系统通常会配置一个微型真空泵负责持续抽取电极组合体球腔内产生的气体，保持球腔内高真空度。

6. 温控系统

温控系统保持电极组合体内温度场稳定，对电极组合体内温度场稳定性要求因静电陀螺仪技术方案不同而有所区别，从百分之几摄氏度到千分之一摄氏度之间变化。

7. 磁屏蔽系统

为确保静电陀螺仪在工作过程中，转子不受周边设备磁场和地磁场影响，通常会在电极组合体外设计磁屏蔽层，降低外加磁场影响。

2.2.1　Φ38mm 空心转子静电陀螺仪

Φ38mm 空心转子静电陀螺仪是主流空心转子静电陀螺仪产品，以美国 Honeywell 公司研制的 SPN/GEANS 静电陀螺仪为例，其总体技术方案如下。

转子为直径 Φ38mm 铍转子，转子转速范围为 640~720Hz。转子在静止状态下为一椭圆球，极轴方向直径约比赤道方向直径长 50×10^{-6} 倍，约为 $1.9\mu m$。这样，转子在工作转速状态下，离心力会使铍转子变成圆球。

支承电极体材料为高纯氧化铝陶瓷。内球面静电支承电极采用六面体技术方案，上下电极体装配后非球形度误差要小于 $1\mu m$，支承电极与转子间间隙为 $50\mu m$，电极球腔内真空度为 $2.25 \times 10^{-6} Pa$，由热阴极小钛泵维持。

转子相对壳体位置测量采用光电传感器，分别在转子极轴和赤道两个位置设置。转子上有两条子午线方向的刻线,转子每转 1 圈,极轴光电传感器输出陀螺仪全影信息,赤道光电传感器给出 4 个脉冲信号,用来作为光电测角解调器的参考信号。

电极碗的温度控制在（82±1）℃。在温控装置的测温点上,要求温控精度为±0.05℃。电极碗上的加热器功率为 15W。当静电陀螺仪启动时,需要采用 75W 的加热器。

2.2.2　Φ50mm 空心转子静电陀螺仪

Φ50mm 空心转子静电陀螺仪典型产品是俄罗斯中央电气研究所的 Д-15 静电陀螺仪,其外形尺寸为 Φ148mm×230mm。Д-15 静电陀螺仪采用外径为 Φ50mm 空心铍球转子,质量约为 2×10^{-2} kg,放在陶瓷电极球腔内。在陶瓷球腔内壁上镀覆铬层。转子与电极之间的额定间隙为 150μm,陶瓷腔内真空度保持在 1.3×10^{-6} Pa,转子表面镀覆氮化钛膜,陶瓷电极内表面有凸起的支承保护垫,确保转子落在保护垫上后不会与陶瓷电极腔内电极层接触。球形转子由施加在电极上的可控电压实现三轴支承。支承电路安装在陀螺仪壳体内。加转和阻尼由定子线圈完成。转子加转后该线路断电。采用自准直光电角度传感器读取转子角位置信息,通过在转子两极处形成的小平面反射镜完成,如图 2.1 所示。

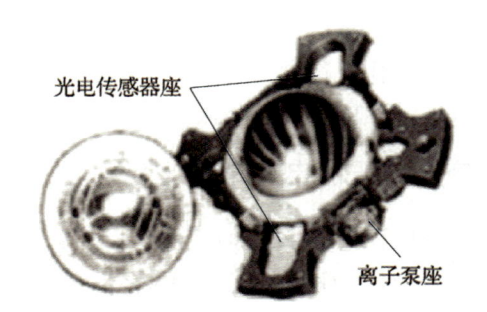

图 2.1　俄罗斯新测角图谱

当转子偏离平衡位置时,差动电容桥输出与转子偏离成正比的高频信号,经过交流放大和解调,形成直流误差信号。直流误差信号经过滞后-超前校正网络,产生直流控制信号。它与基准电压（预载电压）求和后,经过 40kHz 低频调制器、交流功率放大器以及高压变压器,形成 40kHz 交流高压。交流高压经过整流后的电压进入 RC 网络,然后施加到支承电极上。该高电压的大小随转子偏移变化,从而保证支承电极上产生恢复力,使转子始终处于电极球腔的中心位置。

电极球腔内的高真空由热阴极离子吸气泵完成。离子吸气泵主要部分是阳极（吸气剂）和带氧化钇涂层的阴极。其工作原理是：白炽阴极的电子轰击阳极，阳极相对壳体加 +450V 电压，因此阳极被加热到一定温度时，一部分阳极吸气材料蒸发沉淀到泵的管壁上，形成薄膜，不断吸收气体分子和离子。泵体与阴极间的离子电流可用于测量真空度。

2.2.3 实心转子静电陀螺仪

20世纪60年代以来，美国、俄罗斯、英国和法国等国的静电陀螺仪研制单位在空心转子静电陀螺仪研制成功的基础上纷纷开展实心转子静电陀螺仪研制工作，主要成果有美国 Autonetics 公司研制的 G11A 型静电陀螺仪、俄罗斯中央电器研究所 Φ10mm 实心转子静电陀螺仪和法国 SAGEM 公司 Φ6mm 实心转子静电陀螺仪。各型实心转子静电陀螺仪产品总体技术方案有所不同，以美国 Autonetics 公司和俄罗斯中央电气研究所的实心转子静电陀螺仪最具有代表性。

美国 Autonetics 分公司研制的 G11A 型静电陀螺仪采用 Φ10mm 实心铍转子，其转子内镶嵌钽丝形成主惯性轴，本体组件是一个实心铍转子和一对氧化铍陶瓷电极碗，每个氧化铍陶瓷电极碗的内球面上溅射了 4 块镍电极层，这样一对氧化铍陶瓷电极碗就形成了不对称的四轴静电支承系统，实心铍转子与氧化铍陶瓷电极腔间隙为 $10\mu m$。G11A 型静电陀螺仪采用质量不平衡调制测角传感器、多功能静电支承电路以及壳体翻滚技术。实心球形转子被包围在两个电极碗形成的球腔内，两个电极碗采用金属环和螺钉夹紧在一起，形成电极组合体安装在陀螺仪基座上。电极组合体与陀螺仪基座封接在真空罩内，引线通过 8 脚真空插座连接到电极体上，真空罩内由离子泵维持真空在 10^{-5}Pa。在真空罩上固定了三组力矩加转线圈，这样可以实现在任意方向给转子施加电磁力矩、加转及章动阻尼。在陀螺仪正常工作时，电磁力矩线圈不通电使用。在电磁力矩线圈外安装多层磁屏蔽罩，这样既可形成磁力线闭合回路，也可实现磁屏蔽目的，可将外部磁场衰减到 1×10^{-6}T 以下，使得与转子交连的剩余磁场所产生的陀螺漂移误差忽略不计。G11A 静电陀螺仪在惯性平台工作时，壳体沿转子主轴方向连续正反向旋转 180°，以消除陀螺仪与壳体有关的漂移误差。

俄罗斯中央电气研究所的实心转子静电陀螺仪是在 Д-15 静电陀螺仪基础上，采用 Φ10mm 实心铍转子，铍转子内赤道面上镶嵌 4 个大比重合金柱形成主惯性轴。支承电极由固定在低膨胀合金六面体框架上的 6 个高纯氧化铝陶瓷体制成，在 6 个高纯氧化铝陶瓷体高精度内球面上镀覆金属层组合形成支承电极。由铍转子和电极碗构成的转子电极组合体固定在真空钟罩内，由离子泵维持钟罩内高真空度，采用光电传感器连接电极组合上支承电极将铍转子相对壳体角位移信息传输出来，由位于壳体外的光电位移传感器接收转子相对壳体角位移信息，并转换为电信号。在钟罩壳体上还固定支承线路和加转线圈。

2.2.4 两类静电陀螺仪技术方案比较

空心转子静电陀螺仪和实心转子静电陀螺仪技术方案对比如表 2.1 所示。

表 2.1 不同静电陀螺仪转子技术特点

项目	空心转子	空心转子	实心转子	实心转子	实心转子
材料	铍	铍	铍	铍	铍
球径/mm	50	38	10	10	6
结构设计	赤道加厚，两个空心半球焊接连接	赤道加厚，两个空心半球焊接连接	赤道面镶嵌重金属块	垂直赤道面镶嵌重金属丝	垂直赤道面镶嵌重金属丝
工作转速/Hz	300	640～720	2500～3000	2500～3600	—
应用国家	俄罗斯	美国、中国	俄罗斯	美国	法国

由于空心转子离心变形较大，在大角度工作环境时对陀螺漂移误差很难补偿，而实心转子的离心变形很小，更适合于捷联式惯性导航系统应用场合。和空心转子静电陀螺仪相比，实心转子静电陀螺仪还具有以下优势：

（1）实心转子变形很小，可以减小支承电极和转子之间间隙，从而降低支承电压。支承系统可以直接通过高压直流电源提供支承控制电压。这种支承系统的过载能力大、可靠性高、功耗小、工艺性好，并且成本低。

（2）转子的形状和平衡参数比较稳定。实心转子的误差系数比较稳定，可以缩短每次启动的校准时间。

（3）实心转子静电陀螺仪的误差系数受转子转速及其变化量的影响很小，可以降低对转子恒转速控制要求。

（4）实心转子热变形的稳定性较好。在温度环境变化几十摄氏度的情况下，转子热变形仍然很小，可以降低对实心转子恒温控制要求。

2.3 转子技术

2.3.1 转子设计技术

静电陀螺仪的转子是核心部件，由于静电陀螺仪的工作原理为静电支承转子且高速旋转，因此要求转子材料具有很高的比刚度，其表面应具有导电性。另外，在其结构设计上，要考虑高速旋转的变形问题，还需要考虑转子的惯性主轴形成问题，以及相对载体的偏转角度读出问题。在加工工艺方面，需要重点考虑超高球形度的加工问题。对转子的设计要求包含许多复杂的、有时又是互相矛盾的参数和性能，具体说明如下。

（1）在转子的实际工作转速和工作温度范围内，转子表面应最大限度地接近球形。

（2）转子的质量分布应为一个扁的惯性椭球体。极轴惯性矩与赤道惯性矩的比值越大，则转子的转动稳定性越好，在同样的驱动条件下，章动阻尼的时间就越短。要制造转子惯性椭球体相差较大的惯性矩，不可避免地要在转子内部重新进行质量分布，可以在转子赤道平面处加厚（空心转子），也可以在赤道平面镶嵌密度较大的材料，如铜或铅（实心转子），同时还要求镶嵌材料具有较好的塑性，这是降低转子的内应力需要。要得到大的惯性矩，就要嵌入大质量的材料，这增加了转子平衡的困难以及转子工作时的离心变形。

（3）转子表面应是均匀的导电层，其电阻值较低。按此要求，必须用焊接的方式来构成转子，从而可加工形成完整光滑的转子表面，用其他材料与铍零件不可拆卸的连接都将破坏转子表面密实性的要求。

（4）转子的质量分布应保证其重心位置沿着最大惯性矩方向与理想球心重合（最小的轴向不平衡），以及偏离此轴的微小量（实心转子）。这对转子偏心测量技术和转子偏心的修正技术提出了很高的要求，实际上对转子轴向不平衡和非球形度的要求是无极限的，它受制于技术和计量的可实现性。

（5）转子表面应涂覆上光反射反差大的专门图形，这些图形是为了获得转角信息而满足光电传感器的要求。

（6）转子表面不应受静电支承的工作电场的作用而击穿。为此应降低在支承间隙上的场强，最大限度地提高球转子表面和支承电极结构面的表面质量，排除电压集中现象出现的可能。

（7）在所有制造和装配工序之后，转子不应有剩余的气体逸出。因此，需要利用清洁设备、排气设备、检测设备，对其进行真空排气，以达到洁净度及其真空度的基本要求。

（8）转子的几何参数和质量分布在陀螺仪实际使用期间（工作、保存和运输），在温度场变化后不应改变，并保证在陀螺仪工作时温度的均匀性。

（9）转子在其工作转速下，其变形导致的几何尺寸比其制造误差要大，应当限制在最小值并保持稳定。

（10）选择转子的尺寸和重量时，应保证支承电压在工作间隙下不会使电场强度超过击穿场强。

（11）转子结构材料应选择无磁性材料，比刚度要大。

以上是对转子设计要求的概括和总结，需要在转子的设计和研制中仔细考虑和认真权衡。

2.3.2 转子高精度球面实现技术

转子对球面结构参数要求苛刻，一般来说，要达到球形度小于或等于 $0.1\mu m$，转子尺寸精度小于或等于 $0.002mm$，表面粗糙度（Ra）优于 $0.02\mu m$，即所谓的"三度"。同时，由于转子的结构特点、工艺过程以及材料的特殊性（铍粉具有毒性），使得工业上大批量加工轴承转子的方法无法应用在铍转子的球面加工上。因此，如何高质量地进行单个转子加工并满足转子的"三度"要求，是一项重要的研究课题。

目前，针对静电陀螺仪用转子的高精度球面成形加工主要有两种方法：一种是单轴研磨成形法；另一种是四轴研磨成形法。

1. 单轴研磨成形法

为了获得球形转子外球面的理想球形和满足对表面粗糙度的高精度要求，一般采用精密研磨才能达到。一个理想的球体，它的任意截面都是一个圆。因而实现球面研磨的原理很简单，将待研磨的圆球放在薄壁圆筒形的研具上，如图 2.2 所示，研具绕 Z 轴以角速度 ω 转动，被加工球绕其瞬时转动轴 Z_1 以角速度 Ω 转动，Z 轴与 Z_1 轴之间的夹角为 α，只要能实现 α 角的随机变化，即可完成球面研磨。实现 α 角变化最简单的方法是人工用手拨动，并加以适当的压力，这就是单轴球面研磨加工的基本原理。

单轴研磨成形法曾用在 $\Phi 38mm$ 和 $\Phi 50mm$ 空心转子上研磨，研磨的精度与操作者的技术和经验有很大关系，工作效率低，人为因素大。实心铍转子尺寸小，而且铍材在加工过程中产生的粉尘对人有伤害，显然这种方法是不适用的。因此，单轴研磨成形法逐渐被淘汰了。

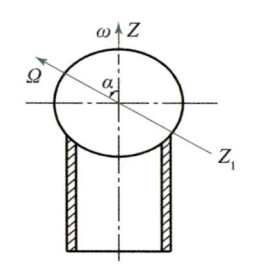

图 2.2　球体单轴研磨示意图

2. 四轴研磨成形法

四轴球体研磨的原理如图 2.3 所示。图中Ⅰ、Ⅱ、Ⅲ、Ⅳ轴在空间相互对称分布，任意两轴间夹角相等，四轴线汇交于球心，其中轴Ⅰ铅垂布置。4 个轴前端的筒状研具把球体包在中间。研磨时，4 个研具分别绕各自轴线做定轴转动，依靠弹簧对球体施加压力并保持与球体接触，并由该压力产生的摩擦力矩驱动球体旋转。通过有序定时变换 4 个轴的旋转方向，使球体回转轴线位置不断改变，从而研磨出整个球面。

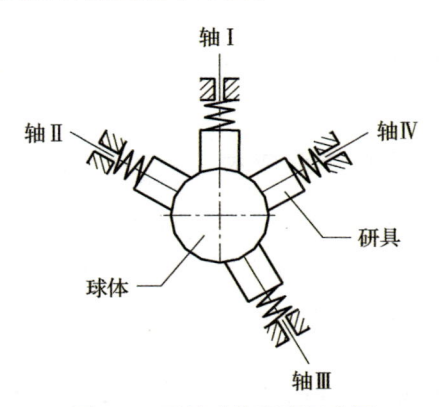

图 2.3　四轴球体研磨示意图

4 个研具依靠弹簧对球体进行研磨时，球体表面高点半径的不同，将使 4 个研具与球体的接触压力不同，接触压力的不同又使 4 个研具对球体高点的研磨量有所不同，高点半径大者去除量大，高点半径小者去除量小。因此，4 个研具对球体表面高点具有均化效应，亦即误差均化效应。

首先，研具圆（实际是圆环球面）圆度取决于球体的研磨圆度，而不是机器本身的运动精度。因此，较低精度的四轴球体研磨机用高精度研具可研磨出精密球体。其次，研具圆对球体的创成性研磨，导致圆度的趋小化。若设研具圆初始圆度小于球体圆度，则研具圆与球体随研磨时间延长而圆度趋小化过程可近似表示为两个阶段，如图 2.4 所示。研具和球体在研磨时圆度趋小化过程中，T_1 时间段为研具圆对球体圆度趋小化引导阶段，该阶段以研具圆圆度误差变大为代价，换取球体圆度误差快速减小。T_2 时间段为研具圆与球体圆度误差同步趋小化阶段，该阶段的特点是：当球体圆度（这里是指某些截面的圆度，其整体圆度大于研具圆圆度）小于研具圆圆度时，在相互引导（也简称"对研"）下圆度同时趋小化。

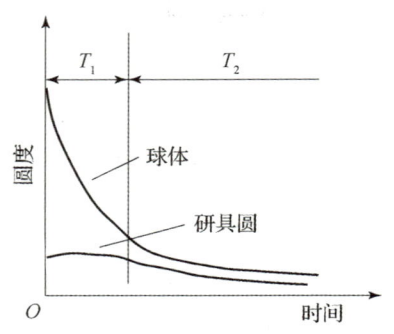

图 2.4 研磨圆度趋小化过程

因被研磨球体依靠 4 个研具摩擦驱动，所以 4 个研具的运动决定了球体的运动。为保证 4 个研具相对球体做球面运动，4 个研具运动必须满足一定的条件，这里不做赘述，可参阅参考文献 [4-5]。

2.3.3 转子偏心检测与修正技术

转子经过初步加工后，由于在内部进行了质量分配形成惯性主轴，不可避免地会形成偏心，体现在转子的质量中心和几何中心的不重合。偏心检测和修正的目的就是通过特殊手段，测量出这个偏心并对该偏心进行修正，直到满足转子对偏心的指标要求。

转子的偏心和修正是转子研制中非常关键的一项技术。通常采用气浮平衡的检测方法，检测精度可达 0.5μm，在 Φ10mm 转子研制中，采用气浮平衡的检测方法，检测精度可达到 0.2μm。

气浮法方法简单，使用方便，在较好的条件下对于球转子的平衡检测精度可以基本满足使用要求。参考文献 [4] 提出了液浮平衡的设想，其难点是需要满足液体的密度等于转子的平均密度并保持恒定。参考文献 [6] 对静电悬浮方法进行了研究，并取得了初步试验结果，在转子球形度达到一定要求时，理论上能够达到 0.1μm 的检测精度。但由于设备复杂、制作困难，在工程应用中得不多。

转子的偏心一般用符号 e 来表示，如图 2.5 所示。图中 x 轴表示转子赤道面内的任意惯性主轴，y 轴表示转子垂直于赤道平面的最大惯性主轴（转子极轴），m 为转子的质心，O 为转子的形心。一般来说，转子的不平衡或者偏心包括轴向和径向两部分，其中轴向偏心（e_y）引起转子漂移，这是高精度仪器所不允许的，而径向偏心（e_x）在转子高速旋转时引起漂移的平均效果基本为零，所以对它的要求可以适当放低。

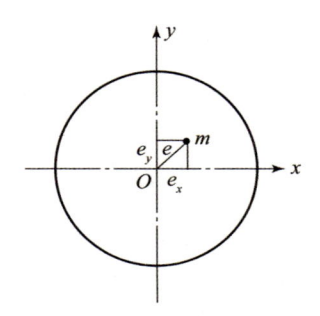

图 2.5 转子偏心示意图

气浮检测法的基本原理是气膜悬浮，和空气静压轴承的工作原理相似，如图 2.6 所示。转子放在一个凹球形的基座中，在基座中充入气体，使转子与基座的间隙形成气膜，气膜产生浮力使转子悬浮在基座的凹槽中。理论上，气膜产生的浮力合力通过转子的形心。

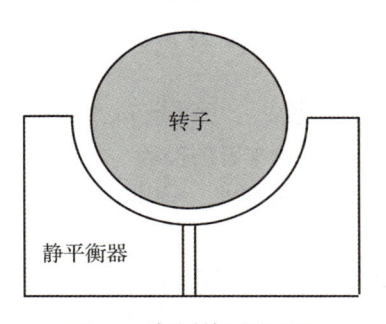

图 2.6 气浮检测法原理

当转子有质量偏心时，重力和浮力产生力偶，使转子在基座凹槽中偏摆，根据转子偏摆的周期，可以计算出转子的偏心量。一个理想单摆的数学表达式为

$$J\frac{\mathrm{d}^2\alpha}{\mathrm{d}t^2} + mgl\sin\alpha = 0 \tag{2.1}$$

式中：J，m，l 分别为摆的转动惯量、质量和摆长；α 为摆动摆角。

假定摆动的角度很小，即 $\alpha < 5°$，则式（2.1）可以简化为

$$J\frac{\mathrm{d}^2\alpha}{\mathrm{d}t^2} + mgl\alpha = 0 \tag{2.2}$$

显然经过简化后的式（2.2）为二阶常系数线性微分方程，通解为

$$\alpha = \alpha_0 \sin\left(\sqrt{\frac{mgl}{J}}t + \beta\right) \tag{2.3}$$

摆动周期 T 为

$$T = 2\pi\sqrt{\frac{J}{mgl}} \tag{2.4}$$

如果测得的摆动周期为 T_A，那么摆长 l 即转子的偏心距 e_A 为

$$e_A = \frac{l}{T_A^2} \cdot \frac{4\pi^2 J}{mg} \tag{2.5}$$

由式（2.5）不难看出，若转子的转动惯量不变，摆动周期越大，则偏心距 e_A 越小，并且与初始摆角无关，反之亦然。

转子的偏心修正是指在转子的偏心检测完成后，根据转子的偏心量，采取一定的方法和手段对转子进行修正，使得转子的形心与重心进一步靠近的过程。偏心修正是一个反复的过程，配合转子的精密研磨技术、偏心检测技术，循环进行，直到满足转子的技术指标要求。

首先介绍空心球转子的偏心修正。空心球转子的质量都集中在球壳上，为使重心和形心重合，只需要把质量偏大的球壳部分（导致重心靠近）均匀去掉部分质量，然后再研磨成球形，反复几次就能够达到要求，这种方法存在以下几个问题。

（1）研磨去重需要手工完成，去除量和去除面积受人为因素影响较大，修正效果在很大程度上取决于操作者的经验。

（2）手工研磨去重的工作条件差，特别是对于特殊材料的转子（如铍），工作的危险程度大。

（3）需要反复多次进行才能达到修正效果，而转子尺寸在不断减小，对于缺乏经验的操作者，有可能在达到转子的最小尺寸时仍然没有达到偏心的指标要求，从而造成废品。

对于实心球形转子而言，由于其质量不集中在球壳上，这种方法不适用。因此，需要对实心转子的偏心修正技术进行深入研究，从而找到适合的修正方法，满足工程实际的需要。图 2.7 所示为实心球转子的偏心修正示意图，O 表示修正前的转子形心，m 表示转子的质心。为了达到修正目的，使得形心和质心尽量重合，必须沿着图中阴影部分的球形轮廓对转子进行去重，实际上是修正转子的球形，使转子形心向质心移动。而空心球的修正是修正转子的质量分布，使得转子的质心向形心移动。两者是截然不同的，如果采用

空心球的修正方法，在图示 2.7 中转子的右底部去重，必然使得转子形心和质心越来越远。

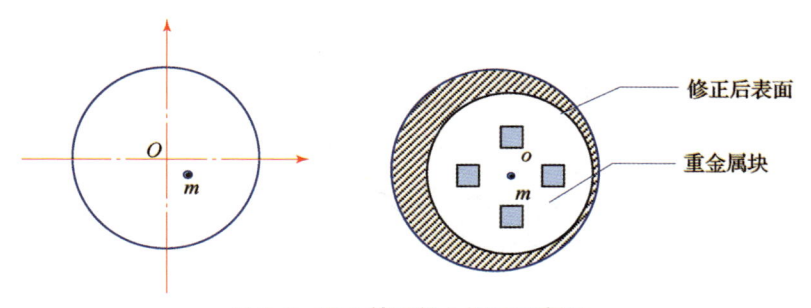

图 2.7　实心转子偏心修正示意图

当然，实心转子的偏心修正也是一个反复的过程，对其轮廓修正是无法如图 2.7 所示一次成形的，因为转子球面的成形是靠精密研磨工艺保证的，对球体来说，研磨加工是均匀进行的。因此，需要找到一种方法使转子不均匀去重，而又使转子基本保持球形，从而便于研磨加工，经过 1~2 次反复，能够较为迅速地达到要求。

参考文献 [4] 提出了腐蚀修正方法，利用特定的化学溶液对铍转子的腐蚀效应，达到去重目的，再通过转子或溶液的特殊运动，使去重区域按照预先设定的方式分布，实现不均匀去重，最终达到球心修正的目的。

参见图 2.8，O 为修正前的转子形心，m 为转子质心，e 为偏心距，由平衡检测得到，修正的目的是使修正后转子的形心 o 与 m 尽量靠近。从图中不难看出，要想达到这个效果，需要把图中阴影部分的质量去掉，也就是腐蚀修正技术要达到的目的。溶液对转子材料——金属铍的腐蚀速度是与溶液的配方有关的，在配方一定的情况下，腐蚀速度恒定。因此，为了实现图 2.8 中的不均匀但又有规律的去重效果，需要控制转子浸入溶液的速度，通过特定的运动规律来实现腐蚀修正。

下面来推导这个运动规律，仍然参见图 2.8，设腐蚀溶液的液面在 $t=0$ 时开始接触转子，t 时刻到达转子的表面 A 点，OA 矢径与铅垂方向的夹角为 α，$t=T$ 时到达转子顶点，腐蚀完毕，液面（或转子）的速度函数为 $v(t)$。B 点为矢径 OA 与修正后球面的交点，设定 AB 为 A 点的腐蚀路径，其他点同理，整个球面在 T 时刻被腐蚀成一个形心偏移的、尺寸减小的目标球面。

在 $\triangle oOB$ 中，利用余弦公式，可得 $oB^2 = oO^2 + OB^2 - 2oO \cdot OB\cos(\pi - \alpha)$。带入已知量，求解二次方程，得到

$$OB = \sqrt{\frac{d^2}{4} - e^2 \sin^2\alpha} - e\cos\alpha \tag{2.6}$$

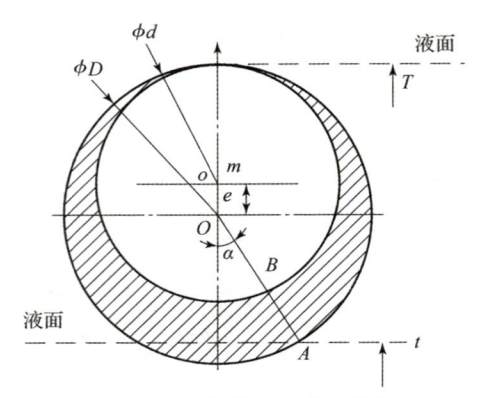

图 2.8　腐蚀修正方法示意图

根据前面的分析，在 $T-t$ 时间内，A 点腐蚀到 B 点，可得 $c(T-t) = AB = OA - OB$。其中，c 为溶液的恒定腐蚀速度，代入已知量和式 (2.6)，有

$$c(T-t) = \frac{D}{2} - \sqrt{\frac{d^2}{4} - e^2 \sin^2\alpha} - e\cos\alpha \tag{2.7}$$

根据图 2.8，在 t 时刻，液面的位移函数 $s(t)$ 可写为

$$s(t) = \frac{D}{2}(1 - \cos\alpha) \tag{2.8}$$

$t=0$ 时，$s(t)=0$。

根据式 (2.7)，可求得

$$\cos\alpha = \frac{\dfrac{d^2}{4} - e^2 - y(t)^2}{2ey(t)} \tag{2.9}$$

其中，$y(t) = \dfrac{D}{2} - c(T-t)$，把式 (2.9) 代入式 (2.8)，有

$$s(t) = \frac{D}{2}\left(1 - \frac{\dfrac{d^2}{4} - e^2 - y(t)^2}{2ey(t)}\right) \tag{2.10}$$

式 (2.10) 中对时间 t 求导，并代入 $y(t)$ 可得

$$v(t) = \frac{D}{2}\left(1 - \frac{\dfrac{d^2}{4} - e^2 - y(t)^2}{2ey(t)}\right)' = \frac{Dd^2 - 4De^2}{16e}\frac{1}{y(t)^2}y(t)' + \frac{D}{4e}y(t)' \tag{2.11}$$

把 $y(t) = \dfrac{D}{2} - c(T-t)$，$y(t)' = c$ 代入式 (2.11)，有

$$v(t) = \frac{Dd^2 - 4De^2}{16e}\frac{c}{[D/2 - c(T-t)]^2} + \frac{Dc}{4e} \tag{2.12}$$

式（2.12）即为液面或者转子的运动方程，满足这个方程就可以达到腐蚀修正的目的，也就是在缩小转子球径的同时，使转子形心向质心移动。

2.3.4 转子主轴标定

转子的旋转主轴即最大惯性主轴，是通过在转子（空心或实心）内部重新分配质量形成的。静电陀螺仪利用电场力将转子支承在高真空的陶瓷壳体中，利用外加旋转磁场使转子绕惯性主轴高速旋转。对于空心转子和实心转子静电陀螺仪，陀螺仪姿态需利用光电传感器通过刻在转子上的图案进行采集，而转子上的图案需以转子的惯性主轴为基准进行加工制作。这就需要对转子的惯性主轴进行测量并将其标定出来，然后才能在相对惯性主轴的适当位置精确地刻制图案。转子图案的位置精度直接影响光电传感器的输出，而转子惯性主轴的标定又决定了转子图案的位置精度。

转子经过机加工、扩散焊、研磨、抛光等多道工序后，表面轮廓为光洁度极高的球形，无法分辨出转子的惯性主轴。因此，需要在转子加工完成后，在最后的图形刻蚀前，用特殊的方法和设备来精确地标定出转子的惯性主轴。

1. 接触式主轴标定方法

接触式主轴标定方法曾在空心大球研制中采用，它是利用毛笔一类的柔软物体，蘸上易于转子黏合的液体，在转子高速旋转并且完成定中后，在转子上靠近旋转主轴的位置点一下，由于转子自转会在表面形成一个圆，这个圆的圆心就是惯性主轴的一个极点。通过确定这个圆的圆心就可以找到主轴位置。图2.9所示为接触式主轴标定的示意图。

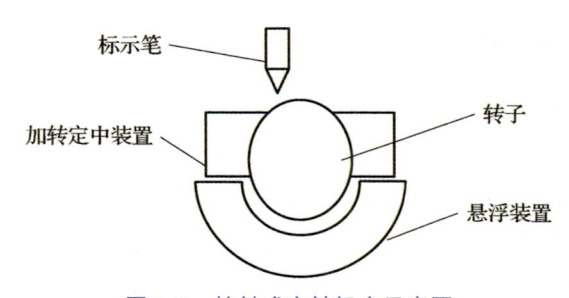

图 2.9 接触式主轴标定示意图

接触式主轴标定方法的优点在于简单而且标识痕迹很容易去除，不影响转子的精度。其缺点包括：①标示笔要与转子接触，这样会对转子产生干扰，使圆心偏离主轴位置；②液体粘在转子上，有附加质量，也会对转子产生干扰，改变主轴的位置；③容易与金属铍黏合、黏度又小的液体不容易找到。

2. 非接触式主轴标定方法

接触式主轴标定方法之所以能够用于空心大球的主轴标定，是因为空心转子的转动惯量较大，相比之下标示笔造成的干扰力矩较小，可以接受。但是，对于实心小球则不同。实心铍转子的直径为 10mm，质量仅为 1g 左右，转动惯量小。接触式标定造成的干扰力矩已经不可忽略，必须采用无干扰力矩的标定方法。

非接触式主轴标定方法采用激光代替接触式方法中的标示笔，在转子高速旋转时用激光打标机在转子极轴附近的固定位置打出连续的激光束，在转子表面刻出一个圆，通过显微镜找到惯性主轴，这种方法避免了对转子的直接接触，不会对高速旋转的转子产生干扰，只要刻线宽度足够小，就不会破坏转子表面的球形度，不会影响转子的径向偏心。经过计算，金属铍的密度为 1.85g/cm^3，刻线直径为 2mm，宽度为 0.02mm，深度为 0.003mm，去除部分的转动惯量为 $3.77 \times 10^{-3} \text{g} \cdot \text{mm}^2$，而转子主惯性矩约为 $11 \text{g} \cdot \text{mm}^2$，可以忽略。

此外，随着激光打标技术的不断提高，通过调整激光功率、离焦量、光斑波形等参数，可以实现不去除质量而在光滑表面留下可辨识的痕迹，这也为转子主轴的非接触标定提供了更好的技术途径。

2.4 支承电极技术

2.4.1 总体要求

电极组合体是支承电极载体，是静电陀螺仪核心部件，主要有以下三个作用：①为铍转子提供一个洁净的、超高真空工作环境；②提供支承电极镀覆球面和保护电极安装面；③为其他部件提供安装基准，如光电传感器和真空泵等部件。

电极组合体按结构形式可分为半球型、多块组合型。半球型是指由上、下两个半球电极碗组合装配构成一个完整的电极组合体，在电极组合体内形成一个完整的高精度球形支承电极内球腔。因半球型电极组合体结构简单、便于实现高精度装配，截至目前绝大多数静电陀螺仪采用半球型电极组合体结构形式。除了半球型电极组合体，俄罗斯中央电气研究所研制的 Φ10mm 实心转子静电陀螺仪采用 6 块电极组合体组合构成一个完整的电极组合体。

电极组合体按密封结构可分为直接密封型和密封钟罩型。直接密封型电极组合体是指电极组合体构成一个密闭的球形腔体，可满足静电陀螺仪对转子电极间隙腔真空度要求；密封钟罩型电极组合体是将电极组合体放在密封钟罩内，对密封钟罩抽真空处理满足真空度要求。静电陀螺仪对电极组合体要求如下：①选用高纯致密陶瓷材料做基体材料，满足结构稳定性、绝缘性和高真空环境对材料致密性要求；②内部球形腔球形度要满足高精度要求，特别是对于实心转子静电用电极组合球碗间间隙只有 10μm 甚至更小情况，必须满足高精度形状要求；③内球面上支承电极镀覆金属层应选用性能稳定、耐磨损材料，通常选用金属铬作为支承电极材料。

2.4.2 关键工艺

2.4.2.1 高纯氧化铝陶瓷制备工艺

1. 材料性能

静电陀螺仪支承电极碗基体和支承电极通常均采用纯度为 99.9% 的氧化铝陶瓷，其中添加约 0.03% 的氧化镁，属于半透明、高韧性、微细晶粒、高纯氧化铝陶瓷。氧化铝陶瓷通常指以 $\alpha-Al_2O_3$ 为主晶相的陶瓷，含 $\alpha-Al_2O_3$ 较高的氧化铝陶瓷有时以其主晶相的矿物名称命名，称为刚玉。氧化铝陶瓷是应用最广泛的电子陶瓷，也是一种生物陶瓷。

高纯氧化铝陶瓷熔点为 2050℃，密度为 $3.986g/cm^3$，在 1300℃ 以上时结晶状态是 $\alpha-Al_2O_3$，氧化铝陶瓷为离子键化合物，与 MgO、ZrO、SiC、Si_3N_4 陶瓷相比，纯氧化铝陶瓷较易烧结，易接近理论密度，高纯氧化铝陶瓷制品呈半透明状态。

氧化铝陶瓷的主要性能随其主要成分 $\alpha-Al_2O_3$ 含量的增加而显著提高，不同的 $\alpha-Al_2O_3$ 含量的陶瓷性能参数如表 2.2 所示。作为生物陶瓷的高纯氧化铝陶瓷性能参数如表 2.3 所示。高纯氧化铝陶瓷性能优异，耐高温性、耐热冲击性、耐腐蚀性好，能与多种金属进行可靠气密封接，蒸汽压低、放气少、真空气密性好、硬度高、耐磨性好，弹性模量和抗压强度很高。高纯氧化铝陶瓷的不足是具有脆性。

表 2.2 氧化铝陶瓷主要性能

材料名称	主要成分	密度/(g/cm^3)	抗弯强度（室温）/MPa	抗拉强度（室温）/MPa	抗压强度（室温）/MPa	弹性模量/GPa
氧化铝陶瓷	95% Al_2O_3	>3.6	220~370			
	97% Al_2O_3	>3.75	300~450	120~140	1500~1600	292~294
	99% Al_2O_3	3.85~3.95	350~550	≥265	2100~4000	350~415

续表

材料名称	线膨胀系数/(10^{-6}/℃) 室温约200℃	线膨胀系数/(10^{-6}/℃) 室温约500℃	导电系数/(W/(m·K))	体积电阻率(室温)/(Ω·m)	介电常数(1MHz,室温)	介电强度(室温)/(kV·mm)	硬度 努氏(100g)	硬度 HRA
氧化铝陶瓷	5.3~6.3	6.7~8.7	17	≥10^{16}	8.5	20~40		
		6.7~7.7	20	≥10^{16}	9.3	20~30	2000~2050	85~86
		7.4~7.6	30	≥10^{18}	9.7	>14		
	6.4~6.5	7.6	170~209	≥10^{17}	6.0~6.4	24~30	1300	90~92

表 2.3 生物陶瓷 ISO 标准规定主要性能

材料名称	杂质含量/%	密度/(g/cm³)	平均晶粒/μm	抗弯强度(室温)/MPa	抗压强度(室温)/MPa	弹性模量/GPa	抗冲击强度(室温)/MPa
氧化铝陶瓷(99.9%)	SiO_2和碱金属含量≤0.1%	≥3.9	≤7	≥400	约4000	约380	≥4000

2. 制备工艺

1)制备工艺的重要性

静电陀螺仪支承电极碗的粗糙度 $Ra=0.01\sim0.02\mu m$。能否达到这样高的要求,取决于基体材料的显微结构、致密性和后续加工质量。为了满足使用要求,需要高纯度、高密度、细晶粒的氧化铝陶瓷坯体。氧化铝陶瓷属多晶材料,在显微结构层次上多晶材料的晶粒尺寸、微观形貌及分布是不均匀的。而显微结构的优劣严重影响材料服役的各项性能,因此特别需要优化制备工艺从而控制显微结构。显微结构要素包括晶粒、晶界、气孔、裂纹等微观缺陷,要素的内容有晶粒尺寸、形貌、晶体取向及其分布等。氧化铝陶瓷的制备工艺主要有粉料制备、成型、烧结,这都与陶瓷制品的显微结构密切相关。

2）高纯超细活性粉料

粉料性质对烧结时的致密性和显微结构影响极大。除粉料的化学组成和相组成外，粉料颗粒尺寸、分布、团聚性和成型性均影响晶粒生长、缺陷形成。要获得性能优良的制品、粉料应具备以下条件。

（1）化学成分配比准确。

（2）粉料的纯度高。杂质会影响制品的性能，氧化铝陶瓷中含有少量的碱金属氧化物，如 Na_2O 等，会对绝缘性等产生非常不利的影响。

（3）成分分布均匀。成分分布的不均匀会使局部的成分配比偏离平均的配比值，从而影响粉料的烧结及制品的性能。静电陀螺仪中支承电极碗属于 MgO 掺杂 Al_2O_3。加入 MgO，可防止二次重结晶，使显微结构均匀，提高烧结致密度。如果 MgO 分布不均匀，局部缺乏 MgO 的区域会达不到预期的效果。

（4）具备成品所需的物相。Al_2O_3 粉料的相态应为 α 相，如果是 γ 相或别的相，由于其密度低于 α – Al_2O_3，升温过程会发生相变，对烧结不利。

（5）颗粒度细。在一定的烧结温度下，烧结的速度与颗粒大小成反比，颗粒大小也决定了粉料的烧结性能。但也不是越细越好，根据近年制备试样的经验，颗粒尺寸宜为 0.1~1μm 范围内。

（6）颗粒尺寸分布窄。不同颗粒尺寸粉料在某一确定温度下烧结速度不同，颗粒较大的区域往往不容易致密，大颗粒还会形成二次重结晶的核，导致个别颗粒的异常长大，严重影响制品的显微结构和性能。

（7）无团聚体。团聚体是粉料中一定数量的初始聚合颗粒，团聚体对烧结时显微结构形成具有不利影响。由于团聚体的存在，使各种方法制备的超细粉料全部或部分失去了作为超细颗粒应有的优势。

通常用化学方法制取的高纯超细活性粉料制备高性能半透明氧化铝陶瓷。目前，较常用的是高压釜法和低温化学法。高压釜法用 99.99% 的高纯铝直接在 300~500℃ 的高压蒸汽中氧化生成 α – Al_2O_3，再经高温转相即得到以 α – Al_2O_3 为主相的粉料。低温化学法是将一定浓度的硫酸铝溶液喷入用干冰或丙酮冷却的己烷浴内，使液滴速冷成珠状，再经脱水、干燥、高温分解转相，可制得分散性好的超细 α – Al_2O_3 为主相的粉料，也可用铝铵矾热分解法制取粉料。

为适应不同成型的要求，还需对粉料进行调整，包括造粒（干压、等静压成型）、塑性物料调制（挤压、注射成型）、浆料调制（注浆、流延成型）等。

3）成型

成型是将一个分散体系转变成具有一定几何形状和强度的坯体。由于氧化铝陶瓷的坚硬和脆性，造成后续加工的困难，只有毛坯具有正确的形状和尺寸，才能减少陶瓷制品的加工量。由此可见，陶瓷坯体的成型与其他易加工材料相比，显得特别重要。

静电陀螺仪中支承电极体对位置和尺寸精度要求高，坯体成型难度较大。为了获得成型好的坯体，应根据坯体形状和尺寸，选择适当的成型方法。形状复杂的制品选用流动性好的浇注法、注射法；高性能陶瓷选用热压和热等静压等工艺方法成型；精密尺寸的坯体可选用注射法、压滤法或压注法。

注射法适用于形状复杂而尺寸精度高的氧化铝陶瓷制品的坯体成型。注射法是1978年美国Battle Morial研究所为实施"陶瓷注射成型"研究计划而首先开发的，该研究计划当时是由世界上40多家公司发起制定的。经过10多年的努力，美国、日本、德国等国都用注射法成功地制备出了陶瓷制品，我国在1989年用注射法制成了氮化硅陶瓷制品。注射法成型是将陶瓷粉料与热塑性有机载体配比、混合、造粒，在注射机中注射进模型腔体，经保压、冷却和脱模，得到含塑坯体。将含塑坯体置于排塑炉内，缓慢加热加压，排除有机载体，获得素坯，再经烧结，就可以得到陶瓷坯体。选择适当的有机载体是保证良好成型和彻底排塑的关键，有机载体是由热塑性有机化合物配制而成的，包括黏结剂、塑性剂、润滑剂和活性剂等，这样既可使坯体具有强度，又可使坯料有较低黏度，减少内阻力与模具壁的摩擦力，具有良好的流动性、充模性和容易脱模，通常用聚乙烯、聚丙烯、硬脂酸和石蜡等作为载体。具体到某一氧化铝陶瓷制品，应设计具有不同蒸汽压的有机物在较低温度下先进行汽化挥发，同时形成气体通道，使其他有机物通过这些通道顺利排出。氧化铝陶瓷的注射压力为60~100MPa，温度为160~200℃。

热等静压成型也是一种重要的新工艺，可将陶瓷的成型与烧结同时进行，该内容将在下一节中再作进一步说明。

冷等静压成型较适合形状简单且尺寸较小的制品成型。对于形状复杂的制品，需在等静压后再加工成所需的形状和尺寸，但这种方法效率低、成本和废品率高。

4）烧结

烧结是指在一定温度和压力下使成型体（素坯）发生显微结构变化、体积收缩、密度升高的过程。纯氧化铝粉料在烧结过程中伴随有晶粒长大，其中有一些晶粒会异常长大，称为二次结晶。晶粒的异常长大会造成陶瓷制品开裂，或将气孔包入晶粒内形成缺陷，坯体不能达到充分致密。添加0.1%~0.5%的MgO后，在烧结过程中可抑制晶粒长大和二次重结晶，使气孔的迁移加快，并在晶界上消失，得到晶粒较小、接近理论密度的致密陶瓷坯体。

MgO 能与 Al_2O_3 形成低共熔化合物，在较低温度下形成液相。液相对 Al_2O_3 晶粒有润湿作用，加速 Al_2O_3 晶粒的溶解和扩散，使气孔排出到晶粒外。添加 MgO 的 99% Al_2O_3 在 1800℃ 左右烧结时有液相出现，可制得半透明陶瓷。根据有关资料报道，在国外静电陀螺仪支承电极碗的基体陶瓷中，添加了约 0.3% 的 MgO，这样就使得制品显微结构优良，呈半透明，最大晶粒尺寸在 $2\mu m$ 左右，经研磨抛光表面粗糙度为 $Ra = 0.01 \sim 0.02$ 水平。

相同化学组成的陶瓷素坯，采用不同的烧结工艺，可以制备出显微结构和性能差异很大的陶瓷坯体。目前，常用的工艺有气氛压力烧结和真空烧结。新发展的工艺主要有热等静压和微波烧结，热等静压又称热等静压成型。1955 年美国研制成功，当时的目的是粘接核燃料元件，20 世纪 60 年代是热等静压技术研究非常活跃的年代，铍是第一种用热等静压成型的结构材料。20 世纪 70 年代进入工业化应用阶段，到了 80 年代得到高速发展，并日趋成熟。用热等静压工艺制备氧化铝陶瓷材料制品还处在研究完善阶段，热等静压工艺可以取代通常采用的成型和烧结工艺，在高温高压下将粉料直接固结成型。也可以将已成型的素坯加包套后烧结，或者将已烧结材料进行致密化处理。用热等静压工艺制备的陶瓷组织均匀致密、晶粒细微、抗蠕变性和抗疲劳性有明显改善，但是热等静压技术所需设备昂贵、包套技术复杂、工艺周期长。

2.4.2.2 支承电极装配工艺

支承电极球腔的非球形误差是造成静电干扰力矩增大的主要因素，为此必须控制：

（1）上下电极体球心距离断面高度误差。

（2）组合装配后，上下电极体同心度误差。

在前期曾采用直销定位并采用纯钢垫圈进行上下电极体真空封接。采用这种结构形式支承电极球心高度误差和径向同心度误差都较大，一般在 $3\mu m$ 左右，交叉电极与转子电容差值也较大，这样就会造成静电陀螺仪零偏漂移速度过大。

后续静电陀螺仪研制中将直销定位改为锥销定位，这样就大幅度提高了上下电极体定位精度，采用锥销定位和纯钢垫圈真空密封组合可将支承电极球心高度误差和径向同心度误差大幅降低，一般能控制在 $1.5\mu m$ 以内，交叉电极与转子电容差值可控制在 1pF 以内。

在静电陀螺仪产品中通常采用工艺稳定性更好的定位环进行径向定位、上下电极体间直接接触的装配定位方案，这样可将上下电极体内球腔错位误差控制在 1μm 以内。美国 G11A 型实心转子静电陀螺仪中转子与电极体内球腔间隙在 10μm 左右，因此要求上下电极体内球腔球形度误差控制在 0.1μm 水平，在常规机械定位装配基础上，会有电调试环节，根据转子与电极内球腔电容值测量结果，采用机械微动方式对上下电极体进行精调。

2.5 支承控制技术

静电支承系统是静电陀螺仪的一个关键部分，可分为无源式静电支承和有源式静电支承两种。无源式静电支承的优点是电路简单，但工作频带窄，支承刚度和承载能力小。有源式静电支承线路比较复杂，但其工作频带宽，支承刚度和承载能力大，因而得到了广泛应用。

有源式静电支承系统由三个部分组成：①转子与支承电极；②电容传感器；③静电加力随动系统。静电支承系统的基本结构如图 2.10 所示。

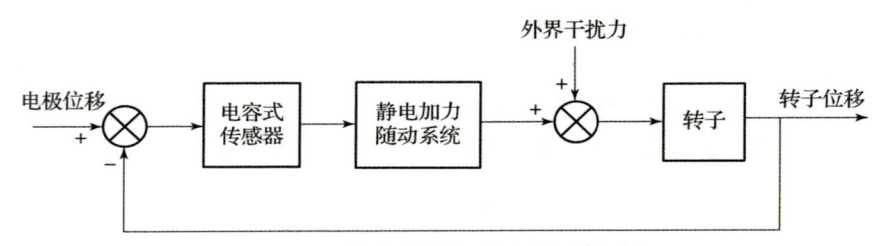

图 2.10　静电陀螺仪支承系统方框图

静电支承系统是一个单回路反馈控制系统。电容式传感器测量转子相对支承电极中心的位移，通过静电加力随动系统对支承电极施加电压，调整作用于转子的静电引力，使转子在电极球腔内处于稳定的平衡位置。这里所说的支承控制系统是指静电加力随动系统，也可以称为静电支承线路。静电支承线路的功能是要根据球转子位移变化相应地改变施加在电极上的支承电压，以保持球转子的平衡状态，同时也要满足一定的静态刚度和动态稳定性，其组成部分主要包括转子位移测量线路、伺服控制回路和静电加力执行线路。

根据支承电压，静电支承可分为方波支承、正弦波支承和直流支承。方波支承的优点是出力系数大，缺点是前后沿的大尖峰给整个支承线路带来的噪声很大，特别是对电容电桥电路的信号检测有不利影响，容易造成高压变压器的击穿及转子与支承电极之间的放电，高次谐波偏离了高压变压器的激磁电感与负载电容的并联谐振状态，增大了支承线路的功耗；正弦波支承克服了方波支承的以上缺点，不足之处是出力系数小，约为 0.5，适合于承载能力不太大的场合；直流支承克服了上述两种支承的缺点，唯一不足的是高压部分略微复杂，增加了交流到直流的转换，但其是目前比较适用的一种方法。

根据控制方式，支承控制可分为模拟控制和数字控制两种。模拟控制的优点是电路简单、体积小、功耗低、调试方便，但是温度性能较差，难以实现"变结构"起支。数字控制的优点是精度高、控制灵活、可靠性强。支承系统原理如图 2.11 所示。

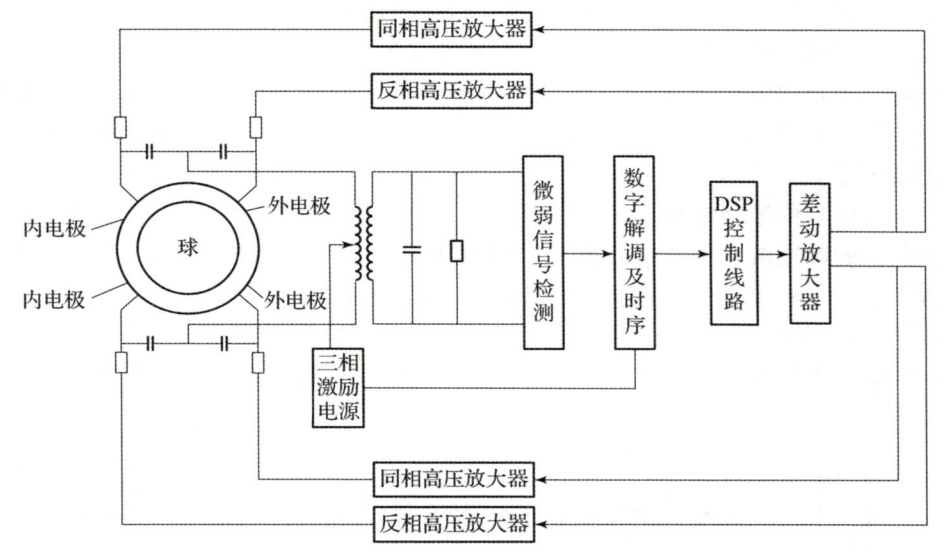

图 2.11　支承系统原理

实际系统是三轴交链的多输入多输出系统，图 2.11 只表示单轴回路的反馈控制系统。当球形转子偏离电极球腔中心时，电容传感器把球心偏离支承电极的位移转变为一对电容的差动变化，精密位移测量电路检测出转子位置的偏移量，送至数字控制器，由控制线路按照设定的调节规律输出相应的控制电压，经高压放大后通过加力执行机构施加于支承电极上，从而调整作用于转子的静电力，使转子在电极球腔内处于稳定的平衡位置。

2.5.1　转子位移检测技术

转子位移精密测量是支承系统的关键技术之一，其作用是高精度、高稳定性地测量出转子相对于电极球腔中心的位移。相对于空心铍球静电陀螺仪，实心转子静电陀螺仪实现高精度位移测量的难度更大。以直径 10mm 的实心转子静电陀螺仪为例，当转子发生 0.01μm 的位移时，电容的变化量测量仅为 5.7×10^{-4} pF，要达到如此高的检测精度，难度相当大。这就要求测量电桥有很高的精度，必须设法解决寄生电容和分布电容对测量精度的影响，采取相应的屏蔽措施并选择特殊的元器件以降低噪声及外部干扰对测量线路的影响，减小测量精度的损失；对位移检测有影响的另一个因素是必须保证转子零点电压高度稳定，零点漂移小于分辨率电压。

为了检测转子位置的偏移量，需要测量转子与电极之间电容量的变化。AC桥路法是目前精度最高、稳定性最好的电容测量方法。对于小型静电陀螺仪，为了保证空间三维方向上测量回路完全解耦，通常采用三相高频对称正弦激励信号分别给三维方向上的测量电桥供电，这样球上的电位为零，空间三个自由度的测量就可以简化为三个单自由度的位移测量，每个方向上的信号经过前置放大，均输出一个包含球转子在相应轴方向位移信息的交流信号。

三相对称激励电源一方面要产生三相对称正弦信号作为测量线路中电容电桥的激励源，另一方面还要产生监相方波，作为相敏解调线路的基准信号。由于转子电位"虚地"的要求，对三相激励电源的频率稳定度、幅度误差和相位误差的要求很高。用数字式方波移位加权叠加及低通滤波的方法可以得到准确分相120°的三相正弦信号和监相方波。其原理框图如图2.12所示。

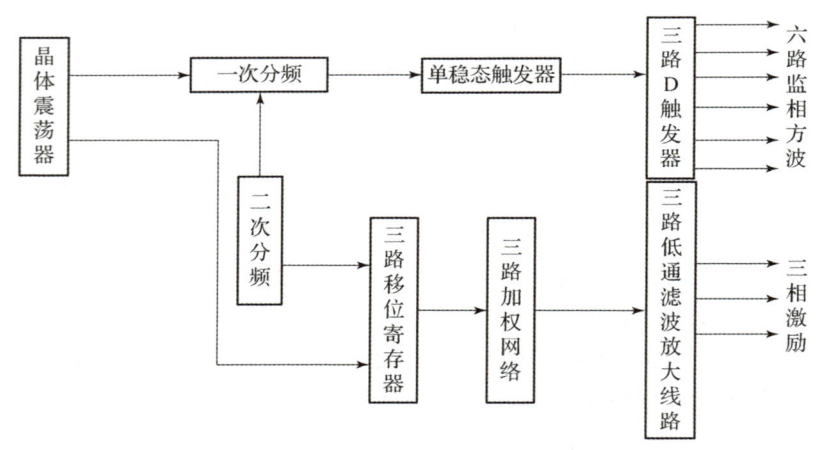

图2.12 三相激励信号源原理框图

由球转子与电极的间隙电容和测量变压器的原边构成AC桥路的4个桥臂，当转子位移引起间隙电容的差动变化时，电桥处于非平衡状态，经变压器耦合、前置放大后每一路输出一个交流信号，其幅度与转子的位移量成正比，相位则反映转子运动的方向。以空间Z坐标轴方向为例，其原理框图如图2.13所示。

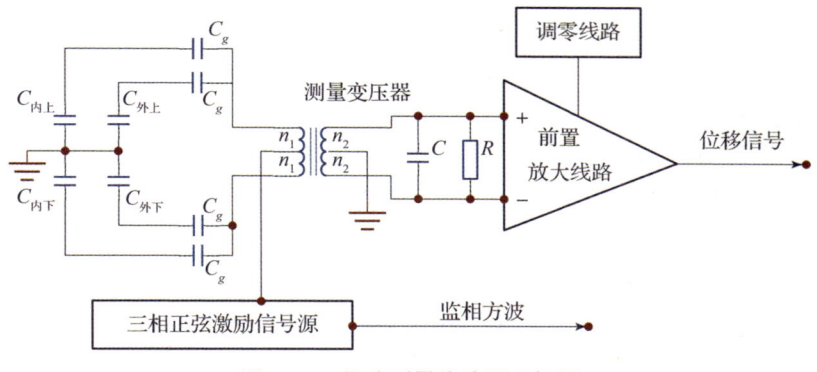

图 2.13　位移测量线路原理框图

2.5.2　数字伺服控制线路

由于转子与支承电极之间的名义间隙只有 30μm，转子的起支就显得更加重要了。不理想的起支会造成转子与电极的碰撞、高压击穿等现象，甚至对转子和电极造成一定的损坏。变结构起支解决了这一难题。它的起支调解器保证了在非线性区间系统的稳定性；预给偏差电压使转子逐步到位，减小起支时的超调量，这就需要数字伺服控制技术来实现。

以数字信号处理（Digital Signal Processing，DSP）控制器和现场可编程门阵列（Field-Programmable Gate Array，FPGA）芯片为核心器件，共同完成转子位移信号的处理，使伺服控制线路具有良好的动态品质并能够预防起支击穿现象。其优点主要表现如下。

（1）转子位移信号的实时采集、解调、滤波及控制电压的差动输出，并产生各种控制信号以控制外围线路时序逻辑和操作模式。

（2）为了保证系统能够稳定工作，根据系统特性设计滞后超前校正网络，以满足系统稳定性和动态刚度的要求；同时考虑系统起支时的非线性影响，需要设计非线性处理环节的调节器避免起支时的不稳定及过大超调量。

数字伺服控制线路具体实现方法如下。

采用高速、高精度 A/D 转换器分别对转子空间三个坐标轴方向上的位移信号进行实时采集与转换，其输出信号按照监相方波的相位基准在 FPGA 中进行解调，得到大小和极性、转子位移信息相对应的数字信号，送至 DSP 中完成滤波，并根据转子不同的位置状态选择不同的控制算法，运算结果同预载电压相加减，最后由高精度 D/A 转换器转换成差动控制电压输出。其原理框图如图 2.14 所示。

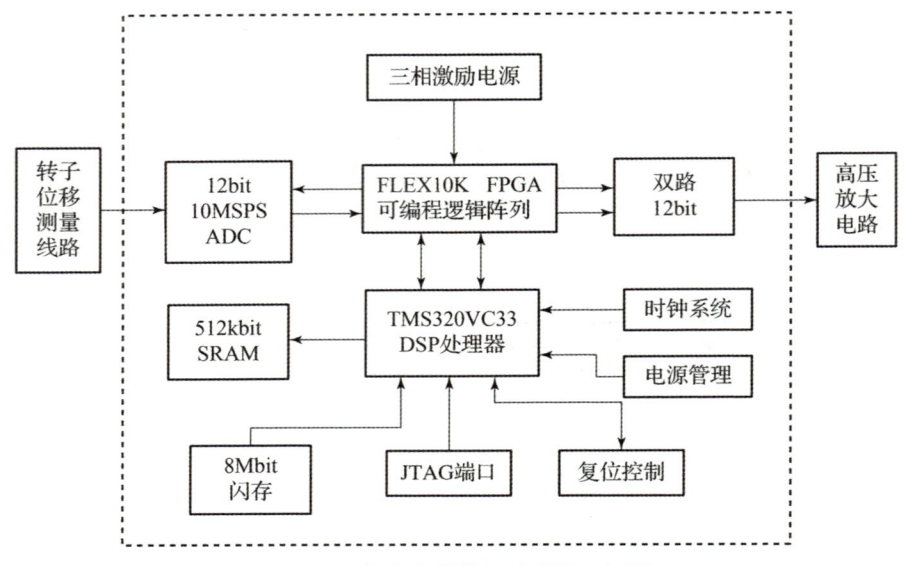

图 2.14　数字伺服控制线路原理框图

2.5.3　高压电源及放大技术

高压电源及放大技术是将支承系统中伺服回路的输出电压进行功率放大，再将放大后的电压送回支承电极，控制电极电压，以调整作用于转子的静电引力，使转子在电极球腔内处于稳定的平衡位置。

对于直流高压放大电路本身来说，一般的实现方法多是先将直流信号调制成交流信号，用升压变压器将电压升到一定的幅值，再整流、滤波完成。小型实心转子静电陀螺仪支承系统的高压放大电路，不使用高压变压器，通过采用合理的电路和电子元件，包括混合式集成电路，达到直流高压放大的作用，提高支承系统的性能并使之小型化，同时可消除高压变压器漏磁场的干扰，改善静电陀螺仪的精度和稳定性。直流高压放大原理框图如图 2.15 所示。该电路需要将输入为 0~10V 的直流信号进行最大 100 倍的同相和反相放大，达到最大 ±1000V 的直流输出，并要求有较好的线性度，且对正负信号放大的一致性要求较高。

高压电源为直流高压放大线路提供工作电源，要求稳定性好，纹波小，正负电压输出的一致性好。可采用 DC-DC 变换器组成正负高压电源为一路高压放大线路供电，整个支承系统需三组正负电源。该变换器采用推挽式脉冲宽度调制（Pulse Width Modulation，PWM）控制，应具有光电隔离、短路保护、禁止使能等功能。其工作原理示意图如图 2.16 所示。

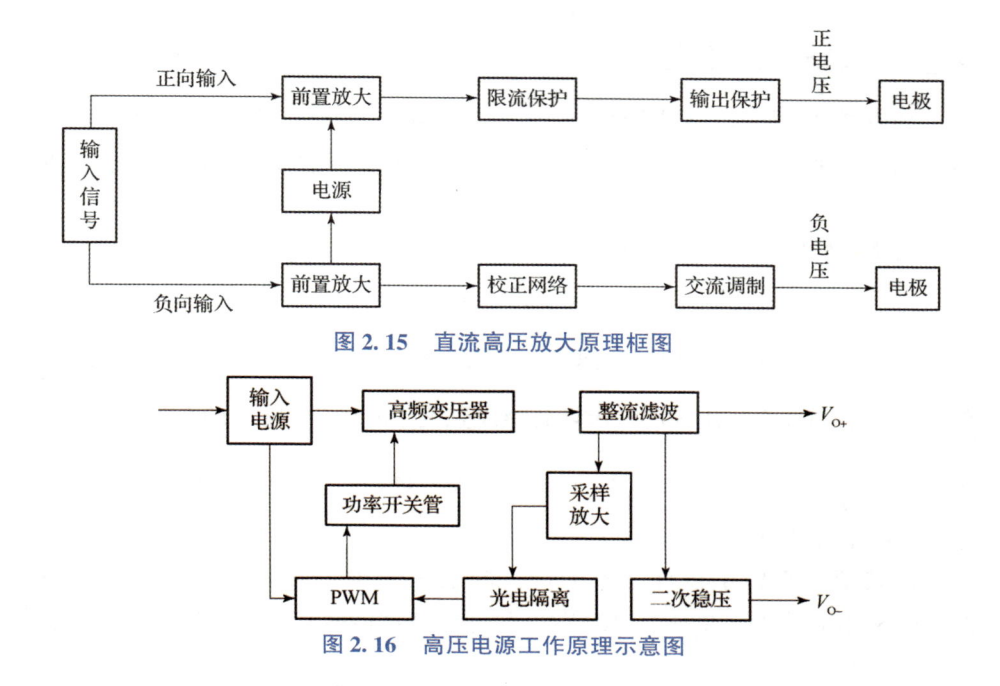

图 2.15　直流高压放大原理框图

图 2.16　高压电源工作原理示意图

2.6　转速控制技术

为实现陀螺仪效应必须使转子高速旋转，而静电陀螺仪工作时转子悬浮在真空腔体中，因此必须通过一套特殊的控制技术来对转子进行加转、定中、恒速控制等，统称为转速控制系统。

转速控制系统的结构是在球腔外部正交放置 6 个线圈 L_1、L_2、L_3、L_4、L_5 和 L_6，如图 2.17 所示，在线圈中通以不同电流产生不同的磁场，而分别对转子起加转、定中和制动作用。

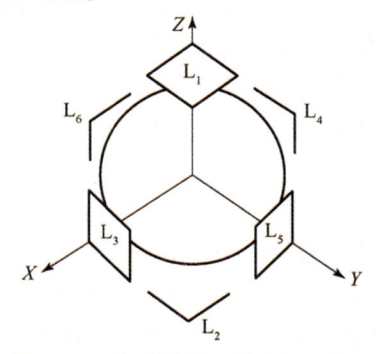

图 2.17　转速控制系统结构示意图

2.6.1 转子加转及制动

如图 2.17 所示，线圈 L_3、L_4、L_5、L_6 组成驱动线圈组，通入两相交变电流产生旋转磁场，转子由于切割磁力线而受到磁场力矩的作用，产生旋转。

转子加转时，其转速 $\dot{\psi}$ 的表达式为

$$\dot{\psi} = \omega_B (1 - e^{-\frac{t}{T_1}}) \tag{2.13}$$

式中：ω_B 为旋转磁场的旋转角速度；T_1 为驱动时间常数，$T_1 = \dfrac{J_1}{cB_{x2}}$，$J_1$ 为转子绕赤道轴的惯性矩，B_x 为旋转磁场磁感应强度，c 为实心转子的总涡流力矩系数，$c = \dfrac{2\pi r_0^2}{15\rho}$，$r_0$ 为实心转子的半径，ρ 为转子材料的电阻率（对铍转子，$\rho = 0.059\Omega \cdot mm^2/m$）。

以某型实心转子设计参数为例，取 $J_1 = 0.105 \mathrm{g \cdot cm^2}$，$r_0 = 5\mathrm{mm}$，$c = 2.2186 \times 10^3 \mathrm{cm^4/\Omega}$，$B_x = 3 \times 10^{-3} \mathrm{T}$，则可计算在该磁感应强度下的驱动时间常数 $T_1 = 53.7\mathrm{s}$。

对确定的磁场旋转频率，控制不同的加速时间，可使转子获得不同的末速度。如果给定旋转磁场的角速度 $\omega_B = 200000\mathrm{r/min}$，在上述参数下，要使转子加转到 150000r/min，则约需 75s。

如令驱动磁场朝相反方向旋转，则驱动变为制动，转速按指数规律衰减，驱动时间常数 T_1 不变。

2.6.2 惯性主轴定中技术

静电陀螺仪转子惯性主轴定中技术有以下两种方案。

(1) 被动阻尼：线圈 L_1、L_2 通直流电流，其产生的直流磁场对转子的自然规则进动就能起阻尼作用，使极轴向线圈轴趋近。

优点：线路简单，易实现。缺点：在转子主惯性矩差值太小时定中时间长，不能预先确定定向后转子的南北极位置。

(2) 主动阻尼：6 个线圈 L_1、L_2、L_3、L_4、L_5 和 L_6 按需要组成不同的组合，产生不同的旋转磁场，L_3、L_4、L_5、L_6 的组合仍然作为启动线圈，L_1、L_2、L_5、L_6 组合的旋转磁场形成沿 OX 轴的力矩 M_1，L_1、L_2、L_3、L_4 组合的旋转磁场形成沿 OY 轴的力矩 M_2，主动控制 M_1 和 M_2 的大小和相位，使它们的合力矩恰好成为绕 OZ 轴旋转的定向力矩，即成为主动阻尼。

优点：可缩短定中时间；定向运动结束后，转子的南北极有完全确定的

位置。缺点：线路复杂，降低可靠性。

由于静电陀螺仪在每次启动时都要经过初始校准，因此可以通过初始校准来确定转子定向后的南北极位置，从而采用相应的误差模型。所以，只要转子主惯性矩差值足够大，定中时间能满足要求，就应采用被动阻尼。被动阻尼时，转子的章动角 θ 随 t 的变化规律为

$$\theta = \theta_0 e^{-\frac{cB^2}{I}\chi t} \tag{2.14}$$

式中：θ_0 为初始章动角；B 为定中磁场的磁感应强度；c 为与转子材料和尺寸相关的系数；I 为转子绕极轴的转动惯量；$\chi = (I - I_1)/I_1$，I_1 为转子绕赤道轴的转动惯量。

2.6.3 恒速控制

理论上，当转子完成加转和惯性主轴定中后，由于是在真空中，转子将以加转后的末速度一直旋转。可实际由于电极腔体内的残余气体分子的阻尼作用，转子转速会缓慢衰减，因此需要对转子的转速加以控制，使其维持在设计的转速上，一般要求控制精度在 ±1Hz 左右。

恒速控制方法有两种：一种是磁场恒速方法；另一种是电场恒速方法。一般情况下，空心转子静电陀螺仪采用磁场恒速方法。实心转子静电陀螺仪通常采用电场恒速方法。

磁场恒速方法相对简单，一般是利用光电传感器来检测转子的转速，当检测转子的转速低于要求值时，就给线圈 L_3、L_4、L_5、L_6 组成驱动线圈组通电，形成旋转磁场，对转子进行加转。相反，就对转子进行制动，从而形成闭环控制。但是，磁场恒速对转子会产生干扰力矩。另外，在加转或制动过程中，转子会产生一定的温升。

电场恒速方法是利用转子径向偏心引起的侧摆效应，通过支承电极施加电场控制力矩来实现，因此该方法只能应用在转子有明显径向偏心时。

恒速控制的优点如下：

（1）电场加转不会对转子产生干扰力矩。

（2）不会使转子产生温升。

其缺点如下：

（1）恒速电路与支承电路几乎成为一体，对支承线路的性能、可靠性都会有一定影响。

（2）电场恒速系统难度大，尤其是转子径向偏心的相位检测及恒速电场力的相位控制。

2.7 真空维持技术

2.7.1 总体要求

静电陀螺仪是用静电场力将球形转子在电极体中支承起来，为了获得足够的场强以抵抗载体运动加速度，实现转子稳定地悬浮在陶瓷壳体中心，将转子封装在陶瓷壳体中，陶瓷壳体内必须保持 $10^{-6} \sim 10^{-7}$ Pa 的超高真空。其主要原因如下。

（1）壳体与转子之间间隙通常在 0.01～0.15mm 范围，而陶瓷碗电极上的电压高达千伏，为了避免高压击穿，必须保持超高真空。

（2）腔体内的剩余气体会引起转子转速衰减，从而降低陀螺仪精度。

良好的真空状况是静电陀螺仪实现正常工作的决定性因素之一，长期维持超高精度是保证静电陀螺仪寿命的关键之一。

2.7.2 技术方案

真空维持系统通常由真空腔体、真空泵以及真空泵电源三个主要部分组成，各部分主要功能如下。

真空腔体是需要真空维持系统维持真空空间，真空腔体因静电陀螺仪类型不同而不同。对于空心转子静电陀螺仪来说，真空腔体通常是电极碗内球腔与转子间隙形成腔体；而实心转子静电陀螺仪通常有专门的真空腔体将包括电极体和转子在内的组合电极体放置其中。

真空泵主要用于持续抽取真空腔体内气体，确保真空腔体内真空度达到技术指标要求。通常由溅射离子泵维持超高真空，溅射离子泵工作原理如图 2.18 所示。

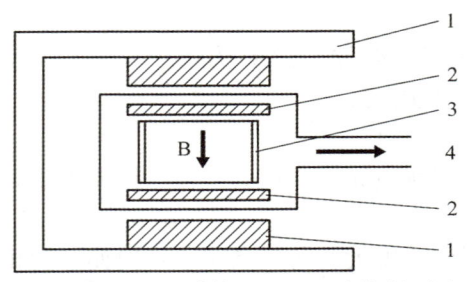

1—永久磁钢；2—阴极；3—不锈钢阳极；4—连接陀螺真空腔的管子。

图 2.18　溅射离子泵工作原理

简单的溅射离子泵主要由不锈钢薄壁圆筒阳极和在阳极两端的两个相对的阴极组成。阳极与阴极之间需要加 3000V 的高压,阴极筒的轴向方向磁感应强度约为 1500GS。这种泵主要依靠潘宁放电使空间中的自由电子做螺旋轮滚线运动。气体分子和高速旋转的电子碰撞而被电离,正离子在电场作用下,飞向并轰击阴极产生溅射吸气材料和打击二次电子。溅射出来的吸气原子淀积在阳极内壁和阴极板上,形成新鲜的吸气薄膜维持泵吸气能力。

第 3 章　静电陀螺仪漂移误差测试技术

3.1　引　　言

在静电陀螺仪发展历程中，国内外许多学者从物理学的动力学层面对静电陀螺仪的漂移机理进行了深入的分析研究，确定了导致陀螺仪漂移的各种因素。目前，对静电陀螺仪漂移的研究不仅取得了理论上的成功，形成了完整而严密的陀螺仪漂移测试理论体系，而且通过大量的实践工作对理论研究的成果进行了充分的验证。

静电陀螺仪漂移误差测试是保证静电陀螺导航系统高性能运作的关键环节，通过持续改进测试方法和技术，可以显著提高静电陀螺仪在系统运行中的导航精度和可靠性，进而推动高精度导航领域的深入应用。本章针对静电陀螺导航系统的应用特点，对静电陀螺仪漂移误差测试技术机理进行分析。

3.2　漂移误差源分析

静电陀螺仪是利用静电力把一个球形转子悬浮在抽成真空的陶瓷球腔壳体内。转子为空心薄壁铍球或实心铍球。空心转子的赤道处通常加厚，以形成最大惯量主轴；实心转子通过嵌入高比重金属，以形成最大惯量主轴。静电支承系统通过反馈控制调节施加在支承电极上的电压，形成一个稳定的电弹簧系统。在陶瓷球腔外部布置有转子加转、恒速和阻尼定中电磁线圈。转子加转原理类似于感应电动机；阻尼作用使转子自转轴同最大惯量主轴一致；

恒速系统将转子转速稳定在几百至几千赫，误差小于 0.1Hz。旋转主轴相对壳体的转角由非接触式光电传感器或质量不平衡调制信号测量。由于静电陀螺仪的结构比较简单，在工作状态下不需施加控制力矩，使得此类陀螺仪的漂移误差具有很好的规律性和长时间的稳定性，成为目前精度最高的陀螺仪。

在理想状态下，静电陀螺仪转子不受任何外力矩作用，完全工作在自由状态，其动量矩主轴保持在惯性空间永远不变。为了实现这种理想的工作状态，静电陀螺仪应满足下列条件。

（1）球形转子：材料必须是高刚度、高稳定、低比重的导电金属，质量分布必须均匀、轴对称、外球面在旋转状态应是理想的圆球，质心与外球面的几何中心重合。

（2）电极壳体：必须是高稳定、高导热、不导电的非金属材料，内球面上的金属电极应形成一个理想的圆球。

（3）静电支承系统：静电支承力只通过球形转子外球面的几何中心，静电支承系统具有无穷大的支承刚度，确保转子几何中心与电极球腔中心重合。

（4）真空维持系统：电极与转子之间的间隙中应具有极高的真空度，保证无剩余气体对转子产生作用力。

（5）测角系统：必须是非接触测量，以保证对转子无干扰力，测角无误差。

（6）定子线圈和磁屏蔽罩：转子启动后，应既无剩磁，也无外部杂散磁场进入转子，保证无磁场干扰力发生。

此外，为了保证静电陀螺仪在动态系统中正常运行，静电支承系统必须具有足够的支承力和通频带，能够承受载体的冲击和振动加速度。上述理想静电陀螺仪的转子将围绕质心做定点刚体运动，而且还是定点刚体运动中的欧拉情形。

实际上理想的静电陀螺仪是难以实现的，在静电陀螺仪的制造过程中总是存在各种各样的制造工艺误差。例如，转子质量不平衡和非球形，电极腔的非球度和电极面积与位置误差，静电支承系统预载电压变化和电极电容检测电桥零位变化及控制回路参数变化，顶端光电传感器相对电极对称轴不对准和偏差及输出噪声，陀螺仪内部材料剩磁及磁屏蔽罩漏磁，以及陀螺仪内部残余气体的干扰等。这些误差因素将产生作用在转子上的干扰力矩，使转子自转轴相对惯性空间偏离给定方位，引起静电陀螺仪的漂移。经过长期研究，作用于静电陀螺仪的干扰力矩主要分为 4 类：①转子质量不平衡产生的机械作用力矩；②转子在剩余磁场中高速旋转引起的电磁力矩；③转子非球度与静电支撑力相互组合产生的静电力矩；④残余气体产生的阻尼力矩。

转子的质量不平衡可分解为轴向和径向两个分量。其中，沿转子径向的质量不平衡产生的干扰力矩被转子的旋转平均为零，并非陀螺仪漂移的直接原因。沿转子轴向的质量不平衡，当存在径向加速度时，将产生进动力矩，造成陀螺仪漂移。

静电陀螺仪内的剩余磁场包括陀螺仪加速、恒速线圈工作后残余的旋转磁场和未能完全屏蔽的地磁场等外部恒定磁场。这些磁场与高速旋转的转子相互作用，既能产生制动力矩也能产生进动力矩。

静电力矩为主要的漂移误差源。静电力矩干扰源的各种因素如图 3.1 所示。由转子非球形与静电支承力直接相互作用产生的静电干扰力矩称为一次静电力矩；由转子非球形与电极 – 转子间隙变化误差源相组合在静电支承力作用下产生的静电干扰力矩称为二次静电力矩。其中，一次静电力矩对静电陀螺仪漂移误差的影响比二次静电力矩大。

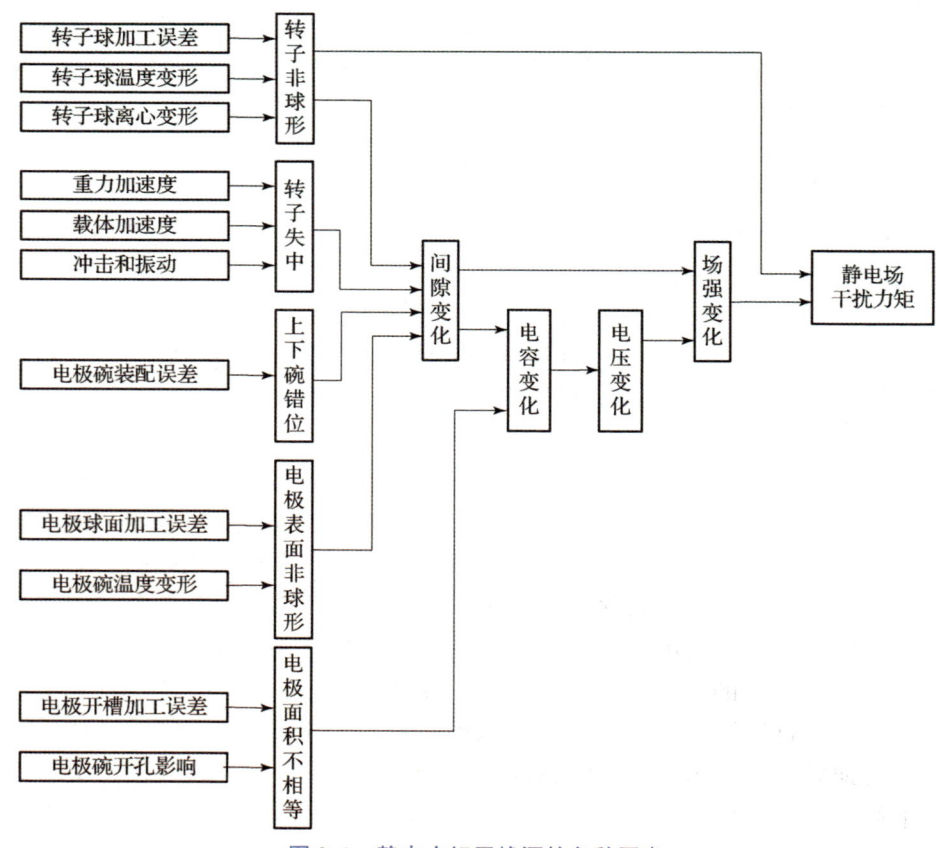

图 3.1　静电力矩干扰源的各种因素

残余气体的阻尼力矩将引起陀螺仪转速的衰减,并使陀螺仪产生章动。转速的衰减时间常数和章动时间常数都与阻尼力矩系数成反比。目前的真空技术能够使静电陀螺仪维持 10^{-6} Pa 的超高真空水平,阻尼力矩是极微小的量,转速衰减过程和章动过程都十分缓慢,衰减时间常数和章动时间常数可长达数十年之久。在分析陀螺仪漂移的各种干扰源时,可将残余气体的影响排除。

通常,静电陀螺仪的转子以非常稳定的恒定转速工作在恒温和磁屏蔽及超高真空环境条件下,所以转子质量不平衡、转子和电极碗的非球形可视为基本的确定误差源。静电陀螺仪长时间工作的漂移速率可以假设为平稳的随机过程。通过装配调整和壳体翻滚自动补偿装置,静电陀螺仪漂移速率的平均值将大大缩小,并可认为主要由常值漂移和随机漂移两部分组成。形成常值漂移的干扰力矩是受上述各种确定性因素支配的,确定的静电陀螺仪在确定的使用条件下应具有完全确定的常值漂移规律。因此,常值漂移速率可以现场标定和补偿,而随机漂移则成为衡量静电陀螺仪精度的主要指标。大量试验研究和产品测试的结果表明,在现有的结构和工艺保证条件下,静电陀螺仪的常值漂移具有极好的稳定性和重复性,随机漂移速率很低,这正是静电陀螺仪的显著特点。

静电陀螺仪是一种机电陀螺仪,它的核心部件是球形铍转子,转子为空心的或实心的。静电陀螺仪转子在超高真空球腔中高速旋转,光电传感器检测转子相对壳体的转角和转速,完全消除作用于转子的一切机械摩擦力矩,并且工作时保持不对陀螺仪施加任何修正力矩,保证静电陀螺仪工作在理想的自由陀螺仪状态,其动量矩矢量在空间保持恒定。

理想的静电陀螺仪运动具有如下特点。

(1) 转子是具有对称惯性椭球的刚体,要求转子质量均匀分布和轴对称以及转子材料具有较高的刚度。

(2) 静电支承力通过转子几何中心,要求导电金属球体表面是等电位面,电力线垂直等位面,静电支承力沿球表面的法线方向作用,球形转子外表面为理想的圆球。

(3) 转子质心是刚体固定支点,且支点在电极壳体中心,要求转子质量中心与几何中心重合,静电支承系统具有无限的刚度。

(4) 无外力矩作用于转子,假设无剩磁、无杂散磁场、无剩余气体、无接触测量以及球形转子外表面为理想的圆球。

实际的静电陀螺仪总是存在各种各样的制造工艺误差,包括以下几个方面。

（1）转子质量不平衡。
（2）非球形电极腔的非球度。
（3）电极面积与位置误差。
（4）静电支承系统预载电压的变化。
（5）电极电容测量电桥零位变化。
（6）控制回路参数变化。
（7）顶端光电传感器相对电极对称轴不对准和偏差及输出噪声。
（8）陀螺仪内部材料剩磁及磁屏蔽罩漏磁等。

这些误差因素将产生作用于转子上的干扰力矩，引起静电陀螺仪的漂移误差。静电陀螺仪的主要漂移误差源包括以下几类。

（1）转子质量不平衡产生的引力力矩。

（2）转子非球形与静电支承力相结合产生的静电力矩，静电力矩分为一次静电力矩和二次静电力矩。一次静电力矩主要由转子非球形与静电支承力相互作用而产生，二次静电力矩是由转子非球形与引起转子–电极间隙变化因素相结合在静电支承力作用下产生的。

（3）转子在剩余磁场中高速旋转引起的电磁力矩，以及球腔内剩余气体的阻尼力矩。

（4）通过调整和附加壳体翻滚自动补偿装置，静电陀螺仪漂移速率平均值将大幅缩小。

3.3 漂移误差模型建立与辨识

3.3.1 静电陀螺仪的常值漂移模型

静电陀螺仪的漂移由常值漂移和随机漂移两部分组成，漂移数学模型也包括常值漂移模型和随机漂移模型两部分。标定工作的目的就是要确定陀螺仪常值漂移模型的各项参数，并在系统中进行补偿。对于随机漂移，通常是无法进行补偿的，只能希望通过提高加工和装配精度，使其尽可能小。

由于静电陀螺仪的漂移误差是由许多因素引起的，采用动力学分析各种干扰力矩，进而推导出静电陀螺仪的漂移模型是非常复杂的过程，许多学者都进行了相关的研究，并取得了大量的研究成果。当静电陀螺仪在稳定平台上工作时，平台伺服跟踪陀螺仪的动量矩矢量在空间转动，始终保持转子动量矩矢量与电极坐标系的偏角在极小的跟踪误差角范围内。

图3.2所示为静电陀螺仪转子坐标系。当陀螺仪稳定工作时，转子以动

量矩主轴 Z 为自转轴，恒速自转。在陀螺仪坐标系中，X 轴和 Y 轴为陀螺仪敏感轴。其感受到的比力可表示为 $A = (A_X, A_Y, A_Z)^T$，陀螺仪敏感漂移可表示为 $\omega = (\omega_{dX}, \omega_{dY})^T$。

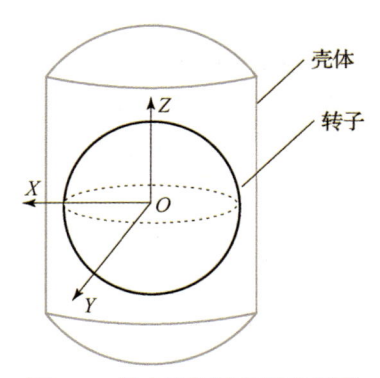

图 3.2 静电陀螺仪转子坐标系

根据单自由度敏感轴陀螺仪漂移描述，静电陀螺仪敏感轴漂移略去高阶小量后，可以表示为二次型误差模型：

$$\omega_{dX} = \varepsilon_{X0} + \varepsilon_{Xg} A_X + \varepsilon_{Yg} A_Y + \varepsilon_{Zg} A_Z + \varepsilon_{Xg^2} A_X^2 + \varepsilon_{Yg^2} A_Y^2 + \varepsilon_{Zg^2} A_Z^2 + \varepsilon_{Xr} \quad (3.1a)$$

$$\omega_{dY} = \varepsilon_{Y0} + \varepsilon'_{Xg} A_X + \varepsilon'_{Yg} A_Y + \varepsilon'_{Zg} A_Z + \varepsilon'_{Xg^2} A_X^2 + \varepsilon'_{Yg^2} A_Y^2 + \varepsilon'_{Zg^2} A_Z^2 + \varepsilon_{Yr} \quad (3.1b)$$

式中：ε_{X0}，ε_{Y0} 分别表示敏感轴的 X 轴，Y 轴陀螺仪漂移常值项；ε_{Xg}，ε_{Yg}，ε_{Zg}，ε'_{Xg}，ε'_{Yg}，ε'_{Zg} 分别为正比于沿陀螺仪 X，Y，Z 各轴比力的漂移系数 $(°/(h·g))$；ε_{Xg^2}，ε_{Yg^2}，ε_{Zg^2}，ε'_{Xg^2}，ε'_{Yg^2}，ε'_{Zg^2} 分别为正比于沿陀螺仪 X，Y，Z 各轴比力平方的漂移系数 $(°/(h·g^2))$；ε_{Xr}，ε_{Yr} 分别为沿 X，Y 轴的随机漂移误差分量，表示漂移误差中的不确定部分。

由式（3.1）可见，静电陀螺仪漂移模型同通常的二自由度陀螺仪的漂移模型形式上完全相同。静电陀螺仪作为一种具有悬浮轴承的二自由度陀螺仪，其漂移对比力敏感，并且是比力的函数，在一定范围内，采用二次型线性漂移模型描述是合理的。

3.3.2 静电陀螺仪的随机漂移模型

在静电陀螺仪的漂移模型中，各项常值模型系数能够通过标定试验确定，这时就可对陀螺仪漂移的常值分量进行数学补偿，从而对于陀螺仪性能的评价可以主要从其随机误差角度来考虑。

大量试验分析表明，静电陀螺仪的随机漂移为平稳随机过程，无法用具体函数表示，需要采用统计分析的方法研究其统计特性。建立陀螺仪随机漂移模型的方法，工程上通常采用自相关函数和功率谱密度函数。

以传统机械陀螺仪为例，其随机漂移假设为一阶马尔可夫过程，其相关函数为指数型，即

$$R(\tau) = \sigma^2 e^{-|\tau|\beta} \tag{3.2}$$

在式（3.2）中，当 $\tau = 0$ 时，$R(0) = \sigma^2$，为陀螺仪漂移速率的均方值，通常采用标准偏差 σ 来表示陀螺仪的随机漂移误差。

与传统机械陀螺仪随机漂移描述不同，仅用式（3.2）中的 σ 来反映静电陀螺仪的随机漂移是不妥当的，不能反映它们在惯性系统中的实际效应。

设陀螺仪漂移角为

$$\alpha(t) \triangleq \int_0^t \dot{\alpha} \mathrm{d}t \tag{3.3}$$

则均方漂移角为

$$\overline{\alpha^2(T)} = \overline{\int_0^T \dot{\alpha}(t_1) \mathrm{d}t_1 \int_0^T \dot{\alpha}(t_2) \mathrm{d}t_2} = 2\int_0^T (T-\tau) R(\tau) \mathrm{d}\tau \tag{3.4}$$

均方漂移角增长率为

$$\frac{\mathrm{d}\overline{\alpha^2(T)}}{\mathrm{d}T} = 2\int_0^T R(\tau) \mathrm{d}\tau \tag{3.5}$$

式（3.5）表示均方漂移角增长率和相关函数间的关系。

实际上，静电陀螺仪随机漂移的相关函数具有白噪声性质，即一阶马尔可夫过程描述静电陀螺仪漂移根据其实际特性可简化为白噪声。因此，静电陀螺仪在惯性系统中具有极好的漂移稳定性。

3.3.3 壳体翻滚自动补偿技术对静电陀螺仪漂移模型的影响

静电陀螺仪在导航系统中应用时，为了提高陀螺仪的长期使用精度，通常采用壳体翻滚自动补偿装置。在静电陀螺导航仪中采用正反转停的补偿方式，静电陀螺监控器采用壳体连续翻滚的方式补偿，这部分技术在第 4 章有详细描述，这里不再赘述。

通过壳体翻滚自动补偿技术，式（3.1）中的静电陀螺仪漂移模型将大大简化。忽略平台伺服系统的跟踪误差及壳体翻滚旋转轴与陀螺仪转子旋转轴的不重合误差，静电陀螺仪在壳体翻滚状态下的漂移模型可表示为

$$\omega_{dX} = D(A)_0 + D(A)_X A_X + D(A)_{ZX} A_Z A_X + D(A)_Y A_Y + D(A)_{YZ} A_Y A_Z + \varepsilon_X \tag{3.6a}$$

$$\omega_{dY} = D(B)_0 + D(B)_Y A_Y + D(B)_{YZ} A_Y A_Z + D(B)_X A_X + D(B)_{XZ} A_X A_Z + \varepsilon_Y \tag{3.6b}$$

式（3.6）中的各项模型参数与式（3.1）中的对应模型参数虽然在

形式上相同，但在物理意义上有很大差别。例如，式（3.6）中的 $D(A)_0$ 和 $D(B)_0$ 表示壳体翻滚后不敏感比力的常值漂移分量，它们是壳体翻滚前与比力无关的趋势项经过壳体翻滚调制、平均后形成的，而且壳体翻滚速度越快，等效常值漂移越小。

3.4 漂移误差测试技术

对静电陀螺导航系统中静电陀螺仪进行标定的目的是确定陀螺仪漂移模型中的各项系数。在对标定方案的研究中有两方面的相关经验值得借鉴。首先，在静电陀螺仪的研制过程中，也需要对静电陀螺仪进行漂移测试，辨识陀螺仪漂移模型的各项系数，以评价陀螺仪的性能，为改进陀螺仪的设计与制造提供试验依据。目前，对静电陀螺仪的独立测试通常采用基于双轴伺服转台的伺服反馈测试法，这种测试法的原理和数据处理方法都可以对静电陀螺导航系统中陀螺仪的标定研究提供借鉴。本节将首先对单独静电陀螺仪的漂移测试技术和目前已知的静电陀螺系统标定方法进行介绍，并提出基于稳定平台运动分析的陀螺仪标定方案。

在惯性仪表测试技术中，对陀螺仪的测试常采用开环测试法、力矩反馈测试法和伺服反馈测试法三种方式。原则上进行陀螺仪测试时尽量选择与陀螺仪使用条件相一致的测试方法。

开环测试法仅适用于开环工作的陀螺仪，如框架式二自由度陀螺仪和静电陀螺仪等。这类陀螺仪的输出为角位移，要获得角速度信息需测定单位时间内陀螺仪动量矩轴绕输出轴转动的角度。由于静电陀螺仪在开环状态下工作较接近于它在系统中的实际使用情况，因此在静电陀螺仪研究的早期，开环测试法曾广泛应用过。但是，这种方法对于读数误差、对准误差以及试验装置的噪声非常敏感，且试验持续的时间很短，因此这种测试方法的精度一般不高。开路测试法的优点是试验方法简单，不需要昂贵的伺服转台，适用于测量短时间的平均漂移速率。

在力矩反馈测试法中，陀螺仪传感器的输出信号通过放大器处理后发送到相应的陀螺仪力矩器，构成力矩反馈回路，使陀螺仪工作在闭路状态，其示意图如图 3.3 所示。力矩反馈测试法适应于各种速率陀螺仪和积分陀螺仪，但并不适用于静电陀螺仪。因为现有的静电陀螺仪或是并不具备力矩器，无法构成力矩反馈回路；或是虽然具有力矩器，但力矩器的精度尚不能与陀螺仪固有的非常低的漂移速率相匹配。目前，静电陀螺仪只适用于空间稳定的导航系统，其原因就是不需要施加精确的修正力矩。

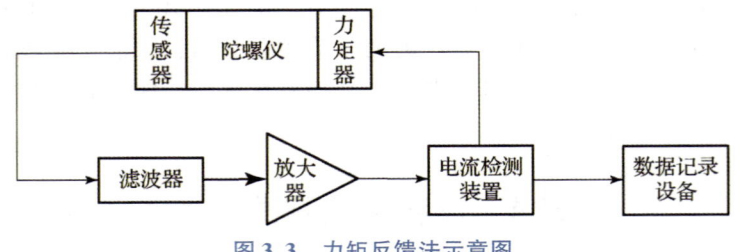

图 3.3　力矩反馈法示意图

在伺服反馈测试法中，陀螺仪安装在伺服转台上，其传感器输出信号通过放大器的放大和电子线路的变换后发送到伺服转台的力矩电机，电机驱动转台逆陀螺仪输入角速度转动，使陀螺仪的输出信号始终趋于零，构成负反馈闭环回路，其示意图如图 3.4 所示。伺服反馈测试法的工作状态与陀螺仪稳定平台相类似，因此特别适用于在稳定平台上应用的陀螺仪。采用伺服反馈测试法时，用伺服转台的角度输出来表征陀螺仪的输出信息，测试的精度主要取决于伺服转台的性能。

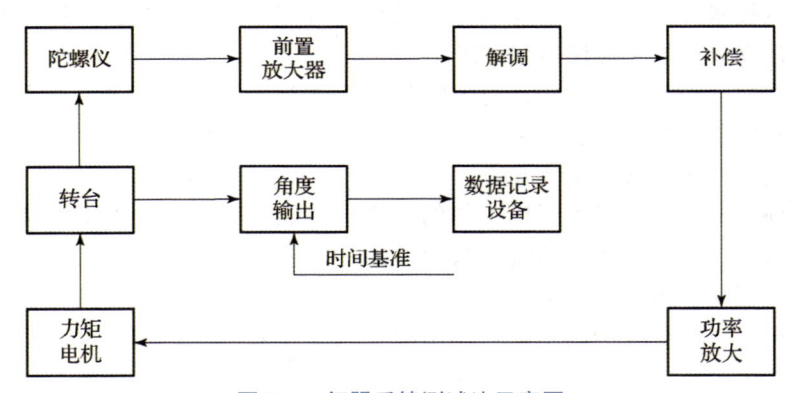

图 3.4　伺服反馈测试法示意图

伺服反馈测试法能完全模拟静电陀螺仪在稳定平台中使用的情况，当前高性能伺服转台的性能完全能够满足静电陀螺仪长期高精度测试的需要，因此伺服反馈测试法是目前进行静电陀螺仪漂移测试的首选方法。由于静电陀螺仪是二自由度陀螺仪，需要一个极其精密、价格昂贵的双轴伺服转台进行伺服反馈测试，因此这种测试方法又称为双轴伺服转台测试法。

3.4.1　转台伺服法测试

3.4.1.1　双轴伺服转台测试法原理

静电陀螺仪的常值漂移通常采用双轴伺服转台测试。通过伺服测试能够获得其漂移误差模型中各项漂移参数，为后续导航使用提供参考初值；同时也能够对被测静电陀螺仪的长期性能进行有效评估，做出客观评价。测试过程中建立的误差模型既可作为系统应用时的误差补偿依据，也可用于定位陀螺仪制造过程中工艺误差，指导陀螺仪制造精度进一步提升。其基本工作原理如图 3.5 所示。

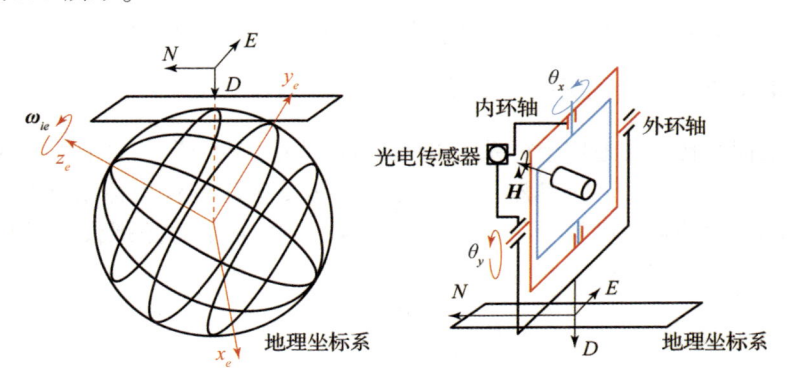

图 3.5　双轴伺服测试原理

安装于伺服台上的静电陀螺仪在壳体翻滚条件下工作于自由状态。陀螺仪相对地球坐标系运动，由于陀螺仪动量矩与地轴并非完全平行，因此在陀螺仪动量矩 H 与壳体之间将产生角度偏移，由陀螺仪的光电传感器敏感后输出对应的电信号；该电信号通过角度变换分解到 X、Y 两个方向上，并经伺服放大器放大和校正后，分别驱动伺服转台的两个轴运动，使伺服转台的台体始终跟踪陀螺仪的动量矩 H 方向转动，保持陀螺仪光电传感器输出信号为零。这样，伺服转台的运动角速度就是陀螺仪相对地球运动的角速度。该角速度为陀螺仪漂移角速度与地球自转角速度之差。地球自转角速度是已知量，其沿转台内外环轴的分量可由本地经纬度精确计算。因此，只要伺服转台内、外环跟踪和轴角传感器测量是精确的，那么就能对被测陀螺仪的漂移角速度做出准确估计。

根据静电陀螺仪在空间稳定惯性导航系统中的工作状态，采用双轴伺服转台测试静电陀螺仪时，静电陀螺仪动量矩矢量在空间有两种定向方式：一种是与地轴平行；另一种是与赤道平面平行。这两种定向方式分别称为极轴陀螺仪测试模式和赤道陀螺仪测试模式。

在极轴陀螺仪测试模式下，双轴伺服转台的外环轴初始定向水平向东，内环轴、外环轴及陀螺仪动量矩矢量组成右手坐标系，双轴伺服转台不需要做 360°大翻滚运动，一般内、外环轴的转角变化只有几度的范围，对应作用于陀螺仪的重力加速度变化仅为 0.1g 左右。因此，与 g 相关的陀螺漂移可观测性较差，仅适合用于对常值漂移项与 g^1 项漂移。

在赤道陀螺仪测试模式下，双轴伺服转台的外环轴平行地轴，内环轴初始定向水平向东，陀螺仪动量矩矢量平行于赤道平面，与内环轴、外环轴组成右手坐标系。伺服转台外环轴每一昼夜相对地球旋转一圈，作用于陀螺仪重力加速度分量达到 $\pm g$。因此，相较于极轴陀螺仪测试模式，赤道陀螺仪测试模式可以更有效地辨识陀螺漂移中与 g 相关的漂移系数。

3.4.1.2 双轴伺服转台运动轨迹

双轴伺服转台在地球坐标系 e 中的运动，如图 3.6 所示。图中，$OXYZ$ 为固定在双轴伺服转台静止基座上的坐标系，$Oxyz$ 为陀螺仪坐标系（相对惯性空间运动，运动角速度等于陀螺漂移角速度），Oz 轴沿着陀螺仪动量矩 H 方向，Ox，Oy 为陀螺仪的两个输出轴。

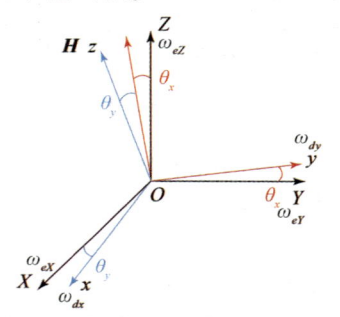

图 3.6 双轴伺服转台在 e 系上的转动

当转台伺服跟踪足够精确的条件下，陀螺坐标系相对双轴伺服转台基座坐标系的方向余弦矩阵可表示为

$$C_{OXYZ}^{Oxyz} = \begin{bmatrix} \cos\theta_y & 0 & -\sin\theta_y \\ \sin\theta_x\sin\theta_y & \cos\theta_x & \sin\theta_x\cos\theta_y \\ \cos\theta_x\sin\theta_y & -\sin\theta_x & \cos\theta_x\cos\theta_y \end{bmatrix} \tag{3.7}$$

令 $\boldsymbol{\omega}_{ie}$ 为地球自转角速度矢量（又称牵连角速度），$[\omega_{eX}\ \ \omega_{eY}\ \ \omega_{eZ}]^T$ 是其在坐标系 $OXYZ$ 中表示的分量形式。假设陀螺仪沿陀螺仪坐标系的漂移角速度（又称绝对运动角度）为 $\boldsymbol{\omega}_d = [\omega_{dx}\ \ \omega_{dy}]^T$。

那么，利用绝对运动加速度 $\boldsymbol{\omega}_d$ 等于牵连运动角速度 $\boldsymbol{\omega}_{ie}$ 与相对运动角速度 $[\dot{\theta}_x\ \ \dot{\theta}_y]^T$ 之和的原理，双轴伺服转台的运动微分方程可表示为

$$\begin{bmatrix} \omega_{dx} \\ \omega_{dy} \end{bmatrix} = \begin{bmatrix} \cos\theta_y & 0 & -\sin\theta_y \\ \sin\theta_x\sin\theta_y & \cos\theta_x & \sin\theta_x\cos\theta_y \end{bmatrix} \begin{bmatrix} \omega_{eX} \\ \omega_{eY} \\ \omega_{eZ} \end{bmatrix} + \begin{bmatrix} 1 & 0 \\ 0 & \cos\theta_x \end{bmatrix} \begin{bmatrix} \dot{\theta}_x \\ \dot{\theta}_y \end{bmatrix} \tag{3.8}$$

或者，改写为

$$\begin{cases} \dot{\theta}_x = -\omega_{eX}\cos\theta_y + \omega_{eZ}\sin\theta_y + \omega_{dx} \\ \dot{\theta}_y = -\omega_{eX}\tan\theta_x\sin\theta_y - \omega_{eY} - \omega_{eZ}\tan\theta_x\cos\theta_y + \omega_{dy}\sec\theta_x \end{cases} \quad (3.9)$$

式中：ω_{eX}，ω_{eY}，ω_{eZ} 取决于坐标系 $OXYZ$ 的定向。

1. 极轴陀螺仪测试转台运动轨迹

伺服转台初始定向地心固定地球坐标系 e，其中，外环轴指东、内环轴指向 $90°-L$，此时陀螺仪动量矩矢量近似平行地轴。这时，$[\omega_{eX} \quad \omega_{eY} \quad \omega_{eZ}]^T = [0 \quad 0 \quad \omega_{ie}]^T$，若略去陀螺仪漂移角速度，则式（3.9）简化为

$$\begin{cases} \dot{\theta}_x = \omega_{ie}\sin\theta_y \\ \dot{\theta}_y = -\omega_{ie}\tan\theta_x\cos\theta_y \end{cases} \quad (3.10)$$

方程组（3.10）的第一式除以第二式，可得

$$\frac{\mathrm{d}\theta_x}{\mathrm{d}\theta_y} = -\frac{\tan\theta_y}{\tan\theta_x} \quad (3.11)$$

积分后，可得

$$\cos\theta_x\cos\theta_y = C \quad (3.12)$$

式中：C 为待定常数。

令 $\theta_x(0) = \theta_{x0}$、$\theta_y(0) = \theta_{y0}$，为小角度，代入式（3.12），略去四阶以上小量后，可得

$$\theta_x^2 + \theta_y^2 = \theta_{x0}^2 + \theta_{y0}^2 \quad (3.13)$$

很明显，式（3.13）表明，极轴陀螺仪测试伺服转台的运动轨迹近似为一个圆。轨迹上的点旋转角频率为 ω_{ie}，如图 3.7 所示。

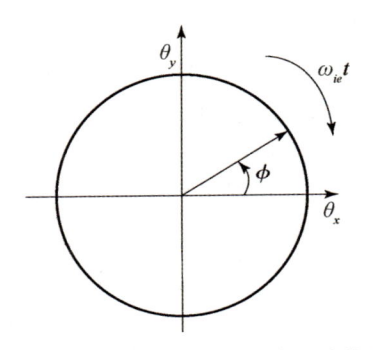

图 3.7 极轴陀螺仪测试转台运动轨迹

因此，内、外环轴的转角表达式可表示为

$$\begin{cases} \theta_x = \sqrt{\theta_{x0}^2 + \theta_{y0}^2}\cos(\omega_{ie}t + \phi) \\ \theta_y = \sqrt{\theta_{x0}^2 + \theta_{y0}^2}\sin(\omega_{ie}t + \phi) \end{cases} \tag{3.14}$$

式中，$\phi = \arctan\dfrac{\theta_{y0}}{\theta_{x0}}$。

2. 赤道陀螺仪测试转台运动轨迹

伺服转台初始定向地心固定地球坐标系，外环轴平行地轴。这时，$[\omega_{eX} \quad \omega_{eY} \quad \omega_{eZ}]^T = [0 \quad \omega_{ie} \quad 0]^T$，代入式（3.9），略去陀螺仪漂移角速度后，可简化为

$$\begin{cases} \dot{\theta}_x = 0 \\ \dot{\theta}_y = -\omega_{ie} \end{cases} \tag{3.15}$$

式（3.15）表明，双轴伺服转台的内环轴是静止不动的，而外环轴向地球旋转的反方向以角速度 ω_{ie} 恒速旋转。因此，有解

$$\begin{cases} \theta_x = \theta_{x0} \\ \theta_y = -\omega_{ie}t + \theta_{y0} \end{cases} \tag{3.16}$$

式（3.16）表明，这种情况的双轴伺服转台实际上处于单轴（外环轴）翻滚状态。

3.4.1.3 双轴伺服转台可辨识的陀螺仪漂移误差模型

1. 极轴陀螺仪测试的漂移误差模型

双轴伺服转台初始定向在 e 系中。本地重力加速度在 e 系中的比力矢量可表示为

$$f^e = C_n^e \begin{pmatrix} 0 \\ 0 \\ -g \end{pmatrix} = \begin{bmatrix} -\cos\lambda\sin L & -\sin\lambda & -\cos\lambda\cos L \\ -\sin\lambda\sin L & \cos\lambda & -\sin\lambda\cos L \\ \cos L & 0 & -\sin L \end{bmatrix} \begin{pmatrix} 0 \\ 0 \\ -g \end{pmatrix} \stackrel{\lambda=0}{=} \begin{pmatrix} g\cos L \\ 0 \\ g\sin L \end{pmatrix} \tag{3.17}$$

以 g 为单位，利用式（3.7）投影到陀螺仪坐标系 $Oxyz$ 中，可得

$$\begin{pmatrix} A_x \\ A_y \\ A_z \end{pmatrix} = \begin{bmatrix} \cos\theta_y & 0 & -\sin\theta_y \\ \sin\theta_x\sin\theta_y & \cos\theta_x & \sin\theta_x\cos\theta_y \\ \cos\theta_x\sin\theta_y & -\sin\theta_x & \cos\theta_x\cos\theta_y \end{bmatrix} \begin{pmatrix} \cos L \\ 0 \\ \sin L \end{pmatrix}$$

$$= \begin{pmatrix} \cos\theta_y\cos L - \sin\theta_y\sin L \\ \sin\theta_x\sin\theta_y\cos L + \sin\theta_x\cos\theta_y\sin L \\ \cos\theta_x\sin\theta_y\cos L + \cos\theta_x\cos\theta_y\sin L \end{pmatrix} \tag{3.18}$$

当 θ_x 和 θ_y 为小角度时，略去二阶以上小量，由式（3.18）可得

$$\begin{pmatrix} A_x \\ A_y \\ A_z \end{pmatrix} = \begin{pmatrix} \cos L - \theta_y \sin L \\ \theta_x \sin L \\ \sin L + \theta_y \cos L \end{pmatrix} \tag{3.19a}$$

$$\begin{pmatrix} A_x^2 \\ A_y^2 \\ A_z^2 \end{pmatrix} = \begin{pmatrix} \cos^2 L - \theta_y \sin 2L \\ 0 \\ \sin^2 L + \theta_y \sin 2L \end{pmatrix} \tag{3.19b}$$

$$\begin{pmatrix} A_x A_y \\ A_y A_z \\ A_z A_x \end{pmatrix} = \begin{pmatrix} \dfrac{1}{2}\theta_x \sin 2L \\ \theta_x \sin^2 L \\ \dfrac{1}{2}\sin 2L + \theta_y \cos 2L \end{pmatrix} \tag{3.19c}$$

由式（3.19）可知，在极轴陀螺仪测试条件下，静电陀螺仪漂移误差模型应包括常值项、与 θ_x 和 θ_y 成比例项。因此，可辨识的极轴陀螺仪漂移误差模型为

$$\begin{cases} \omega_{dx} = a_0 + a_1 \theta_x + a_2 \theta_y \\ \omega_{dy} = b_0 + b_1 \theta_y - b_2 \theta_x \end{cases} \tag{3.20}$$

假设 $\theta_{x0} = 0$，θ_{y0} 为小角度，由式（3.14）可知，$\theta_x = \theta_{y0}\sin(\omega_{ie}t)$，$\theta_y = \theta_{y0}\cos(\omega_{ie}t)$。于是，式（3.19）中包含以下误差项。

（1）与 $\cos(\omega_{ie}t)$ 成比例变化的项：A_x，A_z，A_x^2，A_z^2，$A_z A_x$。
（2）与 $\sin(\omega_{ie}t)$ 成比例变化的项：A_y，$A_x A_y$，$A_y A_z$。
（3）近似为常数项：A_y^2。

因此，极轴陀螺仪双轴伺服转台测试，可分离的漂移误差模型系数包括：与 g 无关的 1 项，与 $\cos(\omega_{ie}t)$ 和 $\sin(\omega_{ie}t)$ 成比例的各 4 项。

在壳体翻滚条件下，如式（3.21）所示，极轴陀螺仪调制平均后漂移误差模型为

$$\begin{aligned} \omega_{dx} &= D(A)_0 + D(A)_x A_x + D(A)_y A_y \\ \omega_{dy} &= D(B)_0 + D(B)_y A_y + D(B)_x A_x \end{aligned} \tag{3.21}$$

对比式（3.21）和式（3.20），互相对应的误差系数如下：a_0 和 b_0 对应于 $D(A)_0$ 和 $D(B)_0$；$D(A)_x$ 和 $D(A)_y$ 对应于 a_1 和 a_2；$D(B)_x$ 和 $D(B)_y$ 对应于 b_1 和 b_2。

2. 赤道陀螺仪测试的漂移误差模型

赤道陀螺仪双轴伺服转台测试，初始定向在地心固定地球坐标系 e。伺服

台内、外环轴转角分别为 $\theta_x \approx 0$ 和 $\theta_y \approx -\omega_{ie}t$。因此，重力加速度作用于陀螺仪的比力矢量可表示为

$$\begin{pmatrix} A_x \\ A_y \\ A_z \end{pmatrix} = \begin{bmatrix} \cos\theta_y & 0 & -\sin\theta_y \\ \sin\theta_x\sin\theta_y & \cos\theta_x & \sin\theta_x\cos\theta_y \\ \cos\theta_x\sin\theta_y & -\sin\theta_x & \cos\theta_x\cos\theta_y \end{bmatrix} \begin{pmatrix} \cos L \\ \sin L \\ 0 \end{pmatrix}$$

$$= \begin{pmatrix} \cos\theta_y \cos L \\ \sin\theta_x\sin\theta_y\cos L + \cos\theta_x\sin L \\ \cos\theta_x\sin\theta_y\cos L - \sin\theta_x\sin L \end{pmatrix} \approx \begin{pmatrix} \cos L\cos(\omega_{ie}t) \\ \sin L \\ \cos L\sin(\omega_{ie}t) \end{pmatrix} \quad (3.22)$$

由式（3.22）易见，有下列比力表达式。

（1）保持常值的项：A_y，A_y^2。

（2）分别与 $\cos(\omega_{ie}t)$ 和 $\sin(\omega_{ie}t)$ 成比例的项：(A_x, A_xA_y) 和 (A_z, A_yA_z)。

（3）分别与 $\cos(2\omega_{ie}t)$ 和 $\sin(2\omega_{ie}t)$ 成比例的项：(A_x^2, A_z^2) 和 (A_zA_x)。

因此，可分离的漂移误差系数有：g^0 项 2 个，g^1 项和 g^2 项各 4 个，共计 10 个。考虑各项之间的正交性，可辨识的赤道陀螺仪漂移误差模型为

$$\begin{cases} \omega_{dx} = a_0 + a_1 f_x + a_{21} f_y f_z + a_{22} f_z f_x \\ \omega_{dy} = b_0 + b_1 f_x + b_{21} f_y f_z + b_{22} f_z f_x \end{cases} \quad (3.23)$$

在陀螺仪壳体翻滚条件下，按照式（3.6），将坐标轴变换后，赤道陀螺仪调制平均后漂移误差模型为

$$\begin{cases} \omega_{dx} = D(A)_0 + D(A)_x A_x + D(A)_{zx} A_z A_x + D(A)_{yz} A_z A_y \\ \omega_{dy} = D(B)_0 + D(B)_x A_x + D(B)_{yz} A_y A_z + D(B)_{zx} A_z A_x \end{cases} \quad (3.24)$$

对比式（3.23）和（3.24），互相对应的误差系数如下：a_0 和 b_0 对应于 $D(A)_0$ 和 $D(B)_0$；$D(A)_x$ 和 $D(B)_x$ 对应于 a_1 和 b_1；$D(A)_{zx}$、$D(A)_{yz}$、$D(B)_{yz}$ 和 $D(B)_{zx}$ 对应于 a_{21}、a_{22}、b_{21} 和 b_{22}。因此，赤道陀螺仪双轴伺服转台测试模式可以将陀螺仪的所有误差系数全部分离出来。

3.4.1.4 双轴伺服转台测试数据处理

双轴伺服转台测试采用增广状态扩展卡尔曼滤波器数据处理算法。下面分别建立极轴陀螺仪和赤道陀螺仪双轴伺服转台测试的增广状态系统模型。

1. 极轴陀螺仪增广状态系统模型

极轴陀螺仪测试的牵连运动角速度（ω_{eX} ω_{eY} ω_{eZ}）=（0 0 ω_{ie}）。将牵连运动角速度和极轴陀螺仪漂移误差模型（式（3.21））一起代入双轴伺服转台运动方程（3.9），可得

$$\begin{cases} \dot{\theta}_x = \omega_{ie}\sin\theta_y + D(A)_0 + D(A)_x A_x + D(A)_y A_y + w_1 \\ \dot{\theta}_y = -\omega_{ie}\tan\theta_x\cos\theta_y + (D(B)_0 + D(B)_y A_y + D(B)_x A_x)\sec\theta_x + w_2 \end{cases} \quad (3.25)$$

引入增广状态向量：$\boldsymbol{x} = [\theta_x \quad \theta_y \quad D(A)_0 \quad D(B)_0 \quad D(A)_x \quad D(A)_y \quad D(B)_x \quad D(B)_y]^T$，由式（3.25）可得极轴陀螺双轴伺服转台测试的增广状态和观测方程如下。

增广状态方程为

$$\dot{\boldsymbol{x}}(t) = f(\boldsymbol{x}(t)) + \boldsymbol{w}(t) \quad (3.26)$$

式中：$f(\boldsymbol{x})$ 为 6 维状态矢量 $\boldsymbol{x}$ 的函数：

$$f(\boldsymbol{x}) = \begin{pmatrix} \omega_{ie}\sin x_2 + x_3 + x_5 A_{1x} + x_6 A_{1y} \\ -\omega_{ie}\tan x_1 \cos x_2 + (x_4 + x_5 A_{1y} - x_6 A_{1x})\sec x_1 \\ \boldsymbol{0}_{4\times 1} \end{pmatrix} \quad (3.27)$$

$\boldsymbol{w}(t)$ 为零均值高斯白噪声，$E\{\boldsymbol{w}(t)\boldsymbol{w}^T(\tau)\} = \boldsymbol{Q}(t)\delta(t-\tau)$。

观测方程为

$$\boldsymbol{z}(t_k) = \boldsymbol{H}\boldsymbol{x}(t_k) + \boldsymbol{v}(t_k) \quad (3.28)$$

式中：$\boldsymbol{H}$ 为 2×8 维观测矩阵，$\boldsymbol{H} = \begin{bmatrix} 1 & 0 & \cdots & \boldsymbol{0}_{2\times 6} \\ 0 & 1 & \cdots & \end{bmatrix}$；$\boldsymbol{v}(t_k)$ 为零均值观测噪声序列，$E\{\boldsymbol{v}(t_k)\boldsymbol{v}^T(t_j)\} = \boldsymbol{R}_d(t_k)\delta_{kj}$。

2. 赤道陀螺仪增广状态系统模型

赤道陀螺仪测试的牵连运动角速度 $(\omega_{eX} \quad \omega_{eY} \quad \omega_{eZ}) = (0 \quad \omega_{ie} \quad 0)$。将牵连运动角速度和赤道陀螺仪漂移误差模型，一起代入双轴伺服转台运动方程（3.9），可得

$$\begin{cases} \dot{\theta}_x = D(A)_0 + D(A)_x A_x + D(A)_{zx} A_z A_x + D(A)_{yz} A_z A_y \\ \dot{\theta}_y = -\omega_{ie} + (D(B)_0 + D(B)_x A_x + D(B)_{yz} A_y A_z + D(B)_{zx} A_z A_x)\sec\theta_x \end{cases} \quad (3.29)$$

状态向量为 $\boldsymbol{x} = [\theta_x \quad \theta_y \quad D(A)_0 \quad D(B)_0 \quad D(A)_x \quad D(A)_{zx} \quad D(A)_{yz} \quad D(B)_x \quad D(B)_{yz} \quad D(B)_{zx}]^T$，由式（3.29）可得赤道陀螺双轴伺服转台测试的增广状态和观测方程如下：

增广状态方程为

$$\dot{\boldsymbol{x}}(t) = f(\boldsymbol{x}(t)) + \boldsymbol{w}(t) \quad (3.30)$$

式中：$f(\boldsymbol{x})$ 为 10 维状态向量 $\boldsymbol{x}$ 的函数：

$$f(\boldsymbol{x}) = \begin{pmatrix} x_3 + x_5 A_x + x_6 A_z A_x + x_7 A_y A_z \\ -\omega_{ie} + (x_4 + x_8 A_x + x_9 A_y A_z + x_{10} A_x A_y)\sec x_1 \\ \boldsymbol{0}_{8\times 1} \end{pmatrix} \quad (3.31)$$

观测方程为

$$z(t_k) = Hx(t_k) + v(t_k) \tag{3.32}$$

式中：H 为 2×8 维观测矩阵：

$$H = \begin{bmatrix} 1 & 0 & \cdots & \\ 0 & 1 & \cdots & \mathbf{0}_{2 \times 8} \end{bmatrix} \tag{3.33}$$

3. 数据处理卡尔曼滤波算法

实际上，无论是极轴陀螺仪测试还是赤道陀螺仪测试模式的增广状态模型和观测方程都具有相同的形式，其差异仅在于状态维数的差别。基于同一形式的增广状态模型和观测方程为

$$\begin{cases} \dot{x}(t) = f(x(t)) + w(t) \\ z(t_k) = Hx(t_k) + v(t_k) \end{cases} \tag{3.34}$$

设计数据处理卡尔曼滤波器步骤如下。

首先，令状态估计初值为 $\hat{x}(t_0) = \begin{bmatrix} \hat{\theta}_{x0} & \hat{\theta}_{y0} & 0 & \cdots & 0 \end{bmatrix}^T$，其中，$\hat{\theta}_{x0}$ 和 $\hat{\theta}_{y0}$ 为 0 时刻状态估计初值。根据状态矢量 $x(t)$ 的已知估计值 $\hat{x}(t_k)$，$k = 0, 1, 2, \cdots$，构建标称运动方程：

$$\dot{\hat{x}}(t) = f(\hat{x}(t)) \tag{3.35}$$

标称运动方程（3.36）采用四阶龙格 – 库塔法，求解下一时刻的标称运动轨迹坐标：

$$\hat{x}(t_{k+1}) = \hat{x}(t_k) + \frac{\Delta t}{6}(K_1 + 2K_2 + 2K_3 + K_4) \tag{3.36}$$

式中：$\Delta t = t_{k+1} - t_k$，为采用周期；$K_1 = f(\hat{x}(t_k))$；$K_2 = f(\hat{x}(t_k) + K_1\Delta t/2)$；$K_3 = f(\hat{x}(t_k) + K_2\Delta t/2)$；$K_4 = f(\hat{x}(t_k) + K_3\Delta t)$。

其次，将非线性函数 $f(x)$ 围绕标称坐标展开成下列泰勒级数：

$$f(x) = f(\hat{x}) + \frac{\partial f}{\partial x}\bigg|_{x=\hat{x}}(x - \hat{x}) + \cdots \tag{3.37}$$

式中：$\cdots$ 为二阶以上的高阶项。

引入符号 $f'(\hat{x}) = \dfrac{\partial f}{\partial x}\bigg|_{x=\hat{x}}$ 和 $\Delta x = x - \hat{x}$，与式（3.37）一起代入式（3.34）。然后，与标称运动方程（3.35）对应相减，略去二阶以上小量后，可得增量线性微分方程：

$$\begin{aligned} \Delta \dot{x}(t_{k+1}) &= (I + f'(t_k)\Delta t)\Delta x(t_k) + w(t_k) \\ \Delta z(t_k) &= H\Delta x(t_k) + v(t_k) \end{aligned} \tag{3.38}$$

假设 $\{w(t_k)\}$ 和 $\{v(t_k)\}$ 为零均值高斯白噪声向量，协方差矩阵分别为

$$E\{w(t)w^T(\tau)\} = Q(t)\delta(t-\tau)$$
$$E\{v(t_k)v^T(t_j)\} = R_d(t_k)\delta_{kj} \tag{3.39}$$

式中：$Q(t)$ 为具有相应维数的对称非负定矩阵；$R_d(t_k)$ 为具有相应维数的对称正定阵；$\delta(t-\tau)$ 和 δ_{kj} 分别为 Dirac 和 Kronecker δ - 函数。

令初始状态 $\Delta x(0)$ 的均值为 $\mathbf{0}$，协方差矩阵为 $P(0)$。假设对于一切 t，$t_k \in [0, t_f]$（t_f 为整个测试时间），$\Delta x(0)$，$w(t)$，$v(t_k)$ 互不相关。

根据上述条件，线性增量卡尔曼滤波器算法如下。

时间传播方程为

$$\begin{cases} \Delta \hat{x}(t_k^-) = F(t)\Delta \hat{x}(t_{k-1}^+) \\ P(t_k^-) = \Phi(t_k, t_{k-1})P(t_{k-1}^+)\Phi^T(t_k, t_{k-1}) + Q_d(t_{k-1}) \end{cases} \tag{3.40}$$

式中：$\Phi(t_k, t_{k-1}) = I + F(t_{k-1})\Delta t$，为状态转移阵，$\Delta t$ 为小量，$\Delta t = t_k - t_{k-1}$；$Q_d = Q\Delta t$ 为离散时间状态噪声。

测量修正方程为

$$\begin{cases} \Delta \hat{x}(t_k^+) = \Delta \hat{x}(t_k^-) + K(t_k)(\Delta z(t_k) - H\Delta \hat{x}(t_k^-)) \\ K(t_k) = P(t_k^-)H^T(HP(t_k^-)H^T + R_d(t_k))^{-1} \\ P(t_k^+) = (I - K(t_k)H)P(t_k^-) \end{cases} \tag{3.41}$$

递推初始条件：

$$\Delta \hat{x}(t_0^+) = \mathbf{0}, P(t_0^+) = P(0) \tag{3.42}$$

卡尔曼滤波器每运行一个循环时间，误差状态估计 $\Delta \hat{x}(t_k^+)$ 校正标称轨迹坐标 $\hat{x}(t_k)$ 一次。然后，返回龙格 - 库塔法计算下一时刻标称坐标 $\hat{x}(t_{k+1})$，并将卡尔曼滤波器的初始状态清零，进入下一个计算循环。周而复始，直至估计结束。

3.4.2　系统级测试

3.4.2.1　标定方案采用的惯性元件误差模型

静电陀螺导航系统采用空间稳定惯性导航平台方案。工作时台体稳定在惯性空间，静电陀螺仪和加速度计也随之稳定在惯性空间，静电陀螺仪和加速度计所在的惯性坐标系相对于当地地理坐标系的转动会导致导航系统误差传播的两个特征：一个是由于加速度计和陀螺仪与比力矢量（重力矢量 g）相对位置的持续变化，加速度计和陀螺仪的更多与环境有关误差源项被激励；另一个是导致驱动空间稳定系统误差方程的误差源项具有复杂的时变特性。这两个特征大大增加了设计标定用的卡尔曼滤波器的复杂程度。

静电陀螺仪壳体翻滚自动补偿装置将静电陀螺仪与壳体有关的漂移误差力矩进行调制,并且平均后为零,这些漂移误差力矩主要包括剩余磁场干扰力矩、一次静电力矩和二次静电力矩。静电陀螺导航系统的台体坐标为$OX_PY_PZ_P$,导航系统工作时台体坐标系稳定在惯性空间,OZ_P轴指向地球极轴,OX_P、OY_P轴在赤道平面,极陀螺仪G_1和赤道陀螺仪G_2在台体上的安装方式如图3.8所示。两只陀螺仪共4个敏感轴,导航系统只需3个方向敏感轴的输出即可,取有效敏感轴G_1陀螺仪的x_1、y_1轴和G_2陀螺仪的x_2轴,G_2陀螺仪的y_2轴作为冗余轴,由冗余框架锁定。

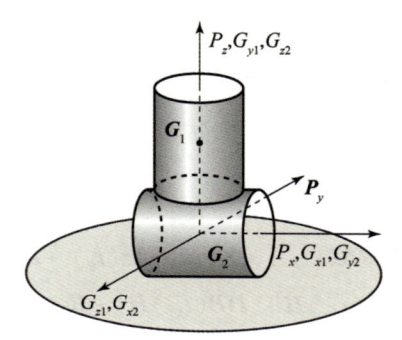

图 3.8 静电陀螺仪在系统中的安装示意图

静电陀螺导航系统中沿OX_P、OY_P、OZ_P方向的三只静电陀螺仪有效敏感轴的漂移模型为

$$\begin{cases} \omega_x = n_0 + n_1 A_x + n_2 A_x A_z + \varepsilon_x \\ \omega_y = m_0 + m_1 A_y + m_2 A_y A_z + \varepsilon_y \\ \omega_z = v_0 + v_1 A_z + v_2 A_z A_x + \varepsilon_z \end{cases} \quad (3.43)$$

式中:ω_x、ω_y、ω_z为沿台体坐标系三个坐标轴向的陀螺仪漂移速率,令矢量$\boldsymbol{\omega}_p = (\omega_x, \omega_y, \omega_z)^T$;$\varepsilon_x$、$\varepsilon_y$、$\varepsilon_z$为沿台体坐标系三个坐标轴向的陀螺仪随机漂移(白噪声),令$\boldsymbol{\varepsilon}_p = (\varepsilon_x, \varepsilon_y, \varepsilon_z)^T$;$A_x$、$A_y$、$A_z$为加速度矢量在台体坐标系中分量,令$\boldsymbol{A} = (A_x, A_y, A_z)^T$;$n_0$、$m_0$、$v_0$、$n_1$、$m_1$、$v_1$、$n_2$、$m_2$、$v_2$分别为沿台体坐标系$OX_P$、$OY_P$、$OZ_P$轴方向的陀螺仪漂移中与加速度零次、一次和二次项有关的漂移系数,令

$$\boldsymbol{e}_1 = (n_0, m_0, v_0)^T, \boldsymbol{E}_1 = \begin{bmatrix} n_1 & 0 & 0 \\ 0 & m_1 & 0 \\ 0 & 0 & v_1 \end{bmatrix}, \boldsymbol{E}_2 = \begin{bmatrix} n_2 & 0 & 0 \\ 0 & m_2 & 0 \\ v_2 & 0 & 0 \end{bmatrix}$$

则在静电陀螺导航系统中,静电陀螺仪漂移模型的矢量形式为

$$\boldsymbol{\omega}_p = \boldsymbol{e}_1 + \boldsymbol{E}_1 \boldsymbol{A} + A_z \boldsymbol{E}_2 \boldsymbol{A} + \boldsymbol{\varepsilon}_p \quad (3.44)$$

3.4.2.2　静电陀螺导航系统误差模型

静电陀螺导航系统的惯性平台稳定在地心惯性系 i，定义 i 系的 Z_i 轴指向地球极轴方向，X_i、Y_i 轴位于赤道平面。由于静电干扰力矩的存在，静电陀螺仪将相对于地心惯性系漂移，进而引起惯性平台相对惯性系的漂移。为了确定惯性平台相对惯性系的精确指向，导航时须补偿陀螺仪漂移。

以地理坐标系 l（东北天坐标系）为导航坐标系。由于地球自转和载体在地球表面的运动，i 系和 l 系之间存在着相对角运动，令 $\boldsymbol{C}_l^i$ 是 t 时刻地心惯性坐标系 i 到地理坐标系 l 的变换矩阵，它由当地的经纬度和时间 t 确定：

$$\boldsymbol{C}_l^i = \begin{bmatrix} -\sin\lambda' & \cos\lambda' & 0 \\ -\sin\varphi\cos\lambda' & -\sin\varphi\sin\lambda' & \cos\varphi \\ \cos\varphi\cos\lambda' & \cos\varphi\sin\lambda' & \sin\varphi \end{bmatrix} \quad (3.45)$$

式中：$\lambda' = \lambda_0 + \Omega t$，$\lambda_0$ 为初始 t_0 时刻导航坐标系所在经度初值，φ，Ω 分别为导航坐标系所在地纬度和地球自转角速度。图 3.9 所示为地心惯性坐标系 i 与当地水平坐标系 l 之间的相对关系。

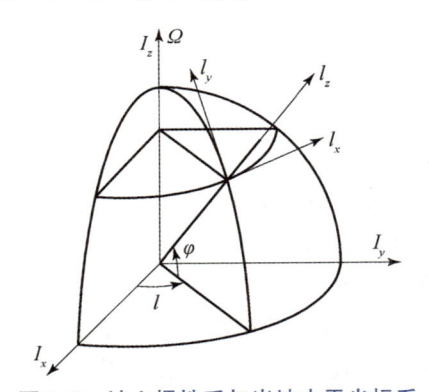

图 3.9　地心惯性系与当地水平坐标系

图 3.10 所示为空间稳定惯性导航系统采用的导航机械编排方式。将平台坐标系 p 中加速度计输出利用变换矩阵 $\boldsymbol{C}_p^l$（惯性平台坐标系 p 到地理坐标系 l 的变化矩阵，计算 $\boldsymbol{C}_p^l$ 时考虑陀螺仪漂移的补偿）变换至地理坐标系 l 下。在导航解算中由于加速度计和陀螺仪的误差不可能得到完全补偿，用于导航解算的地理坐标系只是一个近似地理坐标系，定义这个近似地理坐标系为数学平台，数学平台的作用与当地水平惯性导航系统中的物理平台相当。

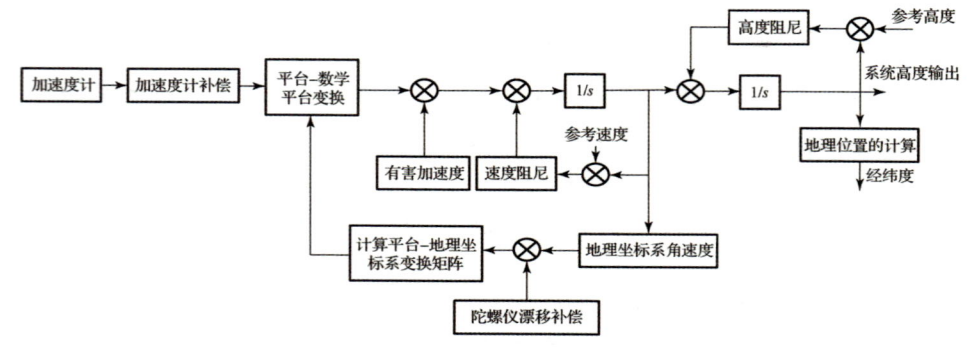

图 3.10 静电陀螺导航系统采用的导航机械编排

1. 系统误差传播特性

描述空间稳定导航系统误差传播规律的线性微分方程组可以通过对系统导航机械编排方程的小扰动分析得到，也可以通过比力误差的线性化分析得到。这种方法独立于所采用的机械编排方法。无论使用何种分析方法，得到的误差方程是一致的。

加速度计输出数学模型为

$$F = F_l + \Delta F - e \times F_l \tag{3.46}$$

式中：F 为用于系统解算的加速度计的输出，参考系为数学平台；F_l 为当地地理坐标系中实际比力；ΔF 为加速度计的比力误差，参考系为数学平台；e 为数学平台的误差角。

平台误差角方程为

$$\dot{e} + \omega_{cl} \times e = \omega_{cl'} - \omega_{cl} + \omega_{l'} \tag{3.47}$$

式中：ω_{cl} 为当地地理坐标系角速度；$\omega_{cl'}$ 为数学平台控制角速度；$\omega_{l'}$ 为陀螺仪漂移，参考系为数学平台坐标系。

从式（3.47）和式（3.48）可知未完全补偿的加速度计误差引起比力输出误差，平台误差角引起的比力分解误差和未补偿的陀螺仪漂移误差是系统主要的误差源。空间稳定导航系统和当地水平导航系统的误差方程在形势上是一致的，但是作为主要误差源的加速度计和陀螺仪的误差特性却有明显差异，且直接导致了两类导航系统误差传播特性的差异。空间稳定系统中由于惯性平台相对地理坐标系以地球自转速度旋转，惯性元件误差转换到当地地理坐标系变为周期信号驱动系统误差方程，将产生不同于当地水平导航系统误差特点的无界发散的系统速度、位置误差。

根据式（3.46）和式（3.47），并结合静电陀螺导航系统的机械编排方程，推导得到静电陀螺导航系统误差传播方程为

$$\begin{cases}
\delta\dot{v}_x = \left(\dfrac{(K_2+1)(v_y\tan\varphi - v_z)}{R} - K_1 + \dfrac{K_3}{K_2+1}\right)\delta v_x + (K_2+1)\left(2\Omega\sin\varphi + \dfrac{v_x\tan\varphi}{R}\right)\delta v_y \\
\qquad - (K_2+1)\left(2\Omega\cos\varphi + \dfrac{v_x}{R}\right)\delta v_z + (K_2+1)\left(2\Omega v_z\sin\varphi + 2\Omega v_y\cos\varphi + \dfrac{v_x v_y \sec^2\varphi}{R}\right)\delta\varphi \\
\qquad - (K_2+1)A_z\beta + (K_2+1)A_y\gamma - \left(K_1 + \dfrac{K_3}{K_2+1}\right)z_1 \\
\qquad + (K_2+1)\Delta A_{lx} + \left(K_1 - \dfrac{K_3}{K_2+1}\right)\delta v_{xr} - K_2\delta\dot{v}_{xr} \\
\delta\dot{v}_y = -(K_2+1)\left(2\Omega\sin\varphi + \dfrac{2v_x\tan\varphi}{R}\right)\delta v_x + \left(-\dfrac{(K_2+1)v_z}{R} - K_1 + \dfrac{K_3}{K_2+1}\right)\delta v_y \\
\qquad - (K_2+1)\dfrac{v_y}{R}\delta v_z - (K_2+1)\left(2\Omega v_x\cos\varphi + \dfrac{V_x^2\sec^2\varphi}{R}\right)\delta\varphi + (K_2+1)A_z\alpha \\
\qquad - (K_2+1)A_x\gamma - \left(K_1 + \dfrac{K_3}{K_2+1}\right)z_2 + (K_2+1)\Delta A_{ly} + \left(K_1 - \dfrac{K_3}{K_2+1}\right)\delta v_{yr} - K_2\delta\dot{v}_{yr} \\
\delta\dot{v}_z = \left(2\Omega\cos\varphi + \dfrac{2v_x}{R}\right)\delta v_x + \dfrac{2v_y}{R}\delta v_y + 2\Omega v_x\sin\varphi\delta\varphi + \left(\dfrac{2g_0}{R} - K_5\right)\delta h \\
\qquad - A_y\alpha + A_x\gamma - z_3 + \Delta A_{lz} + K_5\delta h_r \\
\delta\dot{\varphi} = \dfrac{1}{R}\delta v_y \\
\delta\dot{\lambda} = \dfrac{1}{R\cos\varphi}\delta v_x + \dfrac{v_x\tan\varphi}{R\cos\varphi}\delta\varphi \\
\delta\dot{h} = \delta V_z - K_4\delta h + K_4\delta h_r \\
\dot{\alpha} = -\dfrac{1}{R}\delta v_y + \left(\Omega\sin\varphi + \dfrac{v_x\tan\varphi}{R}\right)\beta - \left(\Omega\cos\varphi + \dfrac{v_x}{R}\right)\gamma + \omega_{lx} \\
\dot{\beta} = \dfrac{1}{R}\delta v_x - \Omega\sin\varphi\delta\varphi - \left(\Omega\sin\varphi + \dfrac{v_x\tan\varphi}{R}\right)\alpha - \dfrac{v_y}{R}\gamma + \omega_{ly} \\
\dot{\gamma} = \dfrac{\tan\varphi}{R}\delta v_x + \left(\Omega\cos\varphi + \dfrac{v_x\sec^2\varphi}{R}\right)\delta\varphi + \left(\Omega\cos\varphi + \dfrac{v_x}{R}\right)\alpha + \dfrac{v_y}{R}\beta + \omega_{lz} \\
\dot{z}_1 = \dfrac{K_3}{K_2+1}\delta v_x - \dfrac{K_3}{K_2+1}z_1 - \dfrac{K_3}{K_2+1}\delta v_{xr} \\
\dot{z}_2 = \dfrac{K_3}{K_2+1}\delta v_y - \dfrac{K_3}{K_2+1}z_2 - \dfrac{K_3}{K_2+1}\delta v_{yr} \\
\dot{z}_3 = K_6\delta h - K_6\delta h_r
\end{cases}$$

(3.48)

式中：δv_x，δv_y，δv_z 为导航系统的速度误差；$\delta \varphi$，$\delta \lambda$ 分别为纬度和经度误差；δh 为高度误差；α，β，γ 为数学平台的失调角；z_1，z_2，z_3 为中间变量。

系统误差传播方程为上述变量的线性微分方程。K_1，K_2，K_3，K_4，K_5，K_6 为导航系统处于阻尼工作状态时的阻尼系数；v_x，v_y，v_z，φ，λ，h 为载体的速度、经度、纬度和高度信息，可直接采用导航系统的输出；A_x，A_y，A_z 为加速度计在惯性坐标系的输出；ΔA_{lx}，ΔA_{ly}，ΔA_{lz} 为加速度计误差在水平坐标系中的分量；ω_{lx}，ω_{ly}，ω_{lz} 为陀螺仪漂移在水平坐标系中的分量；δv_{xr}，δv_{yr}，$\delta \dot{v}_{xr}$，$\delta \dot{v}_{yr}$ 为外部参考速度和参考速度导数的误差；δh_r 为外部参考高度的误差；Ω 和 R 为地球的自转速度和半径。

2. 惯性元件误差在水平坐标系中的数学模型

稳定在惯性坐标系工作的加速度计和陀螺仪除了导致静电陀螺导航系统产生无界发散误差，它们相对于当地地理坐标系的转动还会导致系统误差传播的两个特征：一个是由于加速度计和陀螺仪与比力矢量（重力矢量 g）相对位置持续变化，加速度计和陀螺仪更多与环境有关的误差源项被激励；另一个是导致驱动空间稳定系统误差方程的误差源的模型系数项具有复杂的时变特性。这两个特征大大增加了卡尔曼滤波器的复杂程度。在系统误差模型式（3.49）中，陀螺仪和加速度计的误差是以水平坐标系中分量形式出现的，下面将分别讨论静电陀螺仪和加速度计在水平坐标系中误差分量的数学模型。

静电陀螺仪在地理坐标系中敏感的比力矢量表示为

$$\boldsymbol{A}_l = [A_{lx}, A_{ly}, A_{lz}]^\mathrm{T} \tag{3.49}$$

则

$$\boldsymbol{A} = \boldsymbol{C}_p^l \boldsymbol{A}_l \tag{3.50}$$

式中：$\boldsymbol{C}_p^l$ 为由地理坐标系向平台坐标系的变换矩阵。陀螺仪漂移在地理坐标系中可表示为 $\boldsymbol{\omega}_l$，则

$$\begin{aligned}\boldsymbol{\omega}_l &= \boldsymbol{C}_l^p \boldsymbol{\omega}_p = \boldsymbol{C}_l^p (\boldsymbol{e}_1 + \boldsymbol{E}_1 \boldsymbol{A} + A_z \boldsymbol{E}_2 \boldsymbol{A} + \boldsymbol{\varepsilon}_p) \\ &= \boldsymbol{C}_l^p \boldsymbol{e}_1 + (\boldsymbol{C}_l^p \boldsymbol{E}_1 \boldsymbol{C}_p^l) \boldsymbol{A}_l + A_z \boldsymbol{C}_l^p \boldsymbol{E}_2 \boldsymbol{C}_p^l \boldsymbol{A}_l + \boldsymbol{C}_l^p \boldsymbol{\varepsilon}_p \end{aligned} \tag{3.51}$$

令

$$\boldsymbol{C}_l^p = \begin{bmatrix} c_{11} & c_{12} & c_{13} \\ c_{21} & c_{22} & c_{23} \\ c_{31} & c_{32} & c_{33} \end{bmatrix}$$

将上式代入式（3.51），可得

$$\begin{cases} \omega_{lx} = \varepsilon_{lx} + c_{11}n_0 + c_{12}m_0 + c_{13}v_0 \\ \qquad + c_{11}(c_{11}A_{lx} + c_{21}A_{ly} + c_{31}A_{lz})[n_1 + (c_{13}A_{lx} + c_{23}A_{ly} + c_{33}A_{lz})n_2] \\ \qquad + c_{12}(c_{12}A_{lx} + c_{22}A_{ly} + c_{32}A_{lz})[m_1 + (c_{13}A_{lx} + c_{23}A_{ly} + c_{33}A_{lz})m_2] \\ \qquad + c_{13}(c_{13}A_{lx} + c_{23}A_{ly} + c_{33}A_{lz})[v_1 + (c_{11}A_{lx} + c_{21}A_{ly} + c_{31}A_{lz})v_2] \\ \omega_{ly} = \varepsilon_{ly} + c_{21}n_0 + c_{22}m_0 + c_{23}v_0 \\ \qquad + c_{21}(c_{11}A_{lx} + c_{21}A_{ly} + c_{31}A_{lz})[n_1 + (c_{13}A_{lx} + c_{23}A_{ly} + c_{33}A_{lz})n_2] \\ \qquad + c_{22}(c_{12}A_{lx} + c_{22}A_{ly} + c_{32}A_{lz})[m_1 + (c_{13}A_{lx} + c_{23}A_{ly} + c_{33}A_{lz})m_2] \\ \qquad + c_{23}(c_{13}A_{lx} + c_{23}A_{ly} + c_{33}A_{lz})[v_1 + (c_{11}A_{lx} + c_{21}A_{ly} + c_{31}A_{lz})v_2] \\ \omega_{lz} = \varepsilon_{lz} + c_{31}n_0 + c_{32}m_0 + c_{33}v_0 \\ \qquad + c_{31}(c_{11}A_{lx} + c_{21}A_{ly} + c_{31}A_{lz})[n_1 + (c_{13}A_{lx} + c_{23}A_{ly} + c_{33}A_{lz})n_2] \\ \qquad + c_{32}(c_{12}A_{lx} + c_{22}A_{ly} + c_{32}A_{lz})[m_1 + (c_{13}A_{lx} + c_{23}A_{ly} + c_{33}A_{lz})m_2] \\ \qquad + c_{33}(c_{13}A_{lx} + c_{23}A_{ly} + c_{33}A_{lz})[v_1 + (c_{11}A_{lx} + c_{21}A_{ly} + c_{31}A_{lz})v_2] \end{cases} \tag{3.52}$$

式中：$\boldsymbol{\varepsilon}_l$ 为陀螺仪随机漂移表示为当地地理坐标系中的分量形式，$\boldsymbol{\varepsilon}_l = [\varepsilon_{lx}, \varepsilon_{ly}, \varepsilon_{lz}]^T = \boldsymbol{C}_l^p \boldsymbol{\varepsilon}_p$。当运载体的加速度可忽略时，地理坐标系中比力为 $\boldsymbol{F}_l = [0, 0, g]^T$，将 $\boldsymbol{F}_l$ 代入式（3.52）中可得

$$\begin{cases} \omega_{lx} = \varepsilon_{lx} + c_{11}n_0 + c_{12}m_0 + c_{13}v_0 + gc_{11}c_{31}n_1 + gc_{12}c_{32}m_1 + c_{13}c_{33}gv_1 \\ \qquad + g^2 c_{11}c_{31}c_{33}n_2 + g^2 c_{12}c_{32}c_{33}m_2 + g^2 c_{13}c_{33}c_{31}v_2 \\ \omega_{ly} = \varepsilon_{ly} + c_{21}n_0 + c_{22}m_0 + c_{23}v_0 + gc_{21}c_{31}n_1 + gc_{22}c_{32}m_1 + gc_{23}c_{33}v_1 \\ \qquad + g^2 c_{21}c_{31}c_{33}n_2 + g^2 c_{22}c_{32}c_{33}m_2 + g^2 c_{23}c_{33}c_{31}v_2 \\ \omega_{lz} = \varepsilon_{lz} + c_{31}n_0 + c_{32}m_0 + c_{33}v_0 + gc_{31}^2 n_1 + gc_{32}^2 m_1 + gc_{33}^2 v_1 \\ \qquad + g^2 c_{31}^2 c_{33}n_2 + g^2 c_{32}^2 c_{33}m_2 + g^2 c_{33}^2 c_{31}v_2 \end{cases} \tag{3.53}$$

将式（3.53）代入式（3.48），即可得到完整的静电陀螺导航系统线性误差方程。

忽略导航系统台体坐标系与惯性坐标系不对准误差时，有 $\boldsymbol{C}_i^p \approx \boldsymbol{I}$，$\boldsymbol{C}_l^p \approx \boldsymbol{C}_l^i$，则将式（3.45）代入式（3.52），可得

$$\begin{cases}\omega_{lx} = \varepsilon_{lx} - \sin(\lambda' n_0) + \cos(\lambda' m_0) \\
\qquad - g\sin\lambda'\cos\lambda'[(n_1 + g\sin(\varphi n_2)) - (m_1 + g\sin(\varphi m_2))] \\
\omega_{ly} = \varepsilon_{ly} + \cos\varphi(v_0 + g\sin(\varphi v_1)) - g\sin\varphi\cos\varphi(m_1 + g\sin(\varphi m_2)) \\
\qquad - \sin\varphi\cos\lambda'(n_0 + g^2\cos^2(\varphi v_2)) - \sin\varphi\sin(\lambda' m_0) \\
\qquad - g\sin\varphi\cos\varphi\cos^2\lambda'[(n_1 + g\sin(\varphi n_2)) - (m_1 + g\sin(\varphi m_2))] \\
\omega_{lz} = \varepsilon_{lz} + \sin\varphi(v_0 + g\sin(\varphi v_1)) + g\cos\varphi^2(m_1 + g\sin(\varphi m_2)) \\
\qquad + \cos\varphi\cos\lambda'(n_0 + g^2\sin^2(\varphi v_2)) + \cos\varphi\sin(\lambda' m_0) \\
\qquad + g\cos^2\varphi\cos^2\lambda'[(n_1 + g\sin(\varphi n_2)) - (m_1 + g\sin(\varphi m_2))]
\end{cases} \quad (3.54)$$

当导航系统在载体系泊状态下进行系统初始标定时，φ 为常值，λ' 则与时间 t 有关。式（3.54）中与 λ' 有关的正余弦项为周期性时变项，一次正余弦项（包含 $\sin\lambda'$、$\cos\lambda'$ 项）周期 24h，二次正余弦项（包含 $\sin\lambda'\cos\lambda'$、$\cos^2\lambda'$ 项）周期 12h，其余项为常值项。通过对式（3.54）中陀螺仪漂移模型和式（3.48）中系统误差方程的分析，两只静电陀螺仪的 9 项漂移系数不能完全可观测，而是以线性组合的形式被观测，可被观测项为 n_0，m_0，v_2，$n_1 + g\sin(\varphi n_2)$，$m_1 + g\sin(\varphi m_2)$，$v_0 + g\sin(\varphi v_1)$。

坐标变换矩阵 $\boldsymbol{C}_l^p$ 的计算可考虑三种途径。

（1）可直接来源于系统导航编排的运算结果。

（2）按式 $\boldsymbol{C}_l^p = \boldsymbol{C}_i^p \boldsymbol{C}_l^i$ 求得，$\boldsymbol{C}_l^i$ 按式（3.44）计算，$\boldsymbol{C}_i^p$ 用系统初始对准获得的 $\boldsymbol{C}_i^p(0)$ 代替，当 p 系与 i 系的失准角较小时，$\boldsymbol{C}_i^p \approx \boldsymbol{I}$，$\boldsymbol{C}_l^p \approx \boldsymbol{C}_l^i$，这种计算方法忽略了陀螺仪漂移对 $\boldsymbol{C}_i^p$ 阵的影响，由于陀螺仪漂移是小量，这种计算方法是合理的。如果系统初始标定分阶段进行，下一阶段的 $\boldsymbol{C}_i^p(0)$ 更新为上一阶段的标定结果。

（3）由式 $\dot{\boldsymbol{C}}_l^p = -[\boldsymbol{\omega}_c]\boldsymbol{C}_l^p + \boldsymbol{C}_l^p[\boldsymbol{\omega}_p]$ 求得，其中 $\boldsymbol{\omega}_c$ 为地理坐标系的角速度，其分量表达式为

$$\begin{cases}\omega_{cx} = -\dfrac{v_y}{R} \\
\omega_{cy} = \Omega\cos\varphi + \dfrac{v_x}{R} \\
\omega_{cz} = \Omega\sin\varphi + \dfrac{v_x}{R}\tan\varphi
\end{cases} \quad (3.55)$$

根据 $\dot{\boldsymbol{C}}_l^p$ 表达式积分得到 $\boldsymbol{C}_l^p$，其初始值使用系统初始对准获得的 $\boldsymbol{C}_i^p(0)$，$\boldsymbol{\omega}_p$ 可使用在实验室环境下对静电陀螺仪进行预先标定的结果。如果系统初始标定分阶段进行，下一阶段的 $\boldsymbol{C}_i^p(0)$、$\boldsymbol{\omega}_p$ 将更新为上一阶段的标定结果。由

于 $\boldsymbol{\omega}_p$ 通常为小量,计算 $\boldsymbol{C}_l^p$ 时可忽略 $\boldsymbol{\omega}_p$ 的影响。

加速度计水平误差分量在地理坐标系中加速度误差表示为

$$\Delta \boldsymbol{F}_l = \boldsymbol{C}_p^l [\Delta \boldsymbol{F}_p + \Delta \boldsymbol{b} + (\boldsymbol{C} + \Delta \boldsymbol{C}_a^p)\boldsymbol{F}] \tag{3.56}$$

由此可以看出,在系统误差方程中作为驱动项的 $\Delta \boldsymbol{F}_l$ 也是时变的。

3.4.2.3 初始标定卡尔曼滤波器设计

系统初始标定卡尔曼滤波器在静电陀螺导航系统中的应用,如图 3.11 所示。滤波器基于系统误差方程,应用系统噪声(主要来源于元件误差源)的统计学特征计算滤波增益矩阵;以导航系统速度和位置误差的测量信息作为卡尔曼滤波器的输入;滤波器的输出为系统导航误差及关键误差源的误差(特别是陀螺仪漂移误差)的估计值。在设计滤波器时,如果建立了精确的系统误差方程和相关的统计特性的模型,就可以得到在现有量测信息下的系统误差的最优估计。卡尔曼滤波器可以适应多种类型的测量信息,适用于导航过程中的若干阶段,如对准、标定和重调。这里重点讨论卡尔曼滤波器应用到系统标定的步骤。

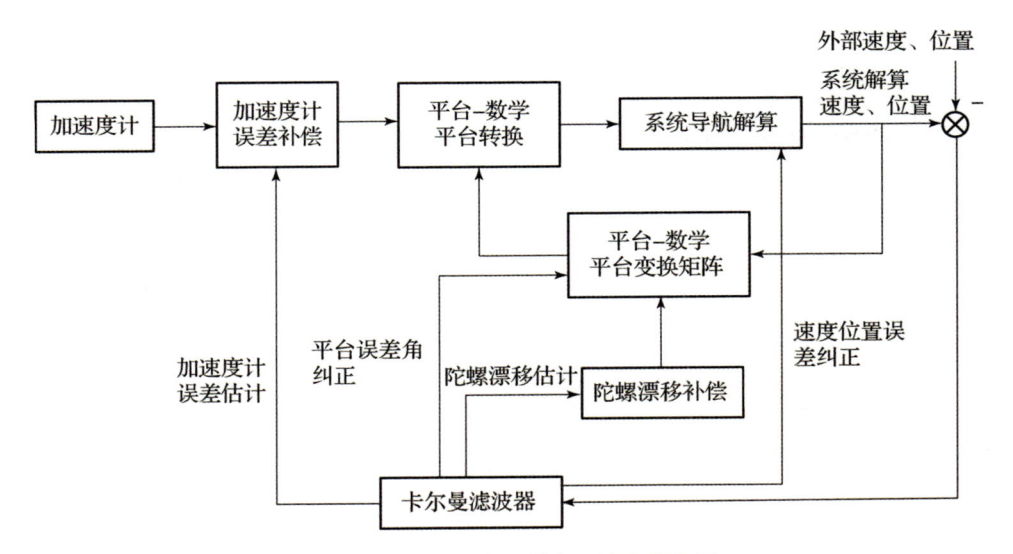

图 3.11 卡尔曼滤波器在系统中的应用

为了获得系统误差变量的最优纠正,卡尔曼滤波器必须建立准确的系统误差模型,包括误差源的所有环境敏感项和时变特性。下面将讨论在一定的假设条件下获得可以精确描述静电陀螺导航系统误差传播特性的完整线性微分方程(即滤波方程)和量测方程的过程。

1. 静电陀螺仪漂移模型系数的数学模型

在前面关于静电陀螺仪漂移模型的讨论中，均假定漂移模型的各项系数为稳定的常量。实际上，当导航系统在逐次启动时，陀螺仪的工作环境不可能保持绝对一致和稳定。因此，漂移模型的系数实际具有随机特性。静电陀螺仪漂移模型的系数可考虑随机常数、随机游走和一阶马尔可夫过程三种随机模型。

采取随机常数模型时，有

$$\begin{cases} \dot{n}_0 = 0 \\ \dot{n}_1 = 0 \\ \dot{n}_2 = 0 \\ \dot{m}_0 = 0 \\ \dot{m}_1 = 0 \\ \dot{m}_2 = 0 \\ \dot{v}_0 = 0 \\ \dot{v}_1 = 0 \\ \dot{v}_2 = 0 \end{cases} \tag{3.57}$$

采取随机游走模型时，有

$$\begin{cases} \dot{n}_0 = w_1(t) \\ \dot{n}_1 = w_2(t) \\ \dot{n}_2 = w_3(t) \\ \dot{m}_0 = w_4(t) \\ \dot{m}_1 = w_5(t) \\ \dot{m}_2 = w_6(t) \\ \dot{v}_0 = w_7(t) \\ \dot{v}_1 = w_8(t) \\ \dot{v}_2 = w_9(t) \end{cases} \tag{3.58}$$

式中：$w_i(t)$ 为零均值的白噪声，随机游走过程不是平稳随机过程，陀螺仪漂移系数的均方值与时间 t 成正比。

采取一阶马尔可夫过程模型时，有

$$\begin{cases} \dot{n}_0 = -\alpha_1 n_0 + w_1(t) \\ \dot{n}_1 = -\alpha_2 n_1 + w_2(t) \\ \dot{n}_2 = -\alpha_3 n_2 + w_3(t) \\ \dot{m}_0 = -\alpha_4 m_0 + w_4(t) \\ \dot{m}_1 = -\alpha_5 m_1 + w_5(t) \\ \dot{m}_2 = -\alpha_6 m_2 + w_6(t) \\ \dot{v}_0 = -\alpha_7 v_0 + w_7(t) \\ \dot{v}_1 = -\alpha_8 v_1 + w_8(t) \\ \dot{v}_2 = -\alpha_9 v_2 + w_9(t) \end{cases} \quad (3.59)$$

式中：α_i 为反相关时间常数；$w_i(t)$ 为零均值均方值为 $2R_i(0)\alpha_i$ 的白噪声，$R_i(0)$ 为对应陀螺仪漂移系数的均方值。

根据应用式 $\dot{C}_l^p = -[\boldsymbol{\omega}_c]C_l^p + C_l^p[\boldsymbol{\omega}_p]$ 可得

$$\Delta\dot{\boldsymbol{b}}_l = -\boldsymbol{\omega}_c \times \Delta\boldsymbol{b}_l + \boldsymbol{C}_l^p \Delta\dot{\boldsymbol{b}} \quad (3.60)$$

$$\dot{\boldsymbol{C}}_l = -[\boldsymbol{\omega}_c]\boldsymbol{C}_l + \boldsymbol{C}_l[\boldsymbol{\omega}_c] + \boldsymbol{C}_l^p \dot{\boldsymbol{C}} \boldsymbol{C}_p^l \quad (3.61)$$

$\Delta\dot{\boldsymbol{b}}$、$\dot{\boldsymbol{C}}$ 表达式取决于空间稳定系统加速度计误差源的统计特性，可采用一阶马尔可夫过程建立加速度计误差的数学模型，可得

$$\Delta\dot{\boldsymbol{b}} = -\beta_{\Delta b}\Delta\boldsymbol{b} + \boldsymbol{v} \quad (3.62)$$

$$\dot{\boldsymbol{C}} = -\beta_C \boldsymbol{C} + \boldsymbol{V} \quad (3.63)$$

式中：$\boldsymbol{v}$ 和 $\boldsymbol{V}$ 是 $\Delta\dot{\boldsymbol{b}}$ 和 $\dot{\boldsymbol{C}}$ 各分量对应的白噪声组成的向量或矩阵；$\beta_{\Delta b}$，β_C 为反相关时间常数。

将式（3.62）、式（3.63）代入式（3.60）和式（3.61），可得

$$\Delta\dot{\boldsymbol{b}}_l = -\boldsymbol{\omega} \times \Delta\boldsymbol{b}_l - \beta_{\Delta b}\Delta\boldsymbol{b}_l + \boldsymbol{v}_l \quad (3.64)$$

$$\dot{\boldsymbol{C}}_l = -[\boldsymbol{\omega}]\boldsymbol{C}_l + \boldsymbol{C}_l[\boldsymbol{\omega}] - \beta_C \boldsymbol{C}_l + \boldsymbol{V}_l \quad (3.65)$$

式中：

$$\boldsymbol{v}_l = \boldsymbol{C}_l^p \boldsymbol{v} \quad (3.66)$$

$$\boldsymbol{V}_l = \boldsymbol{C}_l^p \boldsymbol{V} \boldsymbol{C}_p^l \quad (3.67)$$

且

$$\begin{aligned} \boldsymbol{E}\{\boldsymbol{v}_l \boldsymbol{v}_l^\mathrm{T}\} &= \boldsymbol{C}_l^p E\{\boldsymbol{v}_l \boldsymbol{v}_l^\mathrm{T}\} \boldsymbol{C}_p^l \\ &= \boldsymbol{C}_l^p(q_{\Delta b}\boldsymbol{I})\boldsymbol{C}_p^l \\ &= q_{\Delta b}\boldsymbol{I} \end{aligned} \quad (3.68)$$

式中：$q_{\Delta b}\boldsymbol{I}$ 为白噪声 $\boldsymbol{v}$ 方差阵。

噪声 $\boldsymbol{v}_l$ 的方差阵为常数矩阵。应用同样的推导可得

$$E\{\boldsymbol{V}_{l_{ij}}^2\} = q_C \tag{3.69}$$

式中：q_C 为白噪声；V_l 为各分量的方差。

C 是对角矩阵，那么 C_l 是对称矩阵，则式（3.64）、式（3.65）写成分量形式时，只需取 C_l 矩阵上三角位置的6个元素，分量形式表示如下：

$$\begin{cases} \Delta \dot{b}_{l_x} = -\beta_{\Delta b}\Delta b_{l_x} + \omega_z \Delta b_{l_y} - \omega_y \Delta b_{l_z} + v_{l_x} \\ \Delta \dot{b}_{l_y} = -\beta_{\Delta b}\Delta b_{l_y} - \omega_z \Delta b_{l_x} + \omega_x \Delta b_{l_z} + v_{l_y} \\ \Delta \dot{b}_{l_z} = -\beta_{\Delta b}\Delta b_{l_z} + \omega_y \Delta b_{l_x} - \omega_x \Delta b_{l_y} + v_{l_z} \\ \dot{C}_{l_{11}} = -\beta_C C_{l_{11}} + 2\omega_z C_{l_{12}} - 2\omega_y C_{l_{13}} + V_{l_{11}} \\ \dot{C}_{l_{12}} = -\beta_C C_{l_{12}} - \omega_z C_{l_{11}} + \omega_x C_{l_{13}} + \omega_z C_{l_{22}} - \omega_y C_{l_{23}} + V_{l_{12}} \\ \dot{C}_{l_{13}} = -\beta_C C_{l_{13}} + \omega_y C_{l_{11}} - \omega_x C_{l_{12}} + \omega_z C_{l_{23}} - \omega_y C_{l_{33}} + V_{l_{13}} \\ \dot{C}_{l_{22}} = -\beta_C C_{l_{22}} - 2\omega_z C_{l_{12}} + 2\omega_x C_{l_{23}} + V_{l_{22}} \\ \dot{C}_{l_{23}} = -\beta_C C_{l_{23}} + \omega_y C_{l_{12}} - \omega_x C_{l_{22}} - \omega_z C_{l_{13}} + \omega_x C_{l_{33}} + V_{l_{23}} \\ \dot{C}_{l_{33}} = -\beta_C C_{l_{33}} + 2\omega_y C_{l_{13}} - 2\omega_x C_{l_{23}} + V_{l_{33}} \end{cases} \tag{3.70}$$

2. 滤波基本方程

1）状态方程

由静电陀螺导航系统误差方程式（3.48）、静电陀螺仪漂移模型系数微分方程式（3.57）~式（3.59）、加速度计误差微分方程式（3.69），构成描述导航系统误差动力学特性和误差源统计特性的滤波器状态方程。状态变量为

$$\begin{aligned}\boldsymbol{x} = [&\delta v_x, \delta v_y, \delta v_z, \delta\varphi, \delta\lambda, \delta h, \alpha, \beta, \gamma, z_1, z_2, z_3, \\ & n_0, n_1, n_2, m_0, m_1, m_2, v_0, v_1, v_2, \Delta b_{l_x}, \\ & \Delta b_{l_y}, \Delta b_{l_z}, C_{l_{11}}, C_{l_{12}}, C_{l_{13}}, C_{l_{22}}, C_{l_{23}}, C_{l_{33}}]^{\mathrm{T}} \end{aligned} \tag{3.71}$$

系统的状态方程表示为矩阵形式为

$$\dot{\boldsymbol{x}} = \boldsymbol{F}\boldsymbol{x} + \boldsymbol{G}\boldsymbol{w} \tag{3.72}$$

其中

$$\boldsymbol{F} = \begin{bmatrix} \boldsymbol{F}_1 & \boldsymbol{F}_2 \\ \boldsymbol{0}_{18\times 12} & \boldsymbol{F}_3 \end{bmatrix}, \boldsymbol{F}_3 = \begin{bmatrix} \boldsymbol{G}_y & \boldsymbol{0}_{9\times 9} \\ \boldsymbol{0}_{9\times 9} & \boldsymbol{A}_c \end{bmatrix}$$

矩阵 $\boldsymbol{F}_1$、$\boldsymbol{F}_2$、$\boldsymbol{G}_y$、$\boldsymbol{A}_c$ 形式如下。

$$F_1 = \begin{bmatrix} -\left(\dfrac{(K_2+1)(v_y\tan\varphi - v_z)}{R} - \dfrac{K_3}{K_1+K_2+1}\right) & (K_2+1)\left(2D_z\sin\varphi + \dfrac{v_x}{R}\right) & -(K_2+1)\left(2D_z\cos\varphi + \dfrac{v_x\tan\varphi}{R}\right) & (K_2+1)\left(2D_x\sin\varphi + 2D_y\cos\varphi + \dfrac{v_xv_y\sec^2\varphi}{R}\right) & 0 & 0 & -(K_2+1)g & 0 & -\left(K_1 + \dfrac{K_3}{K_2+1}\right) & 0 \\ -(K_2+1)\left(2D_x\sin\varphi + \dfrac{2v_x\tan\varphi}{R}\right) & \left(\dfrac{(K_2+1)v_z}{R} - K_1 + \dfrac{K_3}{K_2+1}\right) & -(K_2+1)\dfrac{v_y}{R} & -(K_2+1)\left(2D_x\cos\varphi + \dfrac{v_x^2\sec^2\varphi}{R}\right) & 0 & 0 & (K_2+1)g & 0 & 0 & -\left(K_1 + \dfrac{K_3}{K_2+1}\right) \\ \left(2D_{\varphi}\cos\varphi + \dfrac{2v_x}{R}\right) & \dfrac{2v_y}{R} & 0 & 2D_z\sin\varphi & \left(\dfrac{2g_0}{R} - K_5\right) & 0 & 0 & 0 & 0 & -1 \\ 0 & 0 & \dfrac{v_x\tan\varphi}{R\cos\varphi} & 0 & 0 & 0 & 0 & 0 & 0 & 0 \\ \dfrac{1}{R} & -\dfrac{1}{R} & 0 & 0 & -K_4 & 0 & 0 & 0 & 0 & 0 \\ 0 & 0 & 0 & -D\sin\varphi & 0 & 0 & 0 & 0 & 0 & 0 \\ \dfrac{1}{R} & -\dfrac{1}{R} & 1 & 0 & 0 & 0 & \left(D\sin\varphi + \dfrac{v_x\tan\varphi}{R}\right) & -\left(D\cos\varphi + \dfrac{v_x}{R}\right) & 0 & 0 \\ \dfrac{\tan\varphi}{R} & 0 & 0 & 0 & 0 & 0 & -\left(D\sin\varphi + \dfrac{v_x\tan\varphi}{R}\right) & \dfrac{v_y}{R} & 0 & 0 \\ \dfrac{K_3}{K_2+1} & \dfrac{K_3}{K_2+1} & 0 & 0 & 0 & 0 & \left(D\cos\varphi + \dfrac{v_x\sec^2\varphi}{R}\right) & 0 & -\dfrac{K_3}{K_2+1} & \dfrac{K_3}{K_2+1} \\ 0 & 0 & 0 & K_6 & 0 & 0 & 0 & 0 & 0 & 0 \end{bmatrix} \quad (3.73)$$

$$F_2 = \begin{bmatrix} c_{11} & 0 & 0 & 0 & 0 & 0 & 0 & 0 & 0 \\ c_{21} & 0 & 0 & 0 & 0 & 0 & 0 & 0 & 0 \\ c_{31} & 0 & 0 & 0 & 0 & 0 & 0 & 0 & 0 \\ 0 & 0 & 0 & 0 & 0 & 0 & 0 & 0 & 0 \\ gc_{11}c_{31} & gc_{12}c_{32} & c_{13} & gc_{13}c_{33} & 0 & 0 & (K_2+1) & 0 & 0 \\ gc_{21}c_{31} & gc_{22}c_{32} & c_{23} & c_{13}c_{33}g & 0 & 1 & 0 & (K_2+1) & 0 \\ gc_{31}^2 & gc_{32}^2 & c_{33} & gc_{33}^2 & 0 & 0 & 0 & 0 & g \\ g^2 c_{11}c_{31}c_{33} & g^2 c_{12}c_{32}c_{33} & gc_{13}c_{33} & g^2 c_{13}c_{33}^2 & 0 & 0 & (K_2+1)g & 0 & 0 \\ g^2 c_{21}c_{31}c_{33} & g^2 c_{22}c_{32}c_{33} & gc_{23}c_{33} & g^2 c_{23}c_{33}^2 & 0 & 0 & 0 & (K_2+1)g & 0 \\ g^2 c_{31}^2 c_{33} & g^2 c_{32}^2 c_{33} & gc_{33}^2 & g^2 c_{33}^3 & 0 & 0 & 0 & 0 & 0 \\ 0 & 0 & 0 & 0 & 0 & 0 & 0 & 0 & 0 \\ 0 & 0 & 0 & 0 & 0 & 0 & 0 & 0 & 0 \\ 0 & 0 & 0 & 0 & 0 & 0 & 0 & 0 & 0 \end{bmatrix}$$

(3.74)

$G_y = \mathbf{0}_{9\times 9}$，陀螺仪漂移系数采用随机常数或随机游走时 (3.75a)

$$G_y = -\underbrace{\begin{Bmatrix} \alpha_1 & & & & & & & & \\ & \alpha_2 & & & & & & & \\ & & \alpha_3 & & & & & & \\ & & & \alpha_4 & & & & & \\ & & & & \alpha_5 & & & & \\ & & & & & \alpha_6 & & & \\ & & & & & & \alpha_7 & & \\ & & & & & & & \alpha_8 & \\ & & & & & & & & \alpha_9 \end{Bmatrix}}$$，陀螺仪漂移系数采用一阶马尔可夫过程时 (3.75b)

第3章 静电陀螺仪漂移误差测试技术

$$A_c = \begin{bmatrix}
-\beta_{\Delta b} & \Omega\sin\varphi+\dfrac{v_x\tan\varphi}{R} & -\left(\Omega\cos\varphi+\dfrac{v_x}{R}\right) & 0 & 0 & 0 & 0 & 0 & 0 \\[6pt]
-\left(\Omega\sin\varphi+\dfrac{v_x\tan\varphi}{R}\right) & -\beta_{\Delta b} & -\dfrac{v_y}{R} & 0 & 0 & 0 & 0 & 0 & 0 \\[6pt]
\Omega\cos\varphi+\dfrac{v_x}{R} & \dfrac{v_y}{R} & -\beta_{\Delta b} & 0 & 0 & 0 & 0 & 0 & 0 \\[6pt]
0 & 0 & 0 & -\beta_C & 2\left(\Omega\sin\varphi+\dfrac{v_x\tan\varphi}{R}\right) & -2\left(\Omega\cos\varphi+\dfrac{v_x}{R}\right) & 0 & 0 & 0 \\[6pt]
0 & 0 & 0 & -\left(\Omega\sin\varphi+\dfrac{v_x\tan\varphi}{R}\right) & -\beta_C & \dfrac{v_y}{R} & \Omega\sin\varphi+\dfrac{v_x\tan\varphi}{R} & 0 & -\left(\Omega\cos\varphi+\dfrac{v_x}{R}\right) \\[6pt]
0 & 0 & 0 & \Omega\cos\varphi+\dfrac{v_x}{R} & -\dfrac{v_y}{R} & -\beta_C & 0 & \dfrac{v_y}{R} & -\dfrac{v_y}{R} \\[6pt]
0 & 0 & 0 & 0 & -2\left(\Omega\sin\varphi+\dfrac{v_x\tan\varphi}{R}\right) & \Omega\cos\varphi+\dfrac{v_x}{R} & -2\left(\Omega\cos\varphi+\dfrac{v_x}{R}\right) & -\beta_C & 0 \\[6pt]
0 & 0 & 0 & \Omega\cos\varphi+\dfrac{v_x}{R} & -\beta_C & 0 & -\beta_C & \dfrac{v_y}{R} & -\dfrac{v_y}{R} \\[6pt]
0 & 0 & 0 & 0 & 2\left(\Omega\cos\varphi+\dfrac{v_x}{R}\right) & 0 & 2\dfrac{v_x}{R} & 0 & -\beta_C
\end{bmatrix} \tag{3.76}$$

$$w = [\delta v_{xr}, \delta \dot{v}_{xr}, \delta v_{yr}, \delta \dot{v}_{yr}, \delta h_r, w_1, w_2, w_3, w_4, w_5, w_6, w_7, w_8, w_9,$$
$$v_{l_x}, v_{l_y}, v_{l_z}, V_{l_{11}}, V_{l_{12}}, V_{l_{13}}, V_{l_{22}}, V_{l_{23}}, V_{l_{33}}]^T \quad (3.77)$$

矩阵 G 表示为

$$G = \begin{bmatrix} G_1 & G_2 & \mathbf{0}_{12 \times 18} \\ \mathbf{0}_{18 \times 12} & I_{18 \times 18} \end{bmatrix} \quad (3.78)$$

其中:

$$G_1 = \begin{bmatrix} K_1 - \dfrac{K_3}{K_2+1} & -K_2 & 0 & 0 & 0 \\ 0 & 0 & K_1 - \dfrac{K_3}{K_2+1} & -K_2 & 0 \\ 0 & 0 & 0 & 0 & K_5 \\ 0 & 0 & 0 & 0 & 0 \\ 0 & 0 & 0 & 0 & 0 \\ 0 & 0 & 0 & 0 & 0 \\ 0 & 0 & 0 & 0 & 0 \\ 0 & 0 & 0 & 0 & 0 \\ -\dfrac{K_3}{K_2+1} & 0 & 0 & 0 & 0 \\ 0 & 0 & -\dfrac{K_3}{K_2+1} & 0 & 0 \\ 0 & 0 & 0 & 0 & -K_6 \end{bmatrix} \quad (3.79)$$

$$G_2 = \begin{bmatrix} (K_2+1)c_{11} & (K_2+1)c_{12} & (K_2+1)c_{13} & 0 & 0 & 0 \\ (K_2+1)c_{21} & (K_2+1)c_{22} & (K_2+1)c_{23} & 0 & 0 & 0 \\ c_{31} & c_{32} & c_{33} & 0 & 0 & 0 \\ 0 & 0 & 0 & 0 & 0 & 0 \\ 0 & 0 & 0 & 0 & 0 & 0 \\ 0 & 0 & 0 & 0 & 0 & 0 \\ 0 & 0 & 0 & c_{11} & c_{12} & c_{13} \\ 0 & 0 & 0 & c_{21} & c_{22} & c_{23} \\ 0 & 0 & 0 & c_{31} & c_{32} & c_{33} \\ 0 & 0 & 0 & 0 & 0 & 0 \\ 0 & 0 & 0 & 0 & 0 & 0 \\ 0 & 0 & 0 & 0 & 0 & 0 \end{bmatrix} \quad (3.80)$$

2）观测方程

用于系统标定量测信息包括速度和位置量测信息，系统量测方程可表示为

$$\begin{cases} Z_1 = \delta v_x - \delta v_{xp} \\ Z_2 = \delta v_y - \delta v_{yp} \\ Z_3 = \delta v_z - \delta v_{zp} \\ Z_4 = \delta \varphi - \varphi_p \\ Z_5 = \delta \lambda - H_p \\ Z_6 = \delta \lambda - h_p \end{cases} \tag{3.81}$$

将量测方程表示为矩阵形式：

$$Z = Hx + V \tag{3.82}$$

式中：$Z = [Z_1, Z_2, Z_3, Z_4, Z_5, Z_6]^T$；$V = [\delta v_{xp}, \delta v_{yp}, \delta v_{zp}, \varphi_p, \lambda_p h_p,]^T$，$\delta v_{xp}$、$\delta v_{yp}$、$\delta v_{zp}$为速度测量噪声，$\varphi_p$、$\lambda_p$、$h_p$为位置测量噪声。

3）系统基本方程的进一步简化

系统在载体系泊状态下进行标定时，由于加速度计误差对系统误差传播影响相对较小，而且加速度计标度误差在元件标定中已精确标定，不易随时间变化，为了获得更高的滤波效率，忽略加速度计标度误差，此时卡尔曼滤波器状态变量减为 24 个，即

$$\begin{aligned} x = [&\delta v_x, \delta v_y, \delta v_z, \delta \varphi, \delta \lambda, \delta h, \alpha, \beta, \gamma, z_1, z_2, z_3, n_0, n_1, n_2, \\ & m_0, m_1, m_2, v_0, v_1, v_2, \Delta b_{l_x}, \Delta b_{l_y}, \Delta b_{l_z}]^T \end{aligned} \tag{3.83}$$

此时，矩阵 F 为

$$F = \begin{bmatrix} F_1 & F_2 \\ 0_{12 \times 12} & F_3 \end{bmatrix} \tag{3.84}$$

其中：

$$F_3 = \begin{bmatrix} G_y & 0_{3 \times 3} \\ 0_{9 \times 9} & A_c \end{bmatrix}$$

矩阵 F_1、G_y 的表达式为式（3.72）和式（3.74），F_2、A_c 形式如下。

$$F_2 = \begin{bmatrix} c_{11} & gc_{11}c_{31} & g^2c_{11}c_{31}c_{33} & c_{12} & gc_{12}c_{32} & g^2c_{12}c_{32}c_{33} & c_{13} & c_{13}c_{33}g & g^2c_{13}c_{33}c_{31} & 0 & 0 & (K_2+1) \\ c_{21} & gc_{21}c_{31} & g^2c_{21}c_{31}c_{33} & c_{22} & gc_{22}c_{32} & g^2c_{22}c_{32}c_{33} & c_{23} & gc_{23}c_{33} & g^2c_{23}c_{33}c_{31} & 0 & (K_2+1) & 0 \\ c_{31} & gc_{31}^2 & g^2c_{31}^2c_{33} & c_{32} & gc_{32}^2 & g^2c_{32}^2c_{33} & c_{33} & gc_{33}^2 & g^2c_{33}^2c_{31} & 1 & 0 & 0 \\ 0 & 0 & 0 & 0 & 0 & 0 & 0 & 0 & 0 & 0 & 0 & 0 \\ 0 & 0 & 0 & 0 & 0 & 0 & 0 & 0 & 0 & 0 & 0 & 0 \\ 0 & 0 & 0 & 0 & 0 & 0 & 0 & 0 & 0 & 0 & 0 & 0 \\ 0 & 0 & 0 & 0 & 0 & 0 & 0 & 0 & 0 & 0 & 0 & 0 \\ 0 & 0 & 0 & 0 & 0 & 0 & 0 & 0 & 0 & 0 & 0 & 0 \\ 0 & 0 & 0 & 0 & 0 & 0 & 0 & 0 & 0 & 0 & 0 & 0 \end{bmatrix} \quad (3.85)$$

$$A_c = \begin{bmatrix} -\beta_{\Delta b} & \Omega\sin\varphi + \dfrac{v_x\tan\varphi}{R} & -\left(\Omega\cos\varphi + \dfrac{v_x}{R}\right) \\ -\left(\Omega\sin\varphi + \dfrac{v_x\tan\varphi}{R}\right) & -\beta_{\Delta b} & -\dfrac{v_y}{R} \\ \Omega\cos\varphi + \dfrac{v_x}{R} & \dfrac{v_y}{R} & -\beta_{\Delta b} \end{bmatrix} \quad (3.86)$$

陀螺仪误差源假定为随机游走或一阶马尔可夫过程加随机白噪声,加速度计误差源假定为随机常数加随机白噪声,由于是系泊状态,不考虑系统中用于阻尼的外部速度和高度的误差,即消除了系统白噪声分量 δv_{xr},$\delta \dot{v}_{xr}$,δv_{yr},$\delta \dot{v}_{yr}$,δh_r。

此时,矩阵 G 表示为

$$G = \begin{bmatrix} G_2 & \mathbf{0}_{12\times 12} \\ \mathbf{0}_{12\times 6} & \begin{matrix} I_{9\times 9} & \mathbf{0}_{9\times 3} \\ \mathbf{0}_{3\times 9} & \mathbf{0}_{3\times 3} \end{matrix} \end{bmatrix} \quad (3.87)$$

矩阵 G_2 的形式同前。

系统量测方程仍表示为

$$Z = Hx + V \quad (3.88)$$

式中:矩阵 H 形式变为

$$H = \begin{bmatrix} 1 & 0 & 0 & 0 & 0 & 0 \\ 0 & 1 & 0 & 0 & 0 & 0 \\ 0 & 0 & 1 & 0 & 0 & 0 \\ 0 & 0 & 0 & 1 & 0 & 0 \\ 0 & 0 & 0 & 0 & 1 & 0 \\ 0 & 0 & 0 & 0 & 0 & 1 \end{bmatrix} \quad \mathbf{0}_{6\times 18} \quad (3.89)$$

根据外部信息的特点确定量测噪声方程强度阵 R(6×6 矩阵),R 定义为

$$E(V(t)V(\tau)^{\mathrm{T}}) = R\delta(t-\tau) \quad (3.90)$$

3. 仿真验证

空间稳定惯性导航系统初始标定即确定静电陀螺仪逐次启动漂移。在应用系统标定卡尔曼滤波器进行系统逐次启动标定仿真时,导航系统工作于阻尼状态。系统初始速度误差为零,初始位置误差为 $\delta\varphi_0 = 5''$、$\delta\lambda_0 = 5''$,失准角误差为 $\delta\alpha_0 = 5''$、$\delta\beta_0 = 5''$、$\delta\gamma_0 = 30''$。

在仿真试验中,陀螺仪漂移系数采用一阶马尔可夫过程,时间相关常数均为 600h,n_0、m_0、v_0 的均方值取 $(0.0001°/\mathrm{h})^2$,n_1、m_1、v_1 的均方值取 $(0.00001°/\mathrm{h})^2$,n_2、m_2、v_2 的均方值取 $(0.000001°/\mathrm{h})^2$;n_0、m_0、v_0 的初值取

0.01°/h，n_1、m_1、v_1 的初值取 0.01°/h/g，n_2、m_2、v_2 的初值取 0.01°/h/g^2。静电陀螺仪沿台体三轴方向漂移的随机白噪声均方值均为 $(0.0001°/h)^2$。加速度计误差源为零位偏置加随机白噪声，三个加速度计零位偏置误差取 $1×10^{-5}g$，随机白噪声的均方值取 $(1×10^{-5}g)^2$。

卡尔曼滤波器一步预测时间取 15s，一步估计时间取 1min，系统变量的初始值均取零值。系统量测信息用系统误差分析的结果替代。标定共经历 48h，分两阶段进行，每阶段 24h。

第一阶段卡尔曼滤波估计结果如图 3.12～图 3.19 所示。

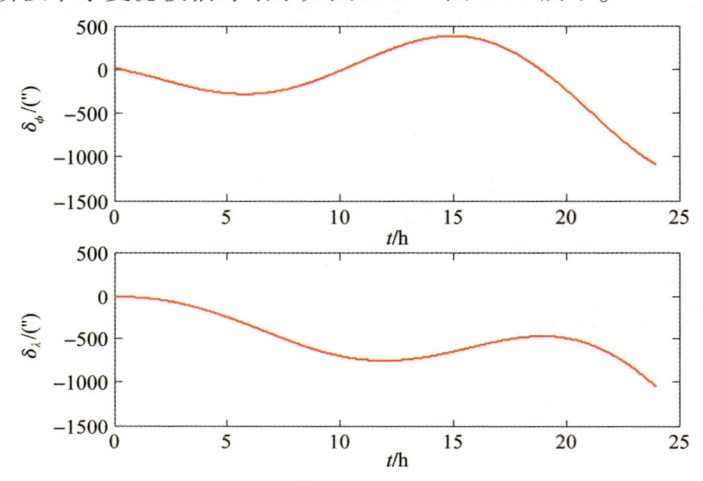

图 3.12　系统经纬度估计曲线

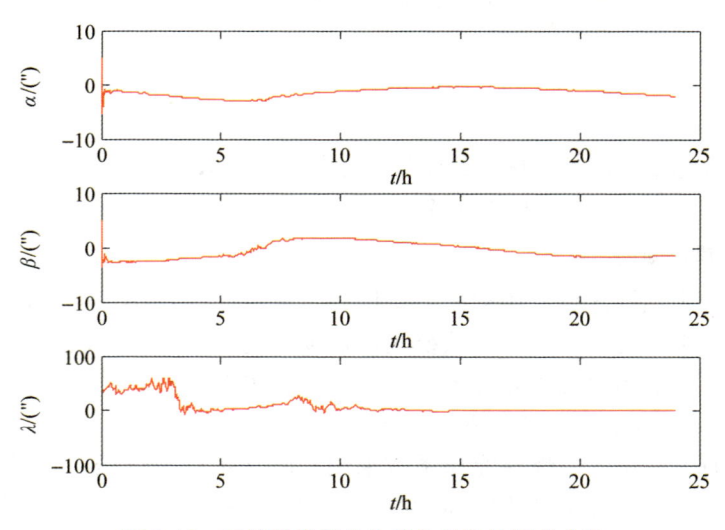

图 3.13　系统数学平台失准角的估计误差曲线

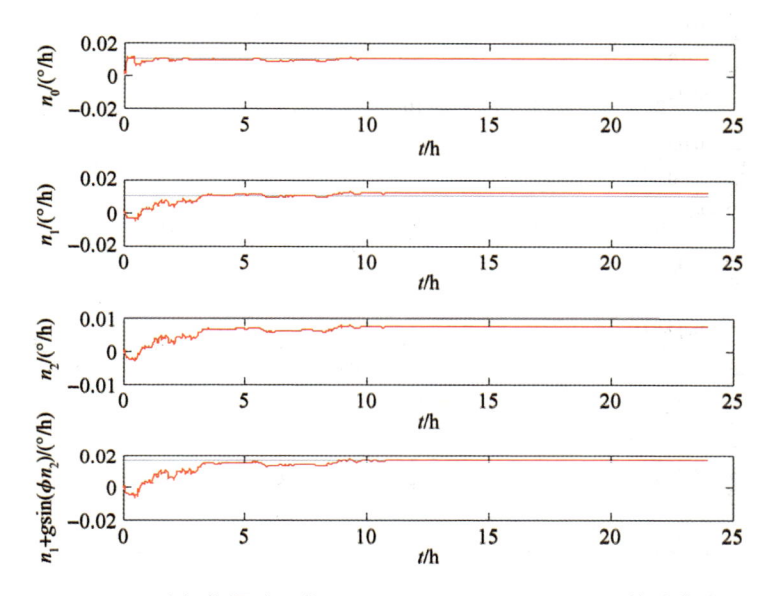

图 3.14　陀螺仪漂移系数 n_0、n_1、n_2、$n_1 + g\sin(\phi n_2)$ 估计曲线

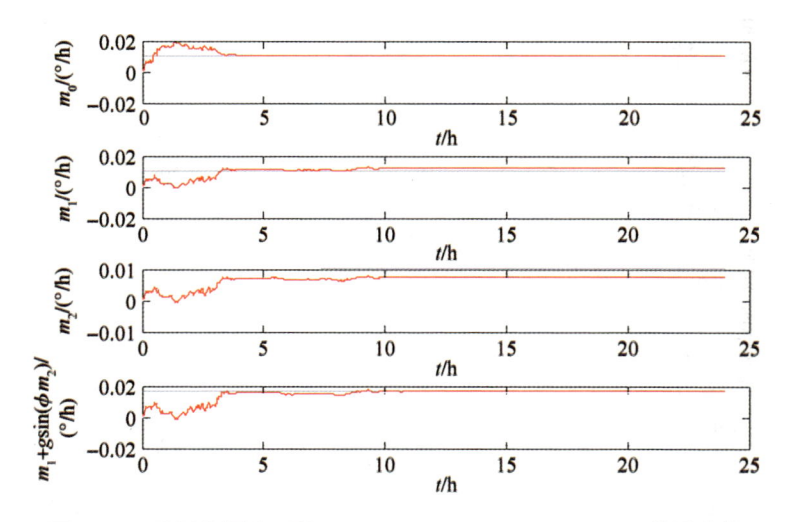

图 3.15　陀螺仪漂移系数 m_0、m_1、m_2、$m_1 + g\sin(\phi m_2)$ 估计曲线

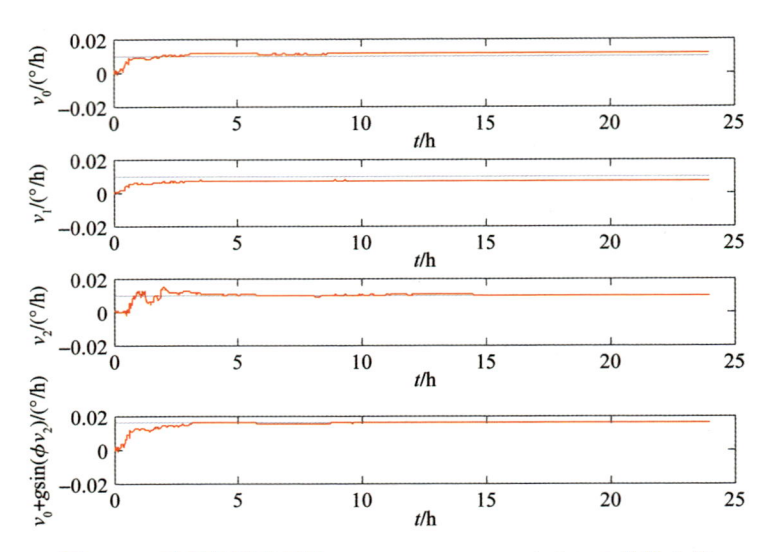

图 3.16　陀螺仪漂移系数 v_0、v_1、v_2、$v_0+g\sin(\phi v_1)$ 估计曲线

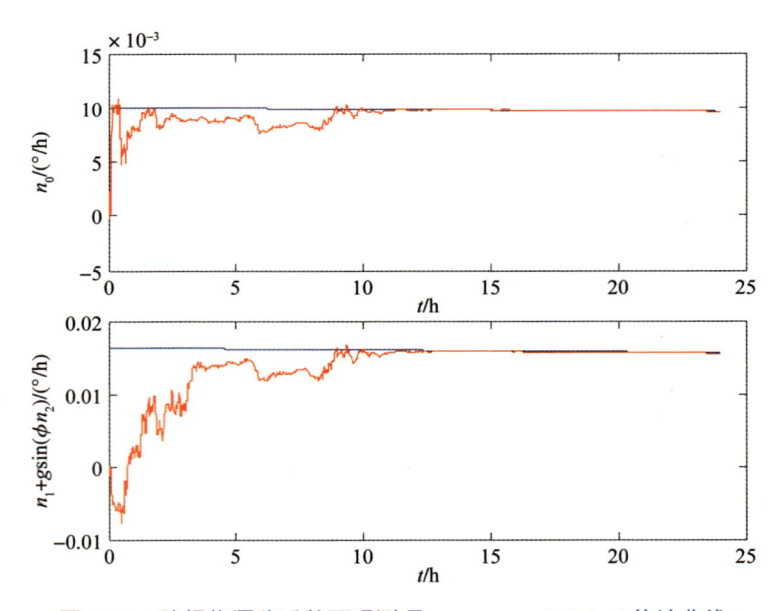

图 3.17　陀螺仪漂移系数可观测项 n_0、$n_1+g\sin(\phi n_2)$ 估计曲线

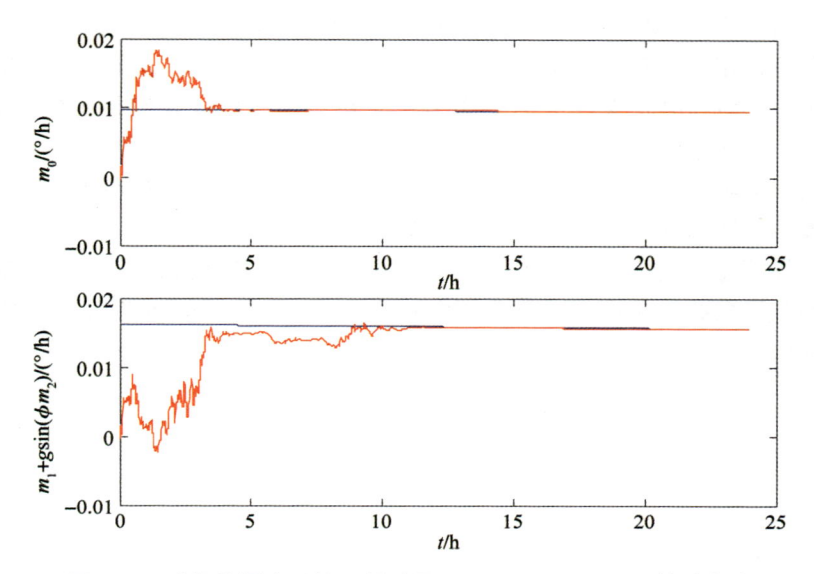

图 3.18　陀螺仪漂移系数可观测项 m_0、$m_1 + g\sin(\phi m_2)$ 估计曲线

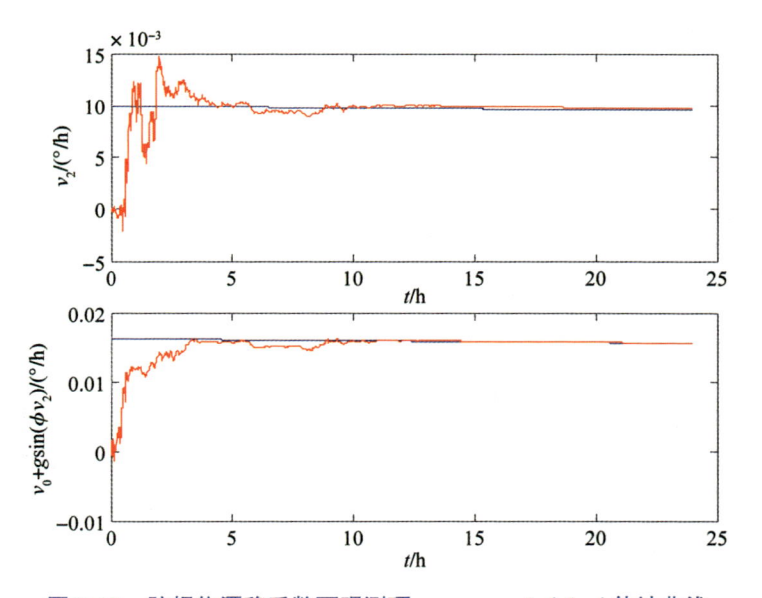

图 3.19　陀螺仪漂移系数可观测项 v_2、$v_0 + g\sin(\phi v_1)$ 估计曲线

当静电陀螺仪采用伺服反馈法标定方案，使稳定平台随动于陀螺仪输出，采用稳定平台的运动微分方程和陀螺仪的漂移模型构建系统方程，采集加速度计的输出为观测值，用广义卡尔曼滤波器对静电陀螺仪的漂移系数进行标定。其标定方案直接以稳定平台运动学作为系统基础，建立卡尔曼滤波器的

过程清晰、简洁、容易理解。以加速度计的输出为观测量，与直接测量平台框架角位移相比，有效减小了观测误差，提高了观测量的精度，进而提高了标定进度。对静电陀螺仪的标定必须建立在对加速度计精确标定的基础上，同时也要求加速度计具有良好的稳定性。

当静电陀螺仪采用系统标定时，在元件误差模型合理简化的基础上根据机械编排的运动方程，建立了系统误差数学模型，设计了适合的卡尔曼滤波器，以外部速度或位置信息作为量测信息，用卡尔曼滤波器估算出陀螺仪逐次启动漂移系数，在相应环节中加以修正、补偿，达到系统长时间高精度工作的要求。

第4章 静电陀螺仪漂移误差抑制技术

4.1 引言

　　静电陀螺仪是惯性导航系统的核心敏感元件，系统长时间导航精度主要取决于静电陀螺仪的漂移误差。实际情况是，由于存在转子质量不平衡和非球形、支承电极腔室的非球形和电极面积不相等、支承系统不等刚度、电极电容测量零偏误差、控制回路参数变化、光电角度传感器测量死区、非线性与输出噪声，以及陀螺仪部件材料剩磁及外部磁场等因素，都会导致产生作用于静电陀螺仪转子上的干扰力矩，引起静电陀螺仪的漂移误差。这些误差因素主要归类为三类误差源：一是转子质量不平衡产生的引力力矩；二是转子非球形与静电支承力相组合产生的静电力矩；三是转子在剩余磁场中高速旋转引起的电磁力矩，以及球腔内剩余气体的阻尼力矩。有效抑制引起静电陀螺仪漂移误差源的影响是提高静电陀螺仪精度的主要措施，本章将介绍旋转调制补偿技术和环境因素控制技术两种误差抑制技术。

　　静电陀螺仪壳体旋转补偿技术可以有效抑制与其壳体相关、作用在转子上的干扰力矩。本章首先介绍壳体旋转方式；其次，分析框架式应用的静电陀螺仪壳体旋转运动关系和壳体旋转的基本机理；再次，分析壳体旋转对磁场干扰力矩、一次静电干扰力矩以及二次静电干扰力矩的调制平均作用；最后，导出带壳体旋转装置的静电陀螺仪漂移误差模型，并通过数值例子，说明壳体旋转技术对提高静电陀螺仪长期工作精度的作用。

　　此外，环境条件也是影响惯性导航系统长期工作性能的重要因素，其中包括设备安装位置的温度、振动与冲击、电磁干扰等。这就要求在系统设计过程中应该采取相应措施，有效抑制环境因素对系统性能的影响。最后，从三个方面讨论静电陀螺仪及其导航系统的环境适应性设计，即温度控制系统、并联缓冲器和电磁兼容性设计。

4.2 旋转调制补偿技术

自 20 世纪中叶，为了有效抑制陀螺仪漂移误差，研究人员设计了一种旋转调制技术，用于自动补偿陀螺仪系统漂移误差。经过不断完善发展，目前，在长航时、高精度惯性导航系统中，旋转调制技术已经获得了广泛而成功的应用。例如，在基于静电陀螺仪设计的静电陀螺监控器系统、静电陀螺惯性导航系统，以及基于光学陀螺仪捷联式激光或光纤陀螺仪罗经、惯性导航系统中应用最为普遍。

4.2.1 旋转调制方式

按照实现方式，旋转调制可分为台体旋转调制和壳体旋转调制。按照旋转策略，调制旋转可分为连续旋转调制和断续旋转调制。

4.2.1.1 台体旋转调制

台体旋转调制可应用于具有框架结构的捷联式惯性导航设备、平台式惯性导航设备。可以将捷联式惯性导航设备中的惯性测量单元（Intertial Measurement Unit，IMU）或者平台式惯性导航设备中安装有陀螺仪加速度计的物理台体按照固定轴进行旋转调制，对陀螺仪和加速度计等惯性导航元件与其壳体相关的误差源影响进行调制平均，以提高设备整体性能。

1. 捷联式惯性导航 IMU 单轴旋转

美国 Sperry Marine 公司主持研制的船用 MK39 mod3C 型激光陀螺仪惯性导航系统采用了单轴旋转调制技术，其捷联式惯性测量单元（IMU）由三只激光陀螺仪和三只石英挠性加速度计组成，正交安装在单轴转台上。转台按照一定的次序循环旋转，使得 IMU 的常值误差源对输入信号的测量误差在转台一个旋转周期内的平均值为零。为了达到"平均值为零"的目标，在设计捷联式 IMU 旋转装置时，必须同时考虑旋转装置本身的旋转运动和外部运动引起的 IMU 测量误差。

单轴旋转装置的原理示意图，如图 4.1 所示。捷联式 IMU 固定在单轴分度转台上，转台的旋转轴与运载体甲板垂直。一般情况下，工作时转台带动

IMU 进行断续多位置旋转，由 0°→90°→180°→270°→360°→270°→180°→90°→0°反复旋转，在每个位置停留时间为 $T/4$，其中，T 为旋转调制周期。定义惯性测量装置的三轴速度陀螺仪组件和三轴加速度计组件坐标系分别为 $x_G y_G z_G$（G 系）与 $x_a y_a z_a$（a 系），各坐标轴分别与陀螺仪和加速度计的敏感轴一致。由于存在安装误差角，通常 G 系和 a 系均是非正交坐标系。令 IMU 的基座（转台）坐标系为 $x_s y_s z_s$（s 系），则 z_s 轴与转台的旋转轴重合，并且在初始时刻 x_s 轴与载体纵轴一致、指向艏向，y_s 轴与载体横轴一致、指向右舷。

实际应用结果表明，对惯性测量组件进行单轴旋转调制时，可以有效调制敏感轴正交于旋转轴的陀螺仪和加速度计的零偏、标度因数非线性、安装误差等参数，但敏感轴正交于旋转轴陀螺仪无效。为此，研究人员又设计了双轴旋转策略。

2. 捷联式惯性导航 IMU 双轴旋转

为了将捷联式惯性测量装置的三轴惯性仪表都进行旋转平均，则需要采用更加复杂的双轴旋转调制技术。双轴旋转装置的原理示意图，如图 4.2 所示。

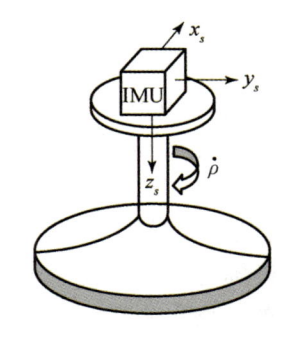

图 4.1　单轴旋转装置示意图　　图 4.2　双轴旋转装置示意图

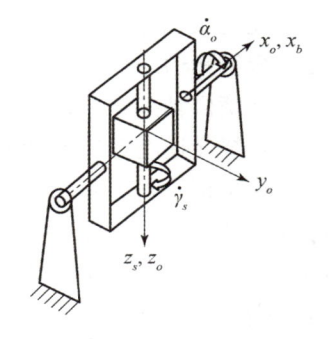

双轴旋转装置中引入正交的两根转轴，其中，一根为横滚轴 x_o，另一根为方位轴 z_s，惯性测量装置安装在台体上。其中，$x_o y_o z_o$（o 系）为外框坐标系，$x_s y_s z_s$（s 系）为台体坐标系。x_o 轴与载体横滚轴一致，z_o 轴与方位轴 z_s 重合。x_o 轴绕运载体纵轴 x_b 的转角为 α_o，z_s 轴绕 O 型框架的 z_o 轴的转角为 γ_s，且当 $\gamma_s = 0$ 时，s 系和 o 系重合。

实际应用结果表明，对惯性测量组件进行双轴旋转调制时，可以有效调制所有三个陀螺仪和加速度计的零偏、标度因数非线性、安装误差等参数，可显著抑制惯性元件误差水平，对于提高系统长期精度更有效。美国 Sperry Marine 公司主持研制的 MK49 型船用激光陀螺仪惯性导航系统即采用双轴旋转调制技术，相较 MK39 mod3C 型单轴系统精度明显更高。目前，已经开始研制三轴旋转调制的光学捷联式惯性导航设备。

3. 平台式惯性导航台体旋转

美国 Autonatics 公司的 ESGN 系统采用台体旋转技术，采用断续旋转策略，以平均陀螺仪和加速度计与壳体相关的缓慢变化误差。台体旋转次序如图 4.3 所示。

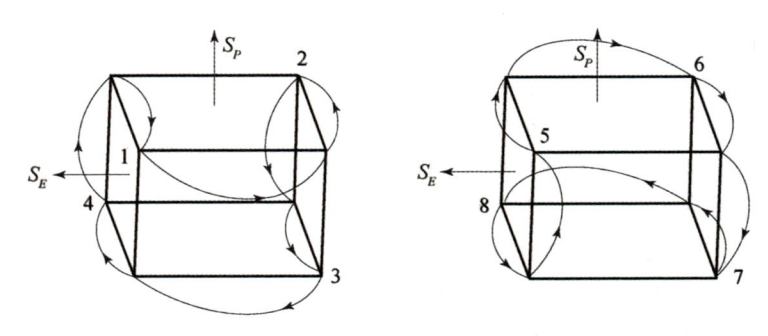

图 4.3　静电惯性导航台体旋转次序

次序 1：先绕极轴陀螺仪自转轴旋转 180°，停止 2min。
次序 2：再绕赤道陀螺仪自转轴旋转 180°，停止 2min。
次序 3：又绕极轴陀螺仪自转轴旋转 -180°，停止 2min。
次序 4：再绕赤道陀螺仪自转轴旋转 -180°，停止 2min。
次序 5~次序 8：反向旋转台体，循环不已。
图中，S_P、S_E 分别代表极轴陀螺仪和赤道陀螺仪自转轴方向。

很明显，采用平台台体旋转技术，台体沿极轴陀螺仪自转轴旋转时，赤道陀螺仪的壳体是围绕赤道平面的一根轴旋转的；反之亦然。这就要求所用静电陀螺仪的测角传感器必须是 360°大角度输出的，否则，台体沿一个陀螺仪的主轴旋转 180°时，另一只陀螺仪就没有准确的角度输出，导致系统不能正常运行。Autonatics 公司采用了转子径向质量不平衡调制支承电极电压，可通过坐标分解获得转子相对电极壳体的全姿态输出，这对静电陀螺仪的研制提出了更高的要求。

此外，台体旋转调制技术也应用于半解析式平台式惯性导航系统，如俄罗斯研制 Ладога 惯性导航设备利用平台旋转调制技术，其物理平台坐标系通过稳定回路和修正回路始终跟踪当地地理坐标系，引入台体旋转调制后使台体坐标系绕其垂向轴连续旋转，可以将与台体相关的干扰力矩引起的水平陀螺仪（东向陀螺仪、北向陀螺仪）漂移进行调制平均，提高惯性导航设备输出精度。这种平台式惯性导航台体旋转调制等效于捷联式惯性导航 IMU 单轴旋转调制,可以有效补偿敏感轴正交于旋转轴的陀螺仪漂移误差,而对敏感轴平行于旋转轴的陀螺仪漂移无法调制平均,需要采用其他方式对误差进行补偿。

另外,在基于液浮陀螺仪设计的半解析式系统中,由于液浮陀螺仪力矩器限制,不适合施加满足高速进动的角速度,故台体旋转的周期不能过短。但是,为了达到良好的旋转调制效果,台体旋转的周期不宜过长,否则会降低对低频段随机误差的调制平均效果,需要折中设计旋转调制周期,这在一定程度上限制了旋转调制技术在台体旋转方面的应用,为此,研究人员设计了元件级壳体旋转方案。

4.2.1.2 壳体旋转调制

壳体旋转调制技术已经广泛应用于不宜施矩的陀螺仪,如静电陀螺仪,可以提高其等效的漂移精度,进而提供静电惯性系统精度。壳体旋转调制技术可分为陀螺仪壳体连续旋转调制技术和壳体多位置断续旋转调制技术。应用结果表明,连续旋转方式一般会产生附加的圆锥运动误差,通常更适用于双轴框架平台,如静电陀螺监控器上、下陀螺仪分平台。静电陀螺惯性导航系统的稳定平台一般具有三个以上的旋转自由度,为了避免产生附加圆锥运动误差,一般采用陀螺仪壳体断续旋转方式。

1. 壳体连续旋转

俄罗斯中央电气研究所研制的静电陀螺监控器系统,在水平复式平台的上、下部分各有由高度环和方位环构成的双轴框架分平台,每个分平台上安装一个 Д–15 型静电陀螺仪,按照动量矩指向,上分平台上的陀螺仪称为极轴陀螺仪,下分平台的陀螺仪称为赤道陀螺仪。为了平均极轴、赤道陀螺仪与壳体有关的干扰力矩,分别由伺服电动机通过减速器装置驱动两个陀螺仪的壳体相对转子主轴连续同步旋转,旋转速度为 1r/4min。其中,采用模拟式壳体连续旋转自动补偿装置,工作原理示意图如图 4.4 所示,主要包括角度随动系统和恒速驱动系统。角度随动系统又包括伺服电动机(通过齿轮驱动静电陀螺仪壳体旋转)、旋转变压器及伺服放大器。其中,恒速驱动系统放置在平台电控柜内。

这种模拟式壳体连续旋转自动补偿工作原理如下。

首先,将电动机–测速机组的测速电压和速度给定器信号电压进行比较后产生的差值信号加到伺服放大器输入端,其输出送给电动机控制绕组,是电动机恒速转动。转速大小由速度给定装置的信号值确定。

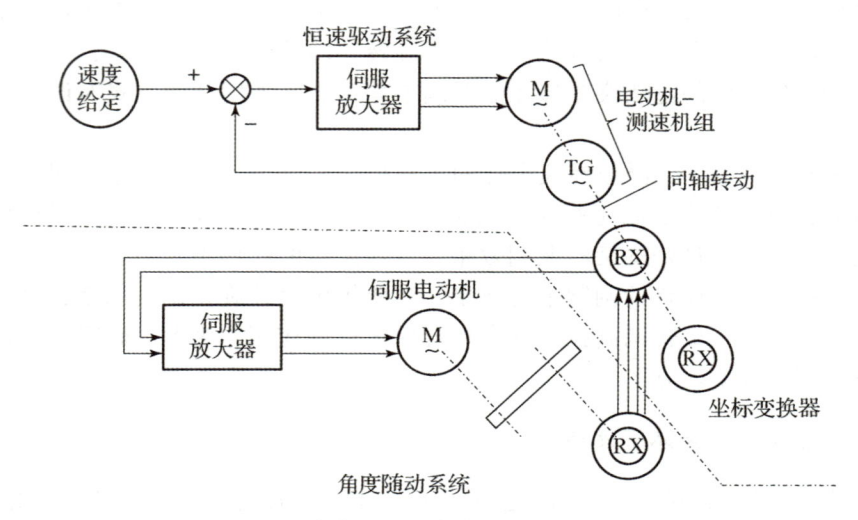

图 4.4　壳体连续旋转装置原理示意框图

其次，在电动机上同轴安装了旋转变压器（位置传感器，作为误差信号），作为自动补偿驱动接收机，安装在陀螺仪壳体上的旋转变压器的信号电压加到旋转变压器的定子绕组。其转子绕组输出信号代表陀螺仪壳体轴和恒速驱动电动机轴之间的失调角，并送入角度随动系统的伺服放大器。后者的输出信号加到伺服电动机的控制绕组，以通过齿轮减速驱动壳体与旋转变压器转子一同旋转，直到与恒速驱动电动机轴上的旋转变压器接收机位置相匹配。因为恒速驱动电动机轴上的旋转变压器接收机是恒速转动的，所以陀螺仪壳体也以同样速度转动。

除了旋转变压器，还有旋转变压器（用作模拟坐标变换器）与恒速驱动系统的电动机-测速机组同轴连接。旋转变压器作为平台框架伺服系统的信号坐标变换器。它的角度被传送到数字计算机，对陀螺仪输出的角度信号进行坐标分解，以实现框架伺服系统的解耦控制。

这种系统采用的是纯模拟技术，机电元件多，结构复杂，只能实现壳体连续旋转运动，而且控制精度不高。随着数字控制技术的普遍应用，壳体旋转控制精度会逐渐提高，控制策略也可以出现更多方式。例如，针对双陀螺仪连续旋转方案，可以进一步扩展进行同速同向、异速同向、同速反向、异速反向旋转调制，保证两个陀螺仪的旋转策略存在差异，是提高整个系统可观测性的有效途径之一。根据静电陀螺仪的设计特点及应用特性，结合陀螺仪壳体旋转调制自补偿技术，通过在旋转壳体上引入改进措施，可以在随动框架各轴的运动中引入有规律的机械运动，进一步降低框架各轴上的干扰力矩对系统精度影响，实现陀螺仪漂移的二次补偿。

2. 壳体双位置断续旋转

美国 Autonatics 分公司和俄罗斯的中央电气仪表研究所设计的静电陀螺仪壳体旋转策略不同，其采用两位置转停的断续旋转策略，壳体旋转角随时间变化曲线是周期性曲线，如图 4.5（a）所示。中央电气仪表研究所设计的旋转策略沿着一个方向连续旋转，壳体旋转角是无界增长的直线，如图 4.5（b）所示，此时，对导电盘的可靠性提出较高要求。

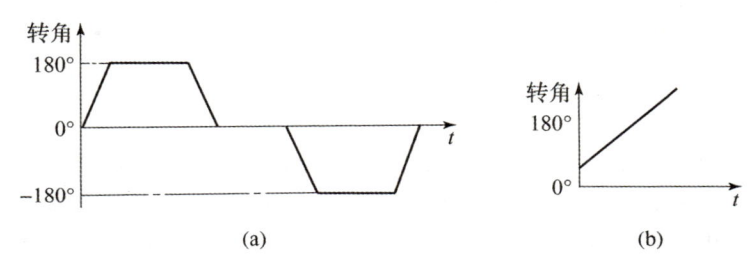

图 4.5　陀螺仪壳体旋转角变化曲线

静电陀螺仪壳体双位置旋转策略如下：陀螺仪壳体绕其旋转轴按照 0°→180°→360°→180°→0°次序往复旋转。在壳体旋转过程中，在 0°（360°）和 180°位置上分别停止 2min，旋转平均速度为 3°/s。壳体旋转速度 $\dot{\rho}(t)$ 为分段常值函数。$\dot{\rho}(t)$ 和 $\rho(t)$ 的时间变化曲线，如图 4.6 所示。

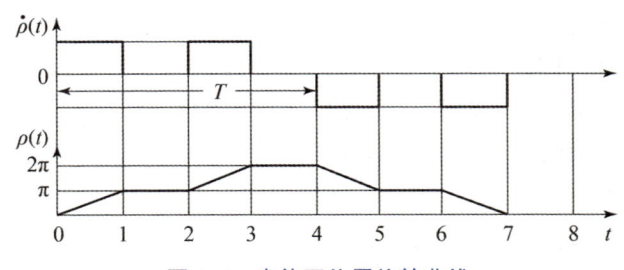

图 4.6　壳体双位置旋转曲线

3. 壳体四位置断续旋转

与美国 Autonatics 分公司的类似，采用四位置转停的断续旋转方案，采用 0°、90°、180°、270°四位置正反断续转停控制策略，壳体旋转角也是随时间周期性变化。

静电陀螺仪壳体四位置翻滚方式如下：陀螺仪壳体绕其旋转轴按照 0°→90°→180°→270°→360°→270°→180°→90°→0°次序往复翻滚。翻滚过程中，在

0°（360°）、90°、180°、270°四位置上分别停止30s，翻滚平均速度为3°/s。

壳体旋转速度$\dot{\rho}(t)$为分段常值函数。$\dot{\rho}(t)$和$\rho(t)$的时间变化曲线，如图4.7所示。

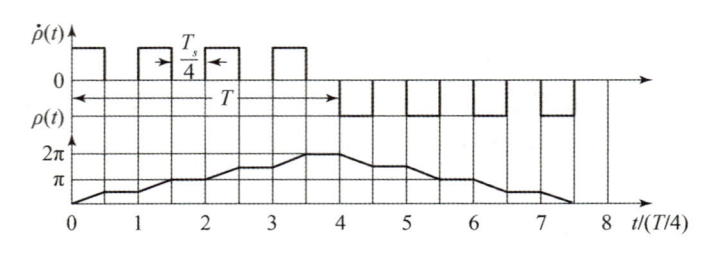

图4.7　壳体四位置旋转曲线

实际应用表明，采用壳体四位置旋转调制策略，可以保证壳体旋转角ρ的各次谐波正弦项、余弦项，以及它们的交叉积在这个旋转调制周期T内的积分全部等于零，因此，静电陀螺仪二次型漂移误差模型经过四位置壳体断续旋转的调制平均漂移角度与壳体连续旋转方式的效果一致。但是，由于多位置断续旋转可以实现陀螺仪壳体对称正方转，因此圆锥运动附加的漂移角度正、反方向抵消，可以有效平均掉圆锥运动角速度的影响，与壳体连续旋转相比，就是多位置断续旋转的优势所在，同时，在壳体旋转装置设计上不需要应用导电环，可有效改善陀螺仪可靠性。

此外，随着数字控制技术的普遍应用，针对双陀螺仪断续旋转策略，可以进一步扩展进行同步转停、异步转停、交替转停，特别是在两个陀螺仪壳体交替转停时，可以减小陀螺仪壳体旋转引起的平台空间牵连运动。也可以进一步开展混合旋转方案研究，如极轴陀螺仪采用连续旋转，赤道陀螺仪采用转停控制方案等。

4.2.1.3　壳体旋转控制系统

下面介绍一种利用数字控制技术实现的壳体旋转伺服系统，其原理框图如图4.8所示。图中，壳体旋转装置由计算机发送脉冲序列控制光电编码器转角伺服系统和光电编码器伺服系统组成。通过精密齿轮减速器驱动静电陀螺仪的壳体转动。壳体转动速度由光电编码器线数及参考脉冲频率决定。由于该系统是速度积分控制，所以转速与参考脉冲频率严格成正比。这在原理上与所谓的"积分式自动驱动方式"是一样的，壳体旋转的精度较高。

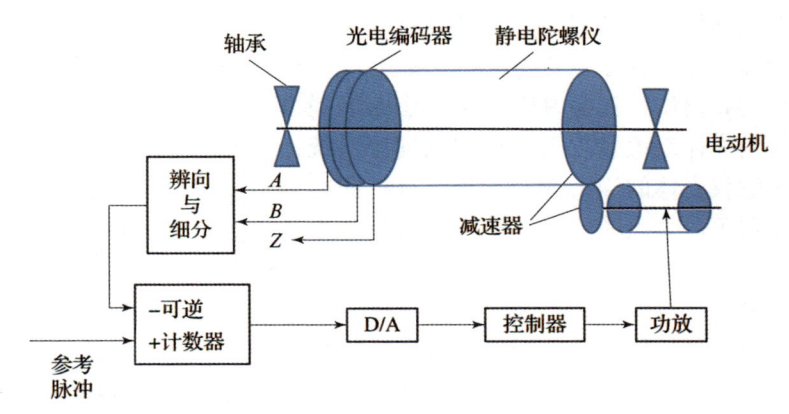

图 4.8　数字式壳体旋转装置原理

脉冲数字控制系统与纯模拟式控制系统相比较，整套装置只采用一台电动机和一个光电编码器组成驱动系统，省去了三个旋转变压器即测速机反馈恒速驱动系统。同时，由于采用了数控原理，陀螺仪输出的光电传感器测角信号可以通过数字方法进行坐标变换，以实现陀螺仪平台的解耦控制。具体方法如下：

首先，将顶端光电传感器输出的正弦信号与赤道光电传感器输出的方波参考信号输入相敏解调器、A/D 转换器后送入数字控制器，进行数字分解后得到反映绕陀螺仪壳体坐标轴的转角信号 X 和 Y。其次，在数字控制器内，根据陀螺仪壳体旋转角 ρ 对顶端光电传感器分解信号 X 和 Y 进行坐标变换，即可得陀螺仪动量矩矢量相对平台台体坐标系的转角信号为

$$\begin{cases} \alpha = X\cos\rho + Y\sin\rho \\ \beta = -X\sin\rho + Y\cos\rho \end{cases} \quad (4.1)$$

式中：X，Y 为陀螺仪顶端传感器误差信号在壳体坐标系上的投影，即分解信号；α，β 为陀螺仪顶端传感器误差信号在台体坐标系上的投影。

1. 壳体旋转自补偿系统

陀螺仪壳体旋转自补偿系统是保证陀螺仪壳体以恒定速度绕陀螺仪转子旋转轴向匀速旋转，以消除陀螺仪漂移及扰动所产生的误差。陀螺仪壳体旋转自补偿系统根据其功能主要由稳速旋转系统、自补偿系统和位置读出系统三个部分构成。其中，稳速旋转系统和自补偿系统都是典型的伺服控制系统，由伺服放大器、交流伺服电动机、减速器、反馈元件、比较元件组成。

陀螺仪壳体旋转自补偿系统的主要功能是通过稳速旋转系统产生恒定的旋转轴系，该轴系为自补偿系统、减速器随动系统及 ρ 角读数系统提供外部输入信号。自补偿系统在稳速系统的作用下，保证陀螺仪壳体绕陀螺仪转子

旋转轴向匀速转动。通过测量陀螺仪壳体相对于其动量矩轴方向的偏移量，经计算消除由陀螺仪漂移的固定分量和缓慢变化分量所引起的误差。ρ 角位置读出系统将 ρ 角位置变换为数字量，提供给计算机。

传统的壳体翻滚装置采用模拟式伺服系统，机电元件多，结构复杂，仅能实现陀螺仪壳体的连续翻滚运动，且控制精度不高。而采用数字伺服控制系统，不仅可以大大简化系统结构，而且能够灵活地实现不同的壳体翻滚运动方式，并显著提高伺服控制精度。本节介绍一种全闭环结构、数字控制的壳体翻滚系统，可以同时控制两个陀螺仪的壳体翻滚运动。控制系统采用一块芯片的两个事件管理器分别控制两台无刷直流电动机，采用绝对式光电编码器实现角位移检测，借助于 DSP 芯片的高速运算能力实现运动轨迹规划、实时控制、电子换向和数据通信等功能。

壳体翻滚装置包括受控对象（圆柱形陀螺仪本体）、光电编码器测角传感器、自带行星齿轮减速的无刷直流电动机、末级小模数齿轮对减速器，以及螺旋膜导电盘。其中，行星齿轮加小模数齿轮对的减速比大于 8000∶1，输出轴上的摩擦力矩主要由电动机端决定。仿真的摩擦力矩仍采用 LuGre 模型。

2. 闭环控制系统

壳体转角闭环控制系统采用电流环和位置环的双环路控制。电流环采用 PI 控制，通频带足够宽，使得输出电流严格跟踪输入电流信号变化。但是，考虑减速器的传动间隙对系统稳定性的影响，位置环不宜采用 PID 控制器，以避免系统频繁启停和正反转瞬间出现超调振荡。因此，实施时只好采用 PD 控制器，从而限制了系统开环放大倍数。

壳体翻滚装置采用全闭环的控制方案，利用光电编码器的反馈位移与轨迹规划值的偏差作为控制的输入。为了克服传动间隙对稳定性的影响，位置环控制器采用相位超前网络，取消积分校正，使伺服系统为 I 型系统。具有位置环的伺服系统的传递函数框图如图 4.9 所示。

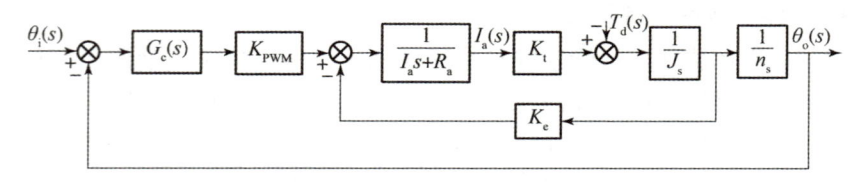

图 4.9 传递函数框图

图 4.9 中，K_{PWM} 为壳体翻滚电路的功率放大器电路增益，电机功放电路采用 24V 供电，控制器的输出为占空比。

控制器采用超前校正 + 惯性环节的形式。惯性环节主要为了滤除系统输出中的高频噪声。壳体翻滚控制系统的技术要求是：系统的闭环带宽不小于 5Hz，系统的相位裕量不小于 50°，匀速阶段的角度跟踪误差小于 2 个脉冲，壳体翻滚的稳态误差小于 1%。控制器的传递函数可表示为

$$G_c(s) = K \frac{s + \frac{1}{T_1}}{s + \frac{1}{\alpha T_1}} \frac{1}{s + \frac{1}{T_2}} \tag{4.2}$$

调整参数控制器参数 α、T_1 和 T_2，使控制系统满足上述指标要求。

壳体的连续旋转可将与陀螺仪壳体相关的漂移误差力矩由单调的时间函数调制成有限幅值的周期性函数，该周期函数在一个周期的平均值为零，从而达到补偿陀螺仪常值漂移误差的目的。壳体翻转轨迹如图 4.10 所示。理想的角度曲线应是正反转过程完全对称的。

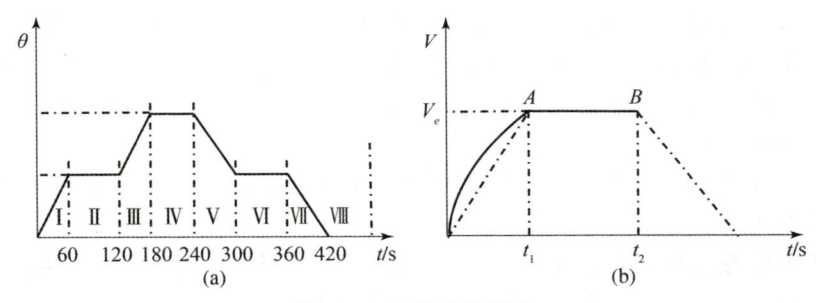

图 4.10 壳体翻转轨迹

壳体翻滚采用先加速后匀速再减速的速度曲线，理想的壳体翻滚曲线应具有较快的响应速度，停止时无超调，速度变化趋势合理，伺服系统具有较高的角度跟踪精度。通常可以用常值加速度、正弦加速度及指数加速度曲线来构造壳体的运动轨迹。下面就以指数加速度来构造壳体轨迹算法。

壳体翻滚过程的速度曲线包括加速、匀速、减速三个阶段，当采用指数加/减速曲线规划壳体运动轨迹时，得到的速度曲线如图 4.10（b）所示。与采用恒加速度曲线进行轨迹规划相比，应用指数加速度规划的运动轨迹具有加/减速阶段响应快、动态跟踪误差小的特点。

设稳态速度为 v_{ss}，则采用指数加速度时的转速算法如下：

$$\begin{cases} v(t) = v_{ss}(1 - e^{-t/T_1}) & ,0 < t \leqslant t_1 \\ v(t) = v_{ss} & ,t_1 < t \leqslant t_2 \\ v(t) = v_{ss} e^{-t/T_1} & ,t_2 < t \leqslant 60 \end{cases} \tag{4.3}$$

当壳体旋转一周时，12 位分辨率的编码器脉冲计数值变化范围为 4096。因此，对于图 4.10（a）中的 I 区有

$$\int_0^{t_1} \nu_{ss}(1-\mathrm{e}^{-t/T_1})\mathrm{d}t + \int_{t_1}^{t_2} \nu_{ss}\mathrm{d}t + \int_{t_2}^{60} \nu_{ss}\mathrm{e}^{-t/T_1}\mathrm{d}t = 2048 \quad (4.4)$$

取过渡过程的时间常数 $T_1 = 0.2\mathrm{s}$，加/减速时间 $t_1 = 1\mathrm{s}$，$t_2 = 59\mathrm{s}$，由式（4.4）可得 $\nu_{ss} = 34.7119$ 脉冲/s。式（4.5）给出了壳体正转 $0°\sim 180°$ 的轨迹算法，对于壳体正转 $180°\sim 360°$，反转过程中 $360°\sim 180°$ 及 $180°\sim 0°$ 的轨迹可同理得到：

$$\begin{cases} x(t) = 34.7119t + 6.9424(\mathrm{e}^{-5t}-1), & 0 < t \leqslant 1 \\ x(t) = 27.7695 + 34.7119(t-1), & 1 < t \leqslant 59 \\ x(t) = 2048 - 6.9424(1-\mathrm{e}^{-5(60-t)}), & 59 < t \leqslant 60 \end{cases} \quad (4.5)$$

在双陀螺仪配置的惯性系统中，若两个陀螺仪均采用壳体旋转自补偿方案，则可采用以下几种。

（1）连续旋转方案：两个陀螺仪可以连续同速同向、异速同向、同速反向、异速方向旋转。特别是在两个陀螺仪转速不同时，可以增加观测量。

（2）断续旋转方案：两个陀螺仪可以断续同步转停、异步转停、交替转停，特别是在两个陀螺仪壳体交替转停时，可以减小陀螺仪壳体旋转引起的平台空间牵连运动。

（3）混合旋转方案：如极轴陀螺仪采用连续旋转，赤道陀螺仪采用转停控制方案等。

静电陀螺仪在导航系统（惯性系统级）中应用时，为了提高陀螺仪的长时期使用精度，通常都采用壳体旋转自补偿装置。

4.2.2 旋转调制运动分析

在基于静电陀螺仪设计的惯性系统中，静电陀螺仪均安装在双轴或多轴稳定平台上，平台伺服系统能够精确跟踪静电陀螺仪相对惯性空间的运动，保持顶端光电传感器输出始终为零。当静电陀螺仪进行壳体旋转调制时，安装在陀螺仪壳体上的光电传感器将随着壳体旋转一起运动。

如果陀螺仪壳体旋转轴与顶端光电传感器敏感轴完全对准，则壳体旋转时光电传感器无测角信号输出，平台伺服系统不会产生附加的运动。实际上，陀螺仪壳体旋转轴与光电传感器敏感轴之间不可能完全安装对准，此时，当壳体旋转时，光电传感器敏感轴将相对转子主轴出现失调角，而平台框架伺服系统根据该失调角信息，控制驱动框架带动陀螺仪壳体一起转动，使得顶端光电传感器敏感轴始终跟踪转子动量矩轴。当陀螺仪壳体旋转轴与光电传感器敏感轴存在偏角 θ 时，由于平台框架伺服系统的作用，光电传感器敏感轴仍然会精确跟踪转子动量矩轴。此时，陀螺仪壳体相对转子主轴的旋转运动将是壳体相对平台台体的相对运动和台体相对惯性空间的牵连运动的复合运动，该运动在空间表现为陀螺仪壳体旋转轴相对转子动量矩进行锥运动，运动幅度与壳体旋转轴和光电传感器敏感轴之间的偏角有关，运动周期与壳体旋转周期一致。

为了分析静电陀螺仪壳体旋转时产生的各个运动分量之间的关系，定义下列4个相关的坐标系。

（1）基座坐标系 $\xi_1\xi_2\xi_3$，其中，ξ_1 轴沿着平台的外环轴。

（2）平台台体坐标系 $\eta_1\eta_2\eta_3$，其中，η_2 轴沿着平台的内环轴。

（3）陀螺仪壳体坐标系 $X_1X_2X_3$，其中，X_3 为壳体旋转轴，且与 η_3 轴一致。

（4）光电传感器坐标系 $\zeta_1\zeta_2\zeta_3$，其中，ζ_3 为光电传感器测量轴，沿转子主轴（动量矩矢量）方向。

上述坐标系之间的几何关系如图4.11所示。图中，α、β 分别为平台外环轴和内环轴的转角；ϕ 为静电陀螺仪壳体旋转角；$\dot{\alpha}$、$\dot{\beta}$、$\dot{\phi}$ 分别为它们的角速度矢量。

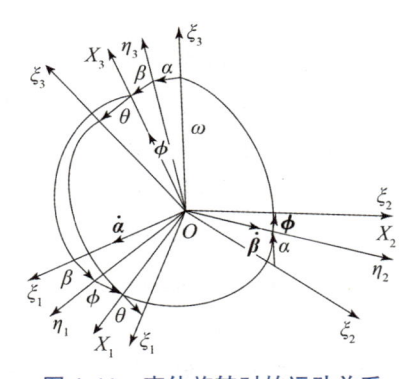

图 4.11　壳体旋转时的运动关系

静止基座坐标系 $\xi_1\xi_2\xi_3$ 到平台（台体）坐标系 $\eta_1\eta_2\eta_3$，以及台体坐标系 $\eta_1\eta_2\eta_3$ 到光电传感器坐标系 $\zeta_1\zeta_2\zeta_3$ 的坐标变换关系式为

$$\begin{bmatrix} \eta_1 \\ \eta_2 \\ \eta_3 \end{bmatrix} = \begin{bmatrix} \cos\beta & \sin\beta\sin\alpha & -\sin\beta\cos\alpha \\ 0 & \cos\alpha & \sin\alpha \\ \sin\beta & -\cos\beta\sin\alpha & \cos\beta\cos\alpha \end{bmatrix} \begin{bmatrix} \xi_1 \\ \xi_2 \\ \xi_3 \end{bmatrix} \qquad (4.6)$$

$$\begin{bmatrix} \zeta_1 \\ \zeta_2 \\ \zeta_3 \end{bmatrix} = \begin{bmatrix} \cos\theta\cos\phi & \sin\theta\sin\phi & -\sin\theta \\ -\sin\phi & \cos\phi & 0 \\ \sin\theta\cos\phi & -\sin\theta\sin\phi & \cos\theta \end{bmatrix} \begin{bmatrix} \eta_1 \\ \eta_2 \\ \eta_3 \end{bmatrix} \qquad (4.7)$$

假设基座是静止的，且静电陀螺仪没有漂移速度，那么，平台台体运动角速度和陀螺仪壳体运动角速度在台体坐标系中可分别表示为

$$(\dot{\alpha}\cos\beta \quad \dot{\beta} \quad \dot{\alpha}\sin\beta)^{\mathrm{T}} 和 (\dot{\alpha}\cos\beta \quad \dot{\beta} \quad \dot{\alpha}\sin\beta + \dot{\phi})^{\mathrm{T}} \qquad (4.8)$$

壳体运动角速度在光电传感器坐标系中可表示为

$$\begin{bmatrix} \omega_{\zeta 1} \\ \omega_{\zeta 2} \\ \omega_{\zeta 3} \end{bmatrix} = \begin{bmatrix} \cos\theta\cos\phi & \cos\theta\sin\phi & -\sin\theta \\ -\sin\phi & \cos\phi & 0 \\ \sin\theta\cos\phi & \sin\theta\sin\phi & \cos\theta \end{bmatrix} \begin{bmatrix} \dot{\alpha}\cos\beta \\ \dot{\beta} \\ \dot{\alpha}\sin\beta + \phi \end{bmatrix} \qquad (4.9)$$

由于平台框架伺服系统的作用，光电传感器敏感轴始终对准跟踪转子动量矩矢量方向，壳体运动角速度沿 ζ_1 轴和 ζ_2 轴的角速度分量应该等于零，因此，由式（4.9）可得

$$\begin{cases} \cos\phi\dot{\alpha}\cos\beta + \sin\phi\dot{\beta} = \tan\theta(\dot{\alpha}\sin\beta + \dot{\phi}) \\ -\sin\phi\dot{\alpha}\cos\beta + \cos\phi\dot{\beta} = 0 \\ \omega_{\zeta 3} = \sin\theta\cos\phi\dot{\alpha}\cos\beta + \sin\theta\sin\phi\dot{\beta} + \cos\theta(\dot{\alpha}\sin\beta + \dot{\phi}) \end{cases} \qquad (4.10)$$

将式（4.10）中的第一式与 $\sin\phi$ 的乘积加上第二式与 $\cos\phi$ 的乘积后，可得

$$\dot{\beta} = \sin\phi\tan\theta(\dot{\alpha}\sin\beta + \dot{\phi}) \qquad (4.11)$$

再将式（4.11）代入式（4.10）的第二式，可得

$$(\cos\beta - \cos\phi\tan\theta\sin\beta)\dot{\alpha} = \cos\phi\tan\theta\dot{\phi} \qquad (4.12)$$

实际上，光电传感器安装偏差角 θ 只有几个角分，且 α 和 β 均是小角度值，略去二阶以上小量后，可将式（4.11）和式（4.12）线性化为

$$\begin{cases} \dot{\beta} = \dot{\phi}\sin\phi\tan\theta \\ \dot{\alpha} = \dot{\phi}\cos\phi\tan\theta \end{cases} \qquad (4.13)$$

将式（4.13）中两个等式的两边平方相加，可得

$$\dot{\alpha}^2 + \dot{\beta}^2 = (\dot{\phi}\tan\theta)^2 \qquad (4.14)$$

式（4.14）是一个圆的方程，其圆心在坐标原点，由于偏差角 θ 为小角度，该圆的半径约等于 $\dot{\phi}\theta$。因此，当 $\theta = 0$ 或者 $\dot{\phi} = 0$ 时，平台的内环轴、外环轴将保持不动。当 $\theta \neq 0$ 或者 $\dot{\phi}$ 为常值时，α、β 随时间 t 呈正、余弦函数变化，即满足

$$\alpha = \alpha_0 + \theta\sin(\dot{\phi}t) \qquad (4.15)$$

$$\beta = \beta_0 - \theta\cos(\dot{\phi}t) \qquad (4.16)$$

式中：α_0，β_0 表示 α，β 的初值。

将式（4.13）代入式（4.10）的第三式，略去二阶以上小量，可得陀螺仪壳体绕转子动量矩轴的旋转角速度为

$$\omega_{\zeta 3} = \dot{\phi}\sin\theta\tan\theta + \dot{\phi}\cos\theta = \frac{\dot{\phi}}{\cos\theta} \qquad (4.17)$$

通过以上分析可知：

（1）理想情况下，顶端光电传感器安装偏差角 θ 为零，即壳体旋转轴与光电传感器敏感轴完全一致时，平台内、外环轴不受陀螺仪壳体旋转的影响，将保持原位不动。

（2）当光电传感器安装偏差角 θ 不为零时，平台内、外环轴在陀螺仪壳体旋转的影响下将在原长周期（如地球自转周期）运动基础上叠加短周期的正余弦摇摆运动，该运动摇摆幅值等于光电传感器安装偏差角，摇摆周期等于壳体旋转周期。

（3）框架式（平台式）应用静电陀螺仪的壳体做旋转运动时，壳体围绕转子主轴的旋转角速度等于壳体相对台体的旋转角速度 $\dot{\phi}$ 除以光电传感器偏差角 θ 的余弦。

下面分析图 4.5 所示的壳体连续旋转和两种壳体旋转角的时间曲线。

当壳体连续旋转时，对应于图 4.5（b）所示的连续旋转曲线，旋转角为 $\phi = \dot{\phi}t$，因此，在一个旋转调制周期内，壳体旋转角的正弦函数和余弦函数的时间平均值分别为

$$\langle \sin\phi \rangle = \frac{1}{2\pi}\int_0^{2\pi} \sin\phi \mathrm{d}\phi = \frac{1}{2\pi}\int_0^{2\pi} \sin\dot{\phi}t \mathrm{d}(\dot{\phi}t) = 0 \tag{4.18}$$

$$\langle \cos\phi \rangle = \frac{1}{2\pi}\int_0^{2\pi} \cos\phi \mathrm{d}\phi = 0 \tag{4.19}$$

当壳体对于图 4.5（a）所示的双位置旋转曲线，旋转角可以表示为

$$\phi = \begin{cases} \dfrac{\pi}{\Delta t_1} & ,0 \leqslant t \leqslant \Delta t_1 \\ \pi & ,\Delta t_1 \leqslant t \leqslant \Delta t_1 + \Delta t_2 \\ \pi + \dfrac{\pi}{\Delta t_1}[t - (\Delta t_1 + \Delta t_2)] & ,\Delta t_1 + \Delta t_2 \leqslant t \leqslant 2\Delta t_1 + \Delta t_2 \\ 2\pi & ,2\Delta t_1 + \Delta t_2 \leqslant t \leqslant 2(\Delta t_1 + \Delta t_2) = \dfrac{T}{2} \\ 2\pi - \dfrac{\pi}{\Delta t_1}\left[t - \dfrac{T}{2}\right] & ,\dfrac{T}{2} \leqslant t \leqslant \dfrac{T}{2} + \Delta t_1 \\ \pi & ,\left(\dfrac{T}{2} + \Delta t_1\right) \leqslant t \leqslant \left(\dfrac{T}{2} + \Delta t_1 + \Delta t_2\right) \\ \pi - \dfrac{\pi}{\Delta t_1}\left[t - \left(\dfrac{T}{2} + \Delta t_1 + \Delta t_2\right)\right] & ,\left(\dfrac{T}{2} + \Delta t_1 + \Delta t_2\right) \leqslant t \leqslant \left(\dfrac{T}{2} + 2\Delta t_1 + \Delta t_2\right) \\ 0 & ,\left(\dfrac{T}{2} + 2\Delta t_1 + \Delta t_2\right) \leqslant t \leqslant T \end{cases} \tag{4.20}$$

不难证明，双位置壳体断续旋转角的变化完全是对称的，因此，在一个旋转调制周期内，双位置壳体断续旋转角的正弦、余弦函数的平均值也都为零。

综上所述可见，在基于静电陀螺仪设计的惯性系统中，对静电陀螺仪进行壳体旋转调制时，无论是连续旋转还是双位置断续旋转，在一个旋转调制周期内，壳体旋转角的正、余弦函数的平均值都将等于零，进而把作用在静电陀螺仪转子上、与壳体有关的漂移误差干扰力矩调制平均为零，实现了静电陀螺仪壳体旋转自补偿。

下面将根据这一基本机理分别讨论陀螺仪壳体旋转对剩余磁场干扰力矩、一次静电力矩及二次静电力矩的调制与平均作用。

4.2.3 旋转调制对干扰力矩的平均效果

在静电陀螺仪内部存在由热、磁、静电及其他场引起的慢变化的常值漂移误差，通过壳体旋转装置的调制，即通过旋转壳体将与壳体相关的干扰力矩由单调的时间函数调制成有限幅值的周期性函数，这样能在一个旋转调制周期内将大部分的漂移误差的平均值近似调制为零。这能够十分有效地提高静电陀螺仪的精度，通过壳体旋转调制可以将陀螺仪的精度提高一个数量级以上。壳体旋转能够有效对磁场干扰力矩、一次静电力矩及二次静电力矩进行平均。

4.2.3.1 壳体旋转对磁场干扰力矩的调制平均作用

为保证静电陀螺仪在高速旋转过程中不受外磁场的影响，必须对其实施严格磁屏蔽措施。经过磁屏蔽后，外部磁场对静电陀螺仪的干扰力矩产生的漂移可以忽略不计。但是，由于壳体旋转轴与光电传感器敏感轴之间存在安装偏差角等，磁场施矩的线圈与光电传感器敏感轴不可能完全一致对准。而空心转子静电陀螺仪常常采用磁场施矩方法实现转子恒速，这样一来，线圈恒速磁场对转子产生的电磁力矩，一方面用来平衡转子上产生加转或制动力矩，另一方面也会产生使转子在惯性空间缓慢进动的漂移干扰力矩。在静电陀螺仪处于恒速和伺服跟踪状态时，这种磁场干扰力矩与外部作用于转子的力矩成比例，可能产生常值漂移分量、随时间变化漂移分量（如趋势项）以及与 g 有关的漂移分量。下面具体分析壳体旋转对旋转磁场的调制平均作用。

首先，分析这种引起漂移误差的电磁力矩。定义陀螺仪动量矩坐标系 $\zeta_1\zeta_2\zeta_3$、转子坐标系 $x_1x_2x_3$，以及与壳体固联的电磁线圈坐标系 $X_1X_2X_3$，如

图 4.12 所示。假设静电陀螺仪已经处于正常工作状态,转子转速为 ω,光电测角传感器敏感轴与电磁线圈之间的失调角为 θ。

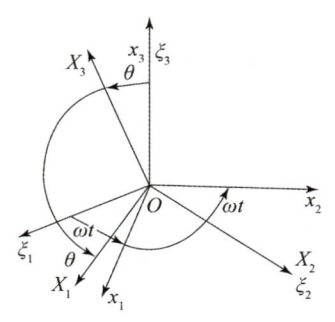

图 4.12 坐标系定义

假设电磁线圈产生的交流旋转磁场为 $\boldsymbol{B}_X = B_m(\boldsymbol{X}_1^0 \cos(\omega_m t) + \boldsymbol{X}_2^0 \sin(\omega_m t))$,折合到动量矩坐标系 $\zeta_1\zeta_2\zeta_3$,可表示为

$$\boldsymbol{B}_\zeta = B_m \begin{bmatrix} \cos\theta\cos(\omega_m t) \\ \sin(\omega_m t) \\ -\sin\theta\cos(\omega_m t) \end{bmatrix} \quad (4.21)$$

式中:B_m 为旋转磁场的磁通密度;ω_m 为旋转磁场的角频率;$\boldsymbol{X}_1^0$ 和 $\boldsymbol{X}_2^0$ 分别为沿 X_1 轴和 X_2 轴的单位矢量。

外磁场 $\boldsymbol{B}_\zeta$ 作用于转子上的总电磁力矩为

$$\begin{aligned}\boldsymbol{M}_\zeta &= -c\left[\frac{\mathrm{d}\boldsymbol{B}_\zeta}{\mathrm{d}t} \times \boldsymbol{B}_\zeta - (\boldsymbol{\omega}_\zeta \times \boldsymbol{B}_\zeta) \times \boldsymbol{B}_\zeta\right] \\ &= -c\left\{\frac{\mathrm{d}\boldsymbol{B}_\zeta}{\mathrm{d}t} \times \boldsymbol{B}_\zeta - [(\boldsymbol{\omega}_\zeta \cdot \boldsymbol{B}_\zeta)\boldsymbol{B}_\zeta - \boldsymbol{B}_\zeta^2 \boldsymbol{\omega}_\zeta]\right\}\end{aligned} \quad (4.22)$$

式中:$\boldsymbol{\omega}_\zeta$ 为转子相对动量矩坐标系 $\zeta_1\zeta_2\zeta_3$ 的角速度,$\boldsymbol{\omega}_\zeta = (0 \ \ 0 \ \ \omega)^\mathrm{T}$;$c$ 为转子壁厚 δ、半径 r 及材料密度 ρ 决定的次数 $c = \dfrac{2\delta}{3\rho}\pi r^4$。

由式(4.21)可得

$$\frac{\mathrm{d}\boldsymbol{B}_\zeta}{\mathrm{d}t} \times \boldsymbol{B}_\zeta = -B_m^2 \omega_m \begin{bmatrix} \sin\theta \\ 0 \\ \cos\theta \end{bmatrix} \quad (4.23\mathrm{a})$$

$$(\boldsymbol{\omega}_\zeta \cdot \boldsymbol{B}_\zeta)\boldsymbol{B}_\zeta = -B_m^2 \omega \begin{bmatrix} \dfrac{1}{2}\sin\theta\cos\theta(1+\cos(2\omega_m t)) \\ \dfrac{1}{2}\sin\theta\sin(2\omega_m t) \\ -\dfrac{1}{2}\sin^2\theta\cos\theta(1+\cos(2\omega_m t)) \end{bmatrix} \quad (4.23\mathrm{b})$$

$$\boldsymbol{B}_\zeta^2 \boldsymbol{\omega}_\zeta = B_m^2 \omega \begin{bmatrix} 0 \\ 0 \\ 1 \end{bmatrix} \quad (4.23c)$$

将式（4.23）代入式（4.22），可得

$$M_\zeta = cB_m^2 \left\{ \omega_m \begin{bmatrix} \sin\theta \\ 0 \\ \cos\theta \end{bmatrix} - \omega \begin{bmatrix} \frac{1}{2}\sin\theta\cos\theta(1+\cos(2\omega_m t)) \\ \frac{1}{2}\sin\theta\sin(2\omega_m t) \\ \frac{1}{2}\sin^2\theta(1+\cos(2\omega_m t))+1 \end{bmatrix} \right\} \quad (4.24)$$

通常，由于旋转磁场的角频率 ω_m 比陀螺仪转子旋转角频率 ω 高，所以只需考虑作用于转子上的平均电磁力矩。考虑偏差角 θ 很小，可略去三阶以上小量。此时平均电磁力矩可表示为

$$\begin{cases} M_{\zeta 1} = cB_m^2 \left(\omega_m - \frac{1}{2}\omega \right)\sin\theta \\ M_{\zeta 2} = 0 \\ M_{\zeta 3} = cB_m^2 (\omega_m - \omega)\cos\theta \end{cases} \quad (4.25)$$

假设静电陀螺仪转子以额定转速旋转时，由于存在转速衰减力矩，转子在额定转速（如 400Hz）时的衰减速度为 3Hz/h。那么，维持转子恒速的电磁力矩 $M_{\zeta_3} = \dfrac{3 \times 2\pi}{3600} J \mathrm{N} \cdot \mathrm{m}$，其中，$J$ 表示转子转动惯量（$\mathrm{kg} \cdot \mathrm{m}^2$）。假设转子额定转速 $\omega = 2\pi \times 400 \mathrm{rad/s}$，磁场恒速线圈与光电传感器测量轴不对准角为 $1°$。旋转磁场的角频率 $\omega_m = 2\pi \times 400 \mathrm{rad/s}$。那么，恒速磁场力矩产生的电磁干扰力矩和漂移速度分别为

$$M_{\zeta_1} = \frac{6\pi}{3600} J \frac{\omega_m - \frac{1}{2}\omega}{\omega_m - \omega} \tan\theta (\mathrm{N} \cdot \mathrm{m}) \quad (4.26)$$

$$\omega_d = \frac{6\pi \left(\omega_m - \frac{1}{2}\omega \right)}{(\omega_m - \omega)\omega} \tan\theta = 0.00886 (°/\mathrm{h}) \quad (4.27)$$

在静电陀螺仪工作过程中，恒速线圈始终有磁场对转子施矩。只有这样，才能保证静电陀螺仪克服微弱的转速衰减，保证长时间转速恒定。也就是说，恒速磁场伴生的干扰磁场力矩产生的漂移也是实时存在的。虽然其量级较小，但对高精度静电陀螺仪来说是不可忽略的。因此，需要利用陀螺壳体旋转调制技术予以补偿。

下面讨论壳体旋转装置自动补偿磁场干扰力矩的原理。

如图 4.13 所示，$\zeta_1\zeta_2\zeta_3$ 为陀螺动量矩坐标系，$X_1X_2X_3$ 为陀螺壳体（即电磁线圈）坐标系，$x_1x_2x_3$ 为转子坐标系。假设静电陀螺仪安装在稳定平台上，由于平台伺服系统的作用，壳体旋转都是围绕 ζ_3 轴旋转的。图中，ϕ 为壳体旋转角，ω 为转子旋转角速度，θ 为光电测角传感器敏感轴与电磁线圈几何中心之间的失调角。

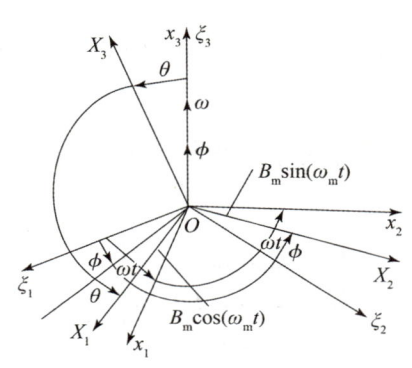

图 4.13 陀螺旋转的坐标系几何关系

令电磁线圈产生的交流旋转磁场为

$$\boldsymbol{B}_X = B_m(\boldsymbol{X}_1^0\cos(\omega_m t) + \boldsymbol{X}_2^0\sin(\omega_m t)) \tag{4.28}$$

折合到动量矩坐标系 $\zeta_1\zeta_2\zeta_3$，可表示为

$$\boldsymbol{B}_\zeta = B_m \begin{bmatrix} \cos\theta\cos\phi\cos(\omega_m t) - \sin\phi\sin(\omega_m t) \\ \cos\theta\cos\phi\cos(\omega_m t) + \cos\phi\sin(\omega_m t) \\ -\sin\theta\cos(\omega_m t) \end{bmatrix} \tag{4.29}$$

经过计算，可得

$$\frac{d\boldsymbol{B}_\zeta}{dt} \times \boldsymbol{B}_\zeta = -B_m^2\omega_m \begin{bmatrix} \sin\theta\cos\phi \\ \sin\theta\sin\phi \\ \cos\theta \end{bmatrix} \tag{4.30}$$

$$(\boldsymbol{B}_\zeta \cdot \boldsymbol{\omega}_\zeta)\boldsymbol{B}_\zeta = -B_m^2\omega \begin{bmatrix} \frac{1}{4}\sin2\theta\cos\phi(1+\cos(2\omega_m t)) - \frac{1}{2}\sin\theta\sin\phi\sin(2\omega_m t) \\ \frac{1}{4}\sin2\theta\sin\phi(1+\cos(2\omega_m t)) + \frac{1}{2}\sin\theta\cos\phi\sin(2\omega_m t) \\ -\frac{1}{2}\sin^2\theta(1+\cos(2\omega_m t)) \end{bmatrix}$$

$$\tag{4.31}$$

$$\boldsymbol{B}_\zeta^2\boldsymbol{\omega}_\zeta = B_m^2\omega \begin{bmatrix} 0 \\ 0 \\ 1 \end{bmatrix} \tag{4.32}$$

将式（4.30）~式（4.32）代入式（4.22），可得作用于静电陀螺转子上的电磁力矩为

$$M_\zeta = cB_m^2 \left\{ \omega_m \begin{bmatrix} \sin\theta\cos\phi \\ \sin\theta\sin\phi \\ \cos\theta \end{bmatrix} - \omega \begin{bmatrix} \frac{1}{4}\sin2\theta\cos\phi\,(1+\cos(2\omega_m t)) & -\frac{1}{2}\sin\theta\sin\phi\sin(2\omega_m t) \\ \frac{1}{4}\sin2\theta\sin\phi\,(1+\cos(2\omega_m t)) & +\frac{1}{2}\sin\theta\cos\phi\sin(2\omega_m t) \\ & -\frac{1}{2}\sin^2\theta\,(1+\cos(2\omega_m t))+1 \end{bmatrix} \right\}$$

(4.33)

将式（4.33）在一个壳体旋转周期 $\frac{2\pi}{\omega_m}$ 内取平均值，可得

$$\langle M_\zeta \rangle = cB_m^2 \left\{ \omega_m \begin{bmatrix} \sin\theta\cos\phi \\ \sin\theta\sin\phi \\ \cos\theta \end{bmatrix} - \omega \begin{bmatrix} \frac{1}{4}\sin2\theta\cos\phi \\ \frac{1}{4}\sin2\theta\sin\phi \\ -\frac{1}{2}\sin^2\theta+1 \end{bmatrix} \right\}$$

(4.34)

进一步，考虑壳体旋转角 ϕ 的正余弦函数在整周期内的平均值等于零，因此，M_ζ 经过壳体旋转调制后的平均值为

$$\begin{cases} \langle M_{\zeta_1} \rangle = 0 \\ \langle M_{\zeta_2} \rangle = 0 \\ \langle M_{\zeta_3} \rangle = cB_m^2 \left[\omega_m \cos\theta - \omega \left(\frac{1+\cos^2\theta}{2} \right) \right] \end{cases}$$

(4.35)

式（4.35）表明，静电陀螺仪通过壳体旋转调制可完全消除旋转磁场产生的电磁干扰力矩，即 $\langle M_{\zeta_1} \rangle = \langle M_{\zeta_2} \rangle = 0$，但维持转子恒速的电磁力矩 $\langle M_{\zeta_3} \rangle$ 将保持数值不变。

特别强调，因为外部磁场作用于陀螺仪转子的方向不因壳体旋转而改变，所以壳体旋转调制对外部磁场作用在转子上的干扰力矩是没有调制作用的。所以，静电陀螺仪只能通过磁屏蔽措施对外部磁场进行隔离，使其作用于转子的剩余磁场强度小到可以忽略不计。

4.2.3.2 壳体旋转对一次静电力矩的调制平均作用

静电陀螺仪采用壳体旋转调制技术，可有效地减小一次静电力矩的作用。下面分析壳体旋转对一次静电力矩的调制平均效应。

转子非球形前4次谐波产生的一次静电力矩表达式为

$$\begin{bmatrix} M_X \\ M_Y \\ M_Z \end{bmatrix} = F \left\{ 4a_1 \begin{bmatrix} \beta\left(\dfrac{\Delta V_Z}{V_0}\right) - \gamma\left(\dfrac{\Delta V_Y}{V_0}\right) \\ \gamma\left(\dfrac{\Delta V_X}{V_0}\right) - \alpha\left(\dfrac{\Delta V_Z}{V_0}\right) \\ \alpha\left(\dfrac{\Delta V_Y}{V_0}\right) - \beta\left(\dfrac{\Delta V_X}{V_0}\right) \end{bmatrix} + 3\sqrt{2}\, a_2 \begin{bmatrix} \beta\gamma\left[\left(\dfrac{\Delta V_Z}{V_0}\right)^2 - \left(\dfrac{\Delta V_Y}{V_0}\right)^2\right] \\ \gamma\alpha\left[\left(\dfrac{\Delta V_X}{V_0}\right)^2 - \left(\dfrac{\Delta V_Z}{V_0}\right)^2\right] \\ \alpha\beta\left[\left(\dfrac{\Delta V_Y}{V_0}\right)^2 - \left(\dfrac{\Delta V_X}{V_0}\right)^2\right] \end{bmatrix} \right.$$

$$+ \dfrac{9}{4} a_3 \begin{bmatrix} (5\gamma^2 - 1)\beta \dfrac{\Delta V_Z}{V_0} - (5\beta^2 - 1)\gamma \dfrac{\Delta V_Y}{V_0} \\ (5\alpha^2 - 1)\gamma \dfrac{\Delta V_X}{V_0} - (5\gamma^2 - 1)\alpha \dfrac{\Delta V_Z}{V_0} \\ (5\beta^2 - 1)\alpha \dfrac{\Delta V_Y}{V_0} - (5\alpha^2 - 1)\beta \dfrac{\Delta V_X}{V_0} \end{bmatrix}$$

$$\left. + \dfrac{5\sqrt{2}}{16} a_4 \begin{bmatrix} (7\gamma^3 - 3\gamma)\beta\left[1 + \left(\dfrac{\Delta V_Z}{V_0}\right)^2\right] - (7\beta^3 - 3\beta)\gamma\left[1 + \left(\dfrac{\Delta V_Y}{V_0}\right)^2\right] \\ (7\alpha^3 - 3\alpha)\gamma\left[1 + \left(\dfrac{\Delta V_X}{V_0}\right)^2\right] - (7\gamma^3 - 3\gamma)\alpha\left[1 + \left(\dfrac{\Delta V_Z}{V_0}\right)^2\right] \\ (7\beta^3 - 3\beta)\alpha\left[1 + \left(\dfrac{\Delta V_Y}{V_0}\right)^2\right] - (7\alpha^3 - 3\alpha)\beta\left[1 + \left(\dfrac{\Delta V_X}{V_0}\right)^2\right] \end{bmatrix} \right\}$$

(4.36)

式中：α, β, γ 为转子动量矩主轴相对电极坐标系的方向余弦。

假设陀螺仪动量矩矢量与电极坐标系的 Z 轴有固定安装误差角 θ，壳体连续旋转角速度为 $\dot{\phi}$，那么，在旋转状态下，陀螺仪动量矩矢量相对电极坐标系的方向余弦可表示为

$$\begin{bmatrix} \alpha \\ \beta \\ \gamma \end{bmatrix} = \begin{bmatrix} \sin\theta\cos(\dot{\phi}t) \\ -\sin\theta\sin(\dot{\phi}t) \\ \cos\theta \end{bmatrix} \qquad (4.37)$$

由于在壳体旋转的每一个周期内，$\dot{\phi}t$ 正、余弦函数的均值均为零，所以，式（4.37）的平均值可表示为

$$\begin{bmatrix} \langle\alpha\rangle \\ \langle\beta\rangle \\ \langle\gamma\rangle \end{bmatrix} = \begin{bmatrix} 0 \\ 0 \\ \cos\theta \end{bmatrix} \qquad (4.38)$$

假设电极预载电压在壳体旋转过程中保持不变，将式（4.38）代入式（4.36），并略去 α 和 β 的二阶小量后，可得一次静电力矩的平均值为

$$\begin{bmatrix} \langle M_X \rangle \\ \langle M_Y \rangle \\ \langle M_Z \rangle \end{bmatrix} = 4F_0 \left(a_1 - \frac{9}{16}a_3 \right) \begin{bmatrix} -\langle \gamma \rangle \dfrac{\Delta V_Y}{V_0} \\ \langle \gamma \rangle \dfrac{\Delta V_X}{V_0} \\ 0 \end{bmatrix} \qquad (4.39)$$

进一步，假设陀螺仪动量矩矢量坐标系 $\zeta_1\zeta_2\zeta_3$ 相对东北天坐标系 $EN\zeta$ 的关系如图 4.14 所示。重力 mg 作用于转子上的分力可表示为

$$m\boldsymbol{g} = -mg\,(0 \quad \sin\rho \quad \cos\rho)^{\mathrm{T}} \qquad (4.40)$$

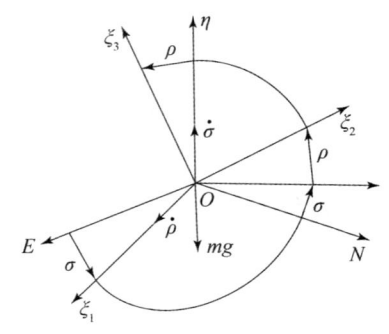

图 4.14 坐标系定义

因此，静电支承电压为

$$\begin{bmatrix} \dfrac{\Delta V_X}{V_0} \\ \dfrac{\Delta V_Y}{V_0} \\ \dfrac{\Delta V_Z}{V_0} \end{bmatrix} = \dfrac{mg}{4F_0} \begin{bmatrix} 0 \\ \sin\rho \\ \cos\rho \end{bmatrix} \qquad (4.41)$$

将式（4.41）代入式（4.39），可得

$$\begin{bmatrix} \langle M_X \rangle \\ \langle M_Y \rangle \\ \langle M_Z \rangle \end{bmatrix} = mg \left(a_1 - \frac{9}{16}a_3 \right) \begin{bmatrix} -\langle \gamma \rangle \dfrac{\Delta V_Y}{V_0}\sin\rho \\ 0 \\ 0 \end{bmatrix} \qquad (4.42)$$

对应的漂移角速度表示为

$$\begin{cases} \omega_X = 0 \\ \omega_Y = -\dfrac{mg}{H}\left(a_1 - \dfrac{9}{16}a_3 \right)\sin\rho \end{cases} \qquad (4.43)$$

式（4.42）与式（4.43）表明，剩余的一次静电力矩是由转子非球形奇

次谐波产生的,并与 g^1 成比例。该力矩实际上不是静电力矩,而是转子轴向质量不平衡力矩。即使在壳体旋转条件下,虽然可以消除静电陀螺仪的一次静电力矩,但不能补偿由于转子轴向质量不平衡产生的力矩。只能依靠转子的精密平衡工艺,才能尽量消除转子轴向质量不平衡力矩。

如果平台伺服系统存在跟踪误差,方向余弦 α 和 β 不能平均为零,通过壳体旋转将不能完全消除一次静电力矩,但是其量级是非常微小的。例如,平台跟踪误差为 10″,其方向余弦误差为 5×10^{-5} rad,由此引起的不平衡力矩只是静态一次静电力矩的十万分之五。由此可见,壳体旋转对缩小一次静电力矩是极为有效的。

4.2.3.3 壳体旋转对二次静电力矩的调制平均作用

二次静电力矩产生的原因较多,且壳体旋转不是对所有二次静电力矩均有效。下面主要分析壳体旋转对由于转子在电极球腔中的失中度和陶瓷电极碗装配误差引起的二次静电力矩的平均作用。

1. 转子失中度引起的二次静电力矩

转子失中度是由于有限刚度静电支承系统在外力作用下使转子偏离电极球腔中心而产生的。在重力作用下转子失中度产生的二次静电力矩为

$$M_X = 4F_0 \left\{ \left(\frac{8-5\sqrt{2}}{3} a_1 + \frac{3}{4}\sqrt{2} a_3 \right) \left[(\delta_Z - \delta_Y) + \left(\frac{\Delta V_Y}{V_0} \right)^2 \delta_Z - \left(\frac{\Delta V_Z}{V_0} \right)^2 \delta_Y \right] \right.$$
$$\left. + \left(\frac{3}{2} a_2 + \frac{25}{12} a_4 \right) \left(\frac{\Delta V_Y}{V_0} \delta_Z - \frac{\Delta V_Z}{V_0} \delta_Y \right) \right\} \tag{4.44}$$

$$M_Y = 4F_0 \left\{ \left(\frac{8-5\sqrt{2}}{3} a_1 + \frac{3}{4}\sqrt{2} a_3 \right) \left[(\delta_X - \delta_Z) + \left(\frac{\Delta V_Z}{V_0} \right)^2 \delta_X - \left(\frac{\Delta V_X}{V_0} \right)^2 \delta_Z \right] \right.$$
$$\left. + \left(\frac{3}{2} a_2 + \frac{25}{12} a_4 \right) \left(\frac{\Delta V_Z}{V_0} \delta_X - \frac{\Delta V_X}{V_0} \delta_Z \right) \right\} \tag{4.45}$$

由于陀螺仪所受重力是不随壳体旋转而改变方向的,因此,在壳体旋转过程中,失中度矢量相对动量矩坐标系 $\zeta_1 \zeta_2 \zeta_3$ 是不变的。只要电极预载电压在壳体旋转过程中维持不变,由于重力原因引起的转子失中度二次静电力矩就不会被壳体旋转角调制。也就是说,这种失中度二次静电力矩是不会被调制平均的。

而分布电容不对称使电极电容电桥输出的电零位与转子位置的机械零位不一致,也会产生转子失中度。由于这种分布电容产生的转子失中度矢量随着壳体旋转相对动量矩坐标系是旋转的,因此,在赤道平面内的失中度是可以通过壳体旋转加以调制平均的。

2. 电极碗装配误差引起的二次静电力矩

电极碗装配误差产生的二次静电力矩为

$$M_X = 4F_0 \left\{ \left[-\left(\frac{15}{8} - \frac{2}{\pi}\right)a_2 + \frac{5}{6}\left(\frac{3}{8} + \frac{22}{15\pi}\right)a_4 \right]\gamma_Y + \frac{4\sqrt{2}}{3\pi}a_1\gamma_Z \frac{\Delta V_Y}{V_0} \right.$$

$$- \left(\frac{8-5\sqrt{2}}{3}a_1 + \frac{3\sqrt{2}}{4}a_3\right)\gamma_Y \frac{\Delta V_Z}{V_0} + \left[\left(-\frac{3}{4} + \frac{2}{\pi}\right)a_2 + \frac{5}{6}\left(\frac{1}{2} - \frac{13}{15\pi}\right)a_4\right]\gamma_Y \left(\frac{\Delta V_X}{V_0}\right)^2$$

$$\left. + \left[-\frac{3}{4}a_2 + \frac{5}{6}\left(\frac{1}{2} + \frac{7}{3\pi}\right)a_4\right] \times \gamma_Y \left(\frac{\Delta V_Y}{V_0}\right)^2 - \left(\frac{3}{8}a_2 + \frac{25}{48}a_4\right)\gamma_Y \left(\frac{\Delta V_Z}{V_0}\right)^2 \right\}$$

(4.46a)

$$M_Y = 4F_0 \left\{ \left[\left(\frac{15}{8} - \frac{2}{3\pi}\right)a_2 - \frac{5}{6}\left(\frac{3}{8} + \frac{22}{15\pi}\right)a_4\right]\gamma_X - \frac{4\sqrt{2}}{3\pi}a_1\gamma_Z \frac{\Delta V_X}{V_0} \right.$$

$$+ \left(\frac{8-5\sqrt{2}}{3}a_1 + \frac{3\sqrt{2}}{4}a_3\right)\gamma_X \frac{\Delta V_Z}{V_0} + \left[\frac{3}{4}a_2 - \frac{5}{6}\left(\frac{1}{2} + \frac{7}{3\pi}\right)a_4\right]\gamma_X \left(\frac{\Delta V_X}{V_0}\right)^2$$

$$\left. + \left[\left(\frac{3}{4} - \frac{2}{\pi}\right)a_2 - \frac{5}{6}\left(\frac{1}{2} - \frac{13}{15\pi}\right)a_4\right]\gamma_Y \left(\frac{\Delta V_Y}{V_0}\right)^2 + \left(\frac{3}{8}a_2 + \frac{25}{48}a_4\right)\gamma_X \left(\frac{\Delta V_Z}{V_0}\right)^2 \right\}$$

(4.46b)

当壳体旋转时，陶瓷电极碗的装配误差矢量在空间是围绕动量矩矢量旋转的，γ_X 和 γ_Y 将以正、余弦周期函数变化，其平均值将等于零。于是，电极碗装配误差产生的静电力矩公式可简化为

$$\langle M_X \rangle = 16F_0 \frac{\sqrt{2}}{3\pi} a_3 \frac{\Delta V_Y}{V_0} \gamma_Z \quad (4.47a)$$

$$\langle M_Y \rangle = -16F_0 \frac{\sqrt{2}}{3\pi} a_1 \frac{\Delta V_X}{V_0} \gamma_Z \quad (4.47b)$$

在静基座上外力作用仅包括重力，在壳体旋转条件下，电极坐标系与陀螺仪动量矩坐标系 $\zeta_1\zeta_2\zeta_3$ 是一致的。假设陀螺仪动量矩坐标系如图 4.11 所示，则沿 $\zeta_1(X)$ 轴没有重力分量，即 $\frac{\Delta V_X}{V_0}=0$；而沿 $\zeta_2(Y)$ 轴有重力分量，并且 $\frac{\Delta V_Y}{V_0}=\frac{mg}{4F_0}\sin\rho$。将这些电极电压值代入式（4.46），可得

$$\begin{cases} \langle M_X \rangle = \frac{4\sqrt{2}}{3\pi} a_3 \gamma_Z mg\sin\rho \\ \langle M_Y \rangle = 0 \end{cases} \quad (4.48)$$

式（4.48）表明，陶瓷电极碗装配误差与转子非球形误差相结合产生的二次静电力矩，经过壳体旋转是可以完全消除的，剩下的力矩实际上是转子轴向质量不平衡量与电极碗高差相组合而产生的误差力矩，不能通过壳体旋转进行调制平均，只有依靠提高转子轴向质量平衡精度和电极碗的装配精度。

此外，转子表面和电极球腔本身的圆度误差所产生的二次静电力矩也是不能依靠壳体旋转来加以消除的。

4.2.4 旋转调制对漂移模型的影响

在 4.2.3 节中已经分别讨论了壳体旋转对磁场干扰力矩、一次静电力矩及二次静电力矩的调制平均作用。下面分析在壳体旋转调制情况下的静电陀螺仪漂移误差模型。

在壳体旋转过程中，电极坐标系 XYZ 与动量矩坐标系 $\zeta_1\zeta_2\zeta_3$ 之间的几何关系，如图 4.15 所示。图中：θ 表示光电传感器敏感轴与电极坐标系（壳体旋转轴）的安装偏差角；ϕ 表示壳体旋转角；G_{ζ_1}、G_{ζ_2}、G_{ζ_3} 表示归一化重力加速度在动量矩坐标系中的三个投影分量。显然，在壳体旋转过程中，重力在陀螺仪壳体坐标系上的分量是不断变化的。

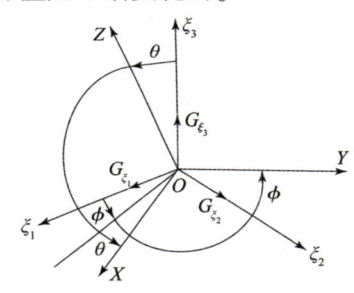

图 4.15 壳体旋转时坐标系关系

由图 4.15 可知，坐标变换矩阵为

$$G_\zeta^{XYZ} = \begin{bmatrix} \cos\theta\cos\phi & -\cos\theta\sin\phi & -\sin\theta \\ \sin\phi & \cos\phi & 0 \\ \sin\theta\cos\phi & -\sin\theta\sin\phi & \cos\theta \end{bmatrix} \quad (4.49)$$

转子动量矩轴 ζ_3 在电极坐标系中的方向余弦可表示为

$$\begin{pmatrix} \alpha \\ \beta \\ \gamma \end{pmatrix} = \begin{pmatrix} -\sin\theta \\ 0 \\ \cos\theta \end{pmatrix} \quad (4.50)$$

重力加速度在电极坐标系中可表示为

$$\begin{bmatrix} G_X \\ G_Y \\ G_Z \end{bmatrix} = \begin{bmatrix} \cos\theta\cos\phi & -\cos\theta\sin\phi & -\sin\theta \\ \sin\phi & \cos\phi & 0 \\ \sin\theta\cos\phi & -\sin\theta\sin\phi & \cos\theta \end{bmatrix} \begin{bmatrix} G_{\zeta_1} \\ G_{\zeta_2} \\ G_{\zeta_3} \end{bmatrix} \quad (4.51)$$

假设 $[G_{\zeta_1} \quad G_{\zeta_2} \quad G_{\zeta_3}]^T$ 在壳体旋转的一个周期内是不变的，因动量矩坐标

系 $\zeta_1\zeta_2\zeta_3$ 相对地球的转动角速度基本上等于地球的自转角速度，非常缓慢。

将式（4.49）和式（4.50）代入式（4.51），可得壳体坐标系中的漂移角速度为

$$\omega_{dX} = D(A)_0 + D(A)_X G_X + D(A)_Z G_Z + D(A)_{XX} G_X^2$$
$$+ D(A)_{YY} G_Y^2 + D(A)_{ZZ} G_Z^2 + D(A)_{XZ} G_X G_Z + \varepsilon_X \quad (4.52a)$$

$$\omega_{dY} = D(B)_0 + D(B)_Y G_Y + D(B)_Z G_Z + D(B)_{XX} G_X^2$$
$$+ D(B)_{YY} G_Y^2 + D(B)_{ZZ} G_Z^2 + D(B)_{YZ} G_Y G_Z + \varepsilon_Y \quad (4.52b)$$

式中：所有 14 项漂移系数 $D(A)_0$，$D(A)_X$，…，$D(A)_{XZ}$ 和 $D(B)_0$，$D(B)_Y$，…，$D(B)_{YZ}$ 都为常系数，而 G^1 和 G^2 重力加速度表达式为

$$G_X = \cos\theta\cos\phi G_{\zeta_1} - \cos\theta\sin\phi G_{\zeta_2} - \sin\theta G_{\zeta_3} \quad (4.53)$$

$$G_Y = \sin\phi G_{\zeta_1} + \cos\phi G_{\zeta_2} \quad (4.54)$$

$$G_Z = \sin\theta\cos\phi G_{\zeta_1} - \sin\theta\sin\phi G_{\zeta_2} + \cos\theta G_{\zeta_3} \quad (4.55)$$

$$G_X^2 = \cos^2\theta\cos^2\phi G_{\zeta_1}^2 + \cos^2\theta\sin^2\phi G_{\zeta_2}^2 + \sin^2\theta G_{\zeta_3}^2 - 2\cos^2\theta\sin\phi\cos\phi G_{\zeta_1}G_{\zeta_2}$$
$$+ 2\sin\theta\cos\theta\sin\phi G_{\zeta_2}G_{\zeta_3} - 2\sin\theta\cos\theta\sin\phi G_{\zeta_3}G_{\zeta_1} \quad (4.56)$$

$$G_Y^2 = \sin^2\phi G_{\zeta_1}^2 + \cos^2\phi G_{\zeta_2}^2 + 2\sin\phi\cos\phi G_{\zeta_1}G_{\zeta_2} \quad (4.57)$$

$$G_Z^2 = \sin^2\theta\cos^2\phi G_{\zeta_1}^2 + \sin^2\theta\sin^2\phi G_{\zeta_2}^2 + \cos^2\theta G_{\zeta_3}^2 - 2\sin^2\theta\sin\phi\cos\phi G_{\zeta_1}G_{\zeta_2}$$
$$- 2\sin\theta\cos\theta\sin\phi G_{\zeta_2}G_{\zeta_3} + 2\sin\theta\cos\theta\cos\phi G_{\zeta_3}G_{\zeta_1} \quad (4.58)$$

$$G_X G_Y = \cos\theta\sin\phi\cos\phi G_{\zeta_1}^2 - \cos\theta\sin\phi\cos\phi G_{\zeta_2}^2 + \cos\theta(\cos^2\phi - \sin^2\phi)G_{\zeta_1}G_{\zeta_2}$$
$$- \sin\theta\cos\phi G_{\zeta_2}G_{\zeta_3} - \sin\theta\sin\phi G_{\zeta_3}G_{\zeta_1} \quad (4.59)$$

$$G_Y G_Z = \sin\theta\sin\phi\cos\phi G_{\zeta_1}^2 - \sin\theta\sin\phi\cos\phi G_{\zeta_2}^2 + \sin\theta(\cos^2\phi - \sin^2\phi)G_{\zeta_1}G_{\zeta_2}$$
$$+ \cos\theta\cos\phi G_{\zeta_2}G_{\zeta_3} + \cos\theta\sin\phi G_{\zeta_3}G_{\zeta_1} \quad (4.60)$$

$$G_Z G_X = \sin\theta\cos\theta(\cos^2\phi G_{\zeta_1}^2 + \sin^2\phi G_{\zeta_2}^2) - \sin\theta\cos\theta G_{\zeta_3}^2 - 2\sin\theta\cos\theta\sin\phi\cos\phi G_{\zeta_1}G_{\zeta_2}$$
$$- (\cos^2\theta - \sin^2\theta)(\sin\phi G_{\zeta_2}G_{\zeta_3} - \cos\phi G_{\zeta_3}G_{\zeta_1}) \quad (4.61)$$

在壳体旋转条件下，将在壳体坐标系 XYZ 中表示的漂移角速度 $(\omega_{dX} \quad \omega_{dY})^T$ 转换到动量矩坐标系 $\zeta_1\zeta_2\zeta_3$（即台体坐标系），略去 θ 角的二阶以上小量，取平均值后，可得

$$\begin{bmatrix} \bar{\omega}_{d\zeta_1} \\ \bar{\omega}_{d\zeta_2} \end{bmatrix} = \begin{bmatrix} \langle \cos\phi\omega_{dX} + \sin\phi\omega_{dY} \rangle \\ \langle -\sin\phi\omega_{dX} + \cos\phi\omega_{dY} \rangle \end{bmatrix} \quad (4.62)$$

通过计算容易证明，当略去 θ 角的二阶以上小量后，可得下列平均值表达式。

1) g^0 项

设 $D(A)_0 = a_0 + a_1 t$，$D(B)_0 = b_0 + b_1 t$，则有

$$\left\langle D(A)_0 \begin{bmatrix} \sin\phi \\ \cos\phi \\ 0 \end{bmatrix} \right\rangle = \begin{bmatrix} -\dfrac{a_1}{\dot\phi} \\ 0 \end{bmatrix}, \left\langle D(B)_0 \begin{bmatrix} \sin\phi \\ \cos\phi \\ 0 \end{bmatrix} \right\rangle = \begin{bmatrix} -\dfrac{b_1}{\dot\phi} \\ 0 \end{bmatrix} \quad (4.63)$$

所以

$$\begin{cases} (D(A)_0\cos\phi + D(B)_0\sin\phi) = -\dfrac{b_1}{\dot\phi} \\ (-D(A)_0\sin\phi + D(B)_0\cos\phi) = -\dfrac{a_1}{\dot\phi} \end{cases} \quad (4.64)$$

2) g^1 项

$$(G_X\cos\phi + G_Y\cos\phi\sin\phi) = G_{\zeta_1} \quad (4.65)$$

$$(G_Y\cos\phi - G_X\sin\phi) = G_{\zeta_2} \quad (4.66)$$

$$\left\langle G_Z \begin{bmatrix} \sin\phi \\ \cos\phi \end{bmatrix} \right\rangle = \begin{bmatrix} G_{\zeta_1} \\ -G_{\zeta_2} \end{bmatrix} \dfrac{\theta}{2} \quad (4.67)$$

3) g^2 项

$$\left\langle G_X^2 \begin{bmatrix} \sin\phi \\ \cos\phi \end{bmatrix} \right\rangle = \begin{bmatrix} G_{\zeta_1}G_{\zeta_1} \\ -G_{\zeta_3}G_{\zeta_1} \end{bmatrix} \theta \quad (4.68a)$$

$$\left\langle G_Y^2 \begin{bmatrix} \sin\phi \\ \cos\phi \end{bmatrix} \right\rangle = \begin{bmatrix} 0 \\ 0 \end{bmatrix} \quad (4.68b)$$

$$\left\langle G_Z^2 \begin{bmatrix} \sin\phi \\ \cos\phi \end{bmatrix} \right\rangle = \begin{bmatrix} G_{\zeta_3}G_{\zeta_1} \\ -G_{\zeta_2}G_{\zeta_3} \end{bmatrix} \theta \quad (4.68c)$$

$$\left\langle G_X G_Y \begin{bmatrix} \sin\phi \\ \cos\phi \end{bmatrix} \right\rangle = \begin{bmatrix} -G_{\zeta_2}G_{\zeta_3} \\ G_{\zeta_3}G_{\zeta_1} \end{bmatrix} \theta \quad (4.68d)$$

$$\langle G_Z G_X\cos\phi + G_Y G_Z\sin\phi \rangle = G_{\zeta_3}G_{\zeta_1} \quad (4.68e)$$

$$\langle G_Y G_Z\cos\phi - G_Z G_X\sin\phi \rangle = G_{\zeta_2}G_{\zeta_3} \quad (4.68f)$$

一般情况下，与 G_Z，G_X^2，G_Y^2，G_Z^2，$G_X G_Y$ 等成比例的各项漂移速度仅为与 G_X 和 G_Y 成比例的各项漂移速度的 $\dfrac{1}{10}\sim\dfrac{1}{100}$，而 θ 角又是小量（10^{-3} 量级）。所以，与前者成比例的各项漂移误差经过壳体旋转后是可以忽略不计的。于是，式 (4.66) 可以进一步表示为

$$\begin{cases} \bar\omega_{\zeta_1} = \bar D(A)_0 + D(A)_{\zeta_1}G_{\zeta_1} + D(A)_{\zeta_3\zeta_1}G_{\zeta_3}G_{\zeta_1} + \bar\varepsilon_{\zeta_1} \\ \bar\omega_{\zeta_2} = \bar D(B)_0 + D(B)_{\zeta_2}G_{\zeta_2} + D(B)_{\zeta_2\zeta_3}G_{\zeta_2}G_{\zeta_3} + \bar\varepsilon_{\zeta_2} \end{cases} \quad (4.69)$$

其中：

$$D(A)_{\zeta_1} = D(B)_{\zeta_2} = \frac{1}{2}[D(A)_X + D(B)_Y]$$

$$= \left\{ \left(a_1 - \frac{9}{16}a_3\right) - \left(\frac{8-5\sqrt{2}}{3}a_1 + \frac{3\sqrt{2}}{4}a_3\right) \times \right.$$

$$\left. \left(\frac{1}{K_X} + \frac{1}{K_Y}\right)\frac{2F_0}{d_0} - \frac{4\sqrt{2}}{3\pi}a_1\gamma_Z \right\}\frac{mg}{H} \qquad (4.70a)$$

$$D(A)_{\zeta_3\zeta_1} = D(B)_{\zeta_2\zeta_3} = \frac{1}{2}[D(A)_{ZX} + D(B)_{YZ}]$$

$$= -\left(\frac{3}{2}a_2 + \frac{25}{12}a_4\right)\left(\frac{1}{2K_X} + \frac{1}{2K_Y} - \frac{1}{K_Z}\right)\frac{m^2g^2}{Hd_0} \qquad (4.70b)$$

式中：$\bar{D}(A)_0$，$\bar{D}(B)_0$ 为壳体旋转后的常值漂移分量，由壳体旋转前 g^0 项中包含的趋势项经过壳体旋转调制平均后形成，而且壳体旋转速度越高，所得常值漂移速度越小。

下面讨论壳体旋转对静电陀螺仪随机漂移分量的影响。

已知在壳体旋转状态，随机漂移分量 ε_X 和 ε_Y 将分别调制为

$$\begin{cases} \bar{\omega}_{\zeta_1} = \bar{D}(A)_0 + D(A)_{\zeta_1}G_{\zeta_1} + D(A)_{\zeta_3\zeta_1}G_{\zeta_3}G_{\zeta_1} + \bar{\varepsilon}_{\zeta_1} \\ \bar{\omega}_{\zeta_2} = \bar{D}(B)_0 + D(B)_{\zeta_2}G_{\zeta_2} + D(B)_{\zeta_2\zeta_3}G_{\zeta_2}G_{\zeta_3} + \bar{\varepsilon}_{\zeta_2} \end{cases} \qquad (4.71a)$$

$$\varepsilon_{\zeta_1} = \varepsilon_X\cos\phi + \varepsilon_Y\sin\phi \qquad (4.71b)$$

$$\varepsilon_{\zeta_2} = -\varepsilon_X\sin\phi + \varepsilon_Y\cos\phi \qquad (4.71c)$$

式中：ϕ 为壳体旋转角。

假设随机漂移 $(\varepsilon_X \quad \varepsilon_Y)^T$ 是不相关的随机过程，那么

$$E\{\varepsilon_{\zeta_1}^2\} = E\{(\varepsilon_X\cos\phi + \varepsilon_Y\sin\phi)^2\} = \cos^2\phi E\{\varepsilon_X^2\} + \sin^2\phi E\{\varepsilon_Y^2\} \qquad (4.72)$$

$$E\{\varepsilon_{\zeta_2}^2\} = E\{(-\varepsilon_X\cos\phi + \varepsilon_Y\sin\phi)^2\} = \sin^2\phi E\{\varepsilon_X^2\} + \cos^2\phi E\{\varepsilon_Y^2\} \qquad (4.73)$$

取平均值，可得

$$\langle E\{\varepsilon_{\zeta_1}^2\}\rangle = \langle E\{\varepsilon_{\zeta_2}^2\}\rangle = \frac{1}{2}(E\{\varepsilon_X^2\} + E\{\varepsilon_Y^2\}) \qquad (4.74)$$

由式（4.71）和式（4.74）可见，壳体旋转调制技术可以消除引起静电陀螺仪漂移的多项误差源，其中包括：

（1）剩余磁场（如转子恒速磁场）产生的电磁干扰力矩。

（2）转子球面非球形偶次谐波产生的一次静电力矩。

（3）分布电容引起的转子失中度二次静电力矩和陶瓷电极碗装配错位引起的二次静电力矩。

第 4 章　静电陀螺仪漂移误差抑制技术

（4）趋势项漂移，经过壳体旋转平均为常值漂移项，且壳体旋转速度越快，平均后的常值漂移越小。

壳体旋转不能消除的主要误差如下。

（1）转子轴向质量不平衡力矩产生的漂移误差：$\left(a_1 - \dfrac{9}{16}a_3\right)\dfrac{mg}{H}$。

（2）转子失中度二次静电力矩产生的漂移误差：$-\left(\dfrac{8-5\sqrt{2}}{3}a_1 + \dfrac{3}{4}\sqrt{2}a_3\right)\left(\dfrac{1}{K_X} + \dfrac{1}{K_Y}\right)\dfrac{2F_0 mg}{d_0 H}$。

（3）电极碗高差引起的二次静电力矩：$-\dfrac{4\sqrt{2}}{3\pi}a_1 \gamma_Z \dfrac{mg}{H}$。

（4）静电支承系统不等刚度引起的二次静电力矩：$-\left(\dfrac{3}{2}a_2 + \dfrac{25}{12}a_4\right)\left(\dfrac{1}{2K_X} + \dfrac{1}{2K_Y} - \dfrac{1}{K_Z}\right)\dfrac{m^2 g^2}{H d_0}$。

（5）转子外球面和电极球腔本身非球形误差产生的二次静电力矩，一般来说，这类二次静电力矩比较微小。

（6）剩余外磁场产生的误差力矩，由于静电陀螺仪具有严格的磁屏蔽，因此，剩余外磁场产生的误差力矩是可以忽略不计的。

（7）随机漂移速度的方差。

以上分析表明，在基于静电陀螺仪设计的惯性系统中，采用壳体旋转技术可消除静电陀螺仪的大部分漂移误差源。对于带壳体旋转的框架式静电陀螺仪，剩余误差力矩主要包括：

（1）由转子轴向质量不平衡和奇次谐波引起的一次静电力矩。

（2）转子非球形奇次谐波分别与转子失中度和电极碗装配高差相结合产生的二次静电力矩。

（3）转子非球形偶次谐波与静电支承系统不等刚度相结合产生的二次静电力矩。

为了进一步提高静电陀螺仪的精度，除了在硬件上尽量提高转子和电极碗的加工与装配精度、提高静电支承系统刚度和稳定性，还可以在系统中建立漂移误差模型从软件上实现补偿。特别地，当静电陀螺仪工作在安静环境中时，壳体旋转不能消除的转子轴向质量不平衡力矩是很稳定的，而其他漂移误差分量又很小，建模与补偿的措施是很有效的。另外，与重力加速度无关的趋势项，经过壳体旋转调制平均为常值，也可以通过建模进行补偿。所以，带壳体旋转的平台式（框架式）静电陀螺仪将具有极高的长时间工作精度。

4.3 环境因素控制技术

惯性导航系统总是安装在运载体上工作的。运载体必须在自然环境条件下运行。随着季节、气候及环境状况的变化，惯性导航系统不可避免地遭受着各种实际环境条件的考验，包括温度、振动、冲击、加速度、摇摆、电磁干扰等。在这样的恶劣环境条件下，惯性仪表（包括陀螺仪和加速度计）的工作精度将会下降，影响惯性导航系统的工作可靠性。因此，为了保持惯性导航系统的运行精度和可靠性，其本身应具有优良的抵抗运载体的环境温度变化、振动、冲击、加速度、摇摆、电磁干扰的能力。

4.3.1 温度环境控制技术

由于惯性平台式机械结构是比较复杂的精密装置，其包含的惯性仪表（陀螺仪和加速度计）的工作精度是温度敏感的。平台内的惯性仪表、力矩电动机、测角传感器及相关电路模块的功耗是随工作状态改变的。功耗转变成的热流量，从平台稳定元件（台体）经过内环、中环及外环向外传递。各个框架之间的几何关系是随着运载体的运动而改变的，这将导致由稳定元件向外传递系数发生变化，并引起平台稳定元件内部的温度梯度，从而导致陀螺仪与加速度计的测量误差。

惯性平台外部的环境温度是变化的。对于高精度惯性平台，惯性仪表高精度工作的温度指标应达到 ± 0.01℃ 的精度。因此，高精度惯性平台必须具有高精度的温度控制与其匹配。这是设计高精度惯性平台的关键技术之一。

目前，针对惯性平台的高精度温度控制的有效措施是使用温控罩及其恒温控制系统。研制温控罩恒温控制系统的主要目的在于：解决环境温度波动对静电陀螺惯性导航系统测量精度的影响问题，为静电陀螺惯性导航系统的高精度现场测量应用提供一个温度相对恒定、稳定可靠的局域工作环境。

温控罩恒温控制系统的主要功能是：结合系统的台体结构，设计机电一体化的局域环境恒温控制系统，为内核仪器提供相对稳定的局域恒温工作环境，隔离系统外环境温度波动对系统内核仪器工作环境的影响。为响应系统总体可维修性设计，温控罩样机系统采用可现场开启的双侧温控门结构设计。

4.3.1.1 恒温环境控制方案

为了达到恒温控制的目的，系统必须通过一个隔热结构将内外热环境隔离，这也是恒温控制功能实现的前提条件之一。因此，首先必须设计一个合理的热隔离结构。实现恒温控制功能的另外两个条件则是内环境空气必须具有升温和降温的功能。升温功能可以直接通过电加热的方法来实现。而降温功能的实现方法较多，在非制冷条件下，理论上又可通过热辐射、热传导和热对流三种途径或其他组合方法来实现散热降温。采用内外环境隔离、内外气流双循环，以及传导热交换技术实现散热降温。为了达到最佳的散热效率，可采用逆流对流方式工作，使内外气流方向相反。

4.3.1.2 恒温环境结构设计

陀螺仪的运转情况受外部环境温度的影响很大，外部环境温度越稳定在系统工作的最适温度，陀螺仪的精度越高。为了有效地调节陀螺仪的运行环境温度，所设计的温控系统首先应能够为陀螺仪提供一个相对独立的密闭局域环境，以便温控系统对此密闭局域环境内的温度进行调节，使其达到陀螺仪运行时的最佳环境温度。为了实现对局域环境温度的控制，温控系统还应包括所需的散热器、加热器、测温传感器、风扇、电控部件等。

综合考虑以上因素，温控系统有两种总体布局方案可以满足这些要求。一种方案是将整个温控系统设计成整体式的圆坛形，陀螺仪位于圆筒的中央，各温控零部件安装于圆筒的内部、顶端以及底部。这种布局方案的优点是结构紧凑、仪器占用的空间较小、密闭性好、造型美观大方，缺点是仪器的维护与检修困难，并且有些零件因为其特有的圆形结构而不方便加工。另一种方案是将该温控系统设计成双开门式结构，用于调控局域环境温度的控温组件安装于两扇门内，温控系统正常运行时，两扇门关闭并由门闩机构锁紧，从而为陀螺仪提供密闭可调的局域环境温度。当温控系统需要维护和检修时，打开温控门便可以方便地进行相应操作。这种方案的优点是结构较紧凑、密闭性较好，并且方便维修。对比上述两种方案，确定该温控系统整体布局采用优点相对较多的双开门式结构。

密封门主体是整个温控系统中最重要且最复杂的零件，其主要作用是与陀螺仪机架形成密闭局域空间，并为温控门系统各控温组件以及电源等提供安装位置。为了实现较好的密封性和结构强度，将密封门主体设计成整体式结构，选用重量轻但强度较高的 5052 铝合金材料。

为了实现密封门与门框的连接，在密封门的一侧设计有合页安装槽，内门合页嵌入在安装槽内，并通过十字槽沉头螺钉将其与密封门主体固定在一起。同样，在密封门的另一侧设计有门闩安装槽，内门门闩也以相同的方式嵌入安装在密封门主体上。密封门主体通过合页与门框连接起来。由于安装在门框外侧的密封条弹性力较大，需要很大的力才能使密封门关紧并密封，所以在内门门闩上设计安装有防脱螺钉。当密封门关闭时，通过防脱螺钉在外框门闩上的旋紧可以对门产生很大的关闭力，从而达到良好的密封效果。

1. 散热风道设计

散热风道的作用是将仪器局域环境内的多余热量散出。当陀螺仪的工作状态不同时会产生不同的发热量，这就要求温控系统具有可以调节的散热能力。针对上述要求，温控门系统的散热风道设计成内风道和外风道相结合的双风道形式。当所需散热量较小时，只有内风道工作；当所需散热量较大时，内风道和外风道一起工作并且气流方向相反。这样，通过强制对流换热从而散发大量热量。

为了对温控系统内的局域环境做到有效的散热，内风道的进风口和出风口应设计在密封门主体内侧的 4 个角位置处，从而实现对内部空气最大的搅拌作用。在进风口和出风口处安装有轴流风扇，通过风扇的不同安装方式构成内风道的进风风扇和排风风扇。传感器安装架选用导热性能差的材料。密封门主体外侧与进风口和出风口相对应的位置处应有散热槽，以达到对风口处散热的目的，同时减轻密封门主体的重量。

在密封门的外侧安装有内散热器。内散热器毛坯由导热系数较高的铝合金挤压成型，其内部中空，并具有辐板结构增加刚度。内散热器通过螺纹副与散热器法兰和散热器连接器连接为一体，并固定在密封门上。这样，内风道进风口、散热器法兰、散热器连接器、内散热器、内风道出风口共同构成了密封门的内散热风道。通过内风道气流的作用，分布在陀螺仪附近较高温度的空气被抽到密封门中的内散热风道进行散热，并将较低温度的空气吹向陀螺仪，对其降温。

2. 加热风道设计

密封门的内侧中部设计安装槽，用以安装加热器组件，并形成加热气流风道。当密闭局域环境的温度较低，如仪器冷启动时，可通过加热风道的气流对环境温度进行加热。

加热器组件一般由加热器安装板、加热器盖板、电阻加热板、加热器、风扇和传感器等组成。加热器设计多片加热肋片，用以增大与空气的接触面积，从而提高加热效率。加热器的两端设计成斜面形，从而减小气流进入和流出的阻力。加热器和加热器盖板通过沉头螺钉连接成一体并将电阻加热板夹紧在两者之间，当电阻加热板通入电流时实现对加热器的加热。加热器盖板的端面设计有螺纹孔，通过螺钉实现与加热器安装板的连接。在加热器安装板的进风口安装有风扇，用以驱动热风道内的气流流动。在加热器安装板的两条长边上设计有螺纹孔,以实现与密封门主体的连接。在热风道出风口处安装有传感器,用以获取出风口的温度数据。

4.3.1.3 温控算法

温控系统内部仪器产生的实际热量与其实际工作模式和工作状态有关,而这些因素对于恒温控制系统来说是事先无法确定的。因此,常规的恒温技术(如 PID)很难满足系统要求。模糊控制方法可在系统热模型未知的情况下实现恒温控制,但需要大量的经验试验数据以建立模糊控制专家知识库。针对系统要求和总体结构,本节介绍一种动态热平衡伺服式恒温控制算法,该算法控制策略的逻辑推理过程类似于模糊控制,但不需要输入变量的模糊化和输出变量的反模糊化过程,可避免由于缺乏经验数据而带来的合理论域确定方面的困难。系统的温度控制算法以主控制器为硬件基础来实现。温度控制算法的具体设计过程如下:设内环境中的陀螺仪等设备的热辐射功率(热负荷功率)为 P_I;加热器的热功率(热负荷平衡功率)为 P_H;散热器通过强制热对流和热传导实现的实际散热功率为 P_D;恒温控制系统壳体自然散热功率为 P_C。则系统达到动态热平衡的条件为

$$P_I + P_H = P_D + P_C \tag{4.75}$$

其中,壳体自然散热功率 P_C 仅仅取决于内外环境的实际温差和壳体自然散热条件,在温差一定的条件下则取决于壳体自然散热条件。式(4.75)最简单的平衡条件是内外温差为 0,且系统处于非工作状态,即

$$\begin{cases} P_I = 0 \\ P_H = 0 \\ P_D = 0 \\ P_C = 0 \end{cases} \tag{4.76}$$

系统正常工作状态下,P_I 和 P_C 均大于 0。当 $P_I = P_C$ 时,可令 $P_H = 0$,$P_D = 0$,以建立式(4.75)所需的平衡条件;当 $P_I > P_C$ 时,可令 $P_H = 0$,通过对 P_D 的伺服控制以建立式(4.76)所需的平衡条件;当 $P_I < P_C$ 时,可令 $P_D = 0$,通过对 P_H 的伺服控制以建立式(4.76)所需的平衡条件。由此可见,只要加热器的最大加热功率 $P_{H_{max}}$ 和散热器的最大散热功率 $P_{D_{max}}$ 足够大,在任何情况下都可以建立式(4.76)所需的热平衡条件。

在系统中,内部仪器最大热辐射功率 $P_{I_{max}} \leqslant 200W$,因此本节在进行热计算时,将散热器的最大散热功率 $P_{D_{max}}$ 设计为不低于 200W(内外环境温差不小于 7℃时)。虽然自然散热功率 P_C 为未知量,但由于内外风道的热隔离作用,P_C 远小于系统内部仪器最大热辐射功率 $P_{H_{max}}$。$P_{H_{max}}$ 应该足够大,用以缩短初

始恒温状态建立的时间，本节中取 $P_{H\max}=600W$，是 $P_{I\max}$ 的 3 倍。

设恒温控制的目标温度为 T_{target}，目标环境的实际检测温度为 T_{realtime}，两次温度采样间的变化量为 $\Delta K_{\text{realtime}}$，则实测温度与目标温度的温差 E_T 和温度变化率 E_k 可以表达为

$$\begin{cases} E_T = T_{\text{realtime}} - T_{\text{target}} \\ E_k = \dfrac{\Delta K_{\text{realtime}}}{t_{\text{period}}} \end{cases} \quad (4.77)$$

式中：t_{period} 为温度传感器数据的采样周期，本系统中设为 1s；目标环境的实时监视温度 T_{realtime} 取自于 T_1、T_2、T_3、T_4 四个内环境空气温度传感器测量结果的平均值；$\Delta K_{\text{realtime}}$ 则取自于上述 4 个温度传感器相邻两次采样结果之差的平均值。系统中的 $T_5 \sim T_8$，$T_9 \sim T_{12}$ 温度传感器测量结果不作为系统控制目标依据。

与常规模糊控制类似，将 E_T 分为 5 个区间（集合），记为 TVL、TL、TZ、TH、TVH，将 E_K 分为三个区间（集合），记为 KL、KZ、KH，如图 4.16 所示。TVL 为全速升温区域，TVH 为全速降温区域，TL、TZ、TH 为伺服控制区域，分区过程类似于模糊控制中的输入变量模糊化，但各区间的论域无交叉，且隶属度始终恒等于 1，因此要比模糊控制中的输入变量模糊化过程简单得多。其中，$\pm T_v$ 为系统可接受的目标温度控制结果范围（$\pm 0.5℃$），$\pm T_e$ 为设定的控制目标温度精度（$\pm 0.1℃$），$\pm K_e$ 为温度升降速度控制变量（$\pm 0.01℃/s$）。

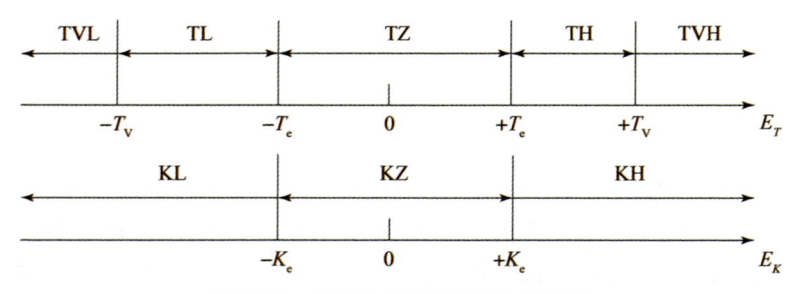

图 4.16 E_T 和 E_K 的区间划分示意图

控制策略的推理过程如表 4.1 所示，其控制逻辑推理方法类似于模糊控制，但其输出为伺服控制的模式，而不是模糊控制输出量，因此无须反模糊化处理。H（Heating）、F（Fanning）分别表示限温加热和风冷散热两种不同的伺服控制模式。表中符号 H++、H--，$H_{\max}$、H_{keep} 的具体含义在限温加热控制模式中介绍，符号 F++、F--、$F_{\max}$、F_{keep} 的具体含义在风冷散热控制模式中介绍。

表 4.1　控制策略推理数据

E_T	E_K		
	KL	KZ	KH
TVL	H_{max}	H_{max}	H_{max}
TL	H++	H_{keep}	H－－
TZ	F－－	F_{keep}	F++
TH	F_{keep}	F++	F++
TVH	F_{max}	F_{max}	F_{max}

1. 限温加热控制（H）模式

为了确保加热器能够以系统设定的温度工作，温控系统对加热器采用了限温加热局部闭环控制。可通过软件选择风温（$T_9 \sim T_{12}$）或加热器本体温度传感器（$T_5 \sim T_8$）的测量结果用作局部闭环控制的控制目标温度，加热器本体温度传感器的测量结果还可作为加热器过热保护的依据。加热器以软件设定的温度进行加热，其伺服控制原理如图 4.17 所示。系统通过脉冲宽度调制（Pulse Width Modulation，PWM）来调节加热器的实际通电时间，进而调整加热器的加热温度。

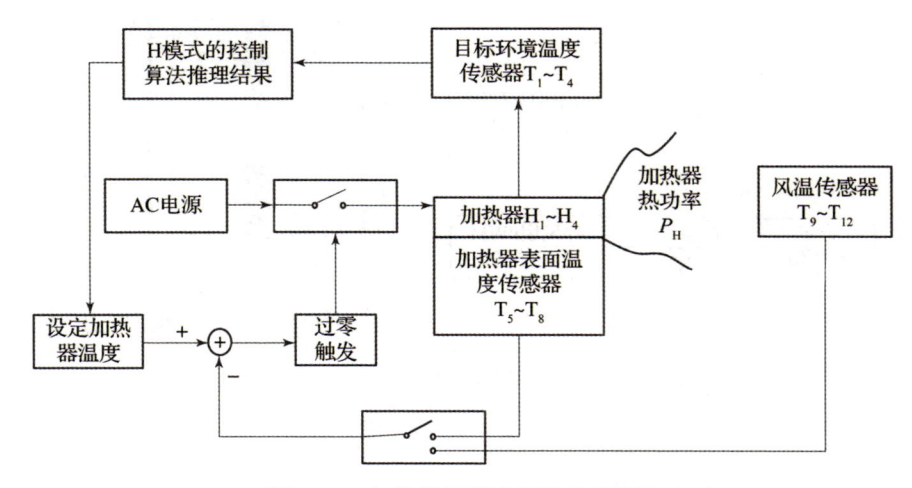

图 4.17　加热器伺服控制原理示意图

由系统分布式硬件结构可知，内环境中的 4 个加热器异步工作，其控制过程完全独立。加热桥的加热温度限定在控制目标温度 T_{target} 和最高加热温度

$T_{H_{max}}$ 之间，本系统中 $T_{H_{max}} = 60℃$。H 模式下加热器的实际加热温度取决于温控算法控制策略的推理结果，如表 4.1 所示，H++ 表示加热温度将在当前加热温度的基础上提升 1℃；H-- 表示加热温度将在当前加热温度的基础上降低 1℃；H_{keep} 表示加热温度将保持当前的加热温度不变；H_{max} 表示以温度 $T_{H_{max}}$ 全速加热。

2. 风冷散热控制（F）模式

根据温控要求，内外散热风扇分成 4 组，每组包括 1 个内循环散热风扇和 1 个外循环散热风扇，并由 1 个风扇控制节点控制。每个风扇转速均可在 0~19 级转速之间任意设定。为了确保目标环境中的气体温度尽量均匀，内循环风扇兼顾搅拌的功能，因此正常工作状态下，其最低风速限定为 8 级。而外循环风扇的转速可在 0~19 级任意设定。当外循环风扇的转速高于 8 级时，内循环风扇随之调节到相同的转速，而当外循环风扇的转速低于 8 级时，内循环风扇则限定为 8 级。F 模式下外循环风扇的转速取决于控制策略的推理结果，如表 4.1 所示，F++ 表示风扇转速将在当前转速的基础上提升 1 个等级；F-- 表示风扇转速将在当前转述的基础上降低 1 个等级；F_{keep} 表示风扇转速将保持当前转速不变；F_{max} 表示以 19 级风速全速进行风冷散热。风扇伺服控制原理如图 4.18 所示。

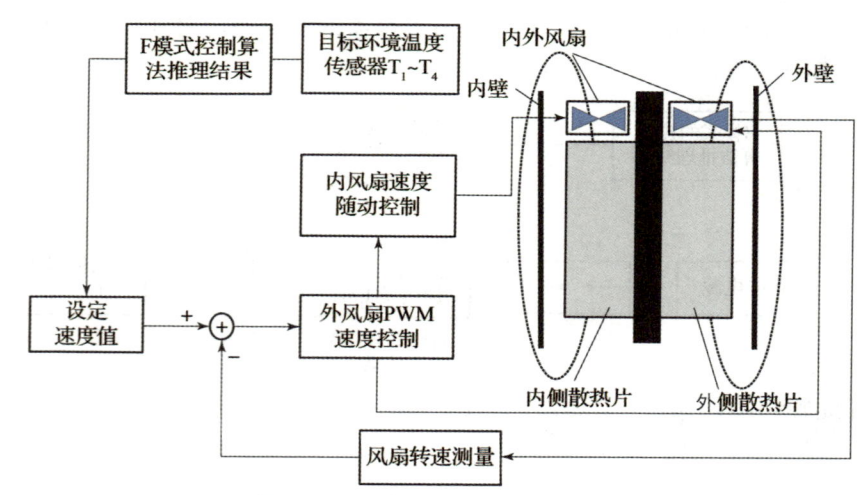

图 4.18 风扇伺服控制原理示意图

4.3.2 振动环境控制技术

在爆炸及武器发射等造成的冲击环境下，舰船机电设备可能会由于承受过大的速度突变或位移而遭到破坏，从而降低运行可靠性。舰船惯性导航系统属于高精密器械，与载体必须具有极高的姿态精度，且系统内敏感元件对强冲击的抗性不强，需进行冲击隔离设计。根据抗冲击的指标要求和应用条件，高精度惯性导航缓冲装置应具备如下功能：常态的低频振动载荷下保持刚性，仅在承受强冲击载荷时具备弹性隔冲性能，强冲击过后惯性平台能以一定的精度返回初始平衡位置。

基于 Stewert 平台的六自由度并联结构形式，结构简单、紧凑，承载能力强，目前广泛应用于惯性导航系统的过载保护中。美国 Sperry Marine 公司研制的激光陀螺仪捷联惯性导航系统 MK39 Mod3C 采用 6 杆并联支承缓冲结构，每根杆都是一个可伸缩的独立弹簧阻尼系统，通过球铰分别与基座底板、安装上板连接。俄罗斯中央电气研究所研制的静电陀螺监控器采用 24 杆并联支承缓冲结构，分内外两圈均匀布置。国内多款高精度惯性导航均采用类似的多杆并联缓冲装置。

为了保证优良的低动态姿态精度和冲击复位精度，并联缓冲装置需要具有足够的抗倾覆力矩，缓冲基座采取了独特的弹簧预紧结构。与无预载荷弹性装置不同，具有预载荷换位的缓冲基座在进行冲击响应计算时需考虑支承参数的突变，系统动力学方程中的刚度矩阵在冲击过程中是变化的，这大大增加了多杆并联缓冲装置数学建模和冲击设计计算的难度。在缓冲基座设计与试验过程中，应重视如下问题。

（1）在冲击设计计算方法和仿真方法不精确的情况下，在杆数目、预载荷值、弹簧阻尼等关键特性参数设计上都需要加上较大的裕量（裕度设计）。

（2）在大角度摇摆下如果要保证缓冲基座的姿态保持精度，需要施加较大预载荷，以提供足够的抗倾覆力矩。

（3）由于预载荷的存在，降低了冲击隔离效果，特别是垂向冲击时预载荷换位换向会导致垂向冲击响应曲线产生正负跳跃。

（4）弹簧预紧结构在换位换向时存在结构刚性碰撞，导致冲击响应有一定的高频毛刺。

4.3.2.1 并联缓冲器设计要点

并联缓冲器的设计要点如下：
（1）根据要求，进行初步的固有频率、阻尼方式和总体布置的选择。
（2）进行杆组件结构方案设计，从可选择的三种结构形式中确定结构形式。
（3）利用垂向动力学方程数值响应计算程序确定缓冲基座预载荷值、弹簧阻尼参数。

（4）如果采用内外圈结构形式，则弹簧参数还得满足扭矩平衡。

（5）选定参数后，根据斜支撑方式完成结构布局。

4.3.2.2 并联缓冲器设计流程

图 4.19 所示为缓冲装置具体的设计流程。根据任务输入，最开始进行的是总体布局设计，确定三个方向的弹性固有频率，初步编排杆组件数目及整体布置。设计重点是杆组件结构详细设计，设计内容包括弹簧预紧结构形式、阻尼吸能方式、弹簧阻尼参数及预载荷值。

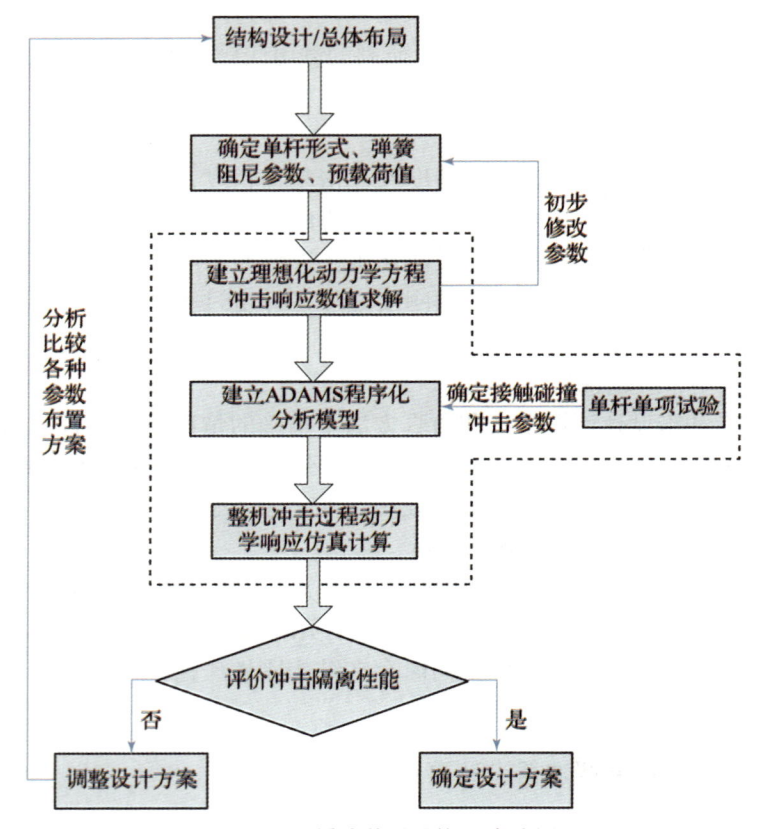

图 4.19 缓冲装置具体设计过程

对设计方案进行数学建模与动力学冲击响应计算，根据冲击隔离性能评价进行参数方案调整优化，直至获得优化的装备性能。

1. 确定固有频率

首先确定系统的固有频率，图 4.20 所示为典型的单自由度模型。

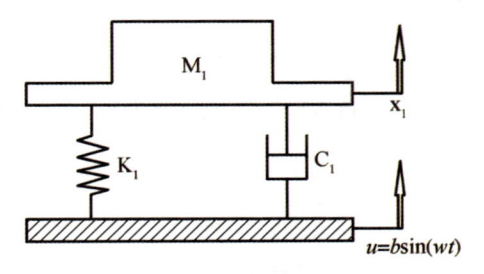

图 4.20 单自由度模型

受基础运动激励的系统运动微分方程为
$$m\ddot{x}_1 + c(\dot{x}_1 - \dot{u}) + k(x_1 - u) = 0 \qquad (4.78)$$
式中：$u(t)$ 为基础运动激励；$\ddot{u}_0 = 5g$，$\tau = 15\text{ms}$。
$$\ddot{u}(t) = \begin{cases} \ddot{u}_0 \sin\left(\dfrac{\pi t}{\tau}\right), & 0 < t < \tau \\ 0, & t \leqslant 0, t \geqslant \tau \end{cases} \qquad (4.79)$$

令相对位移为
$$\delta(t) = x_1 - u \qquad (4.80)$$
$$m\ddot{\delta} + c\dot{\delta} + k\delta = -m\ddot{u}(t) \qquad (4.81)$$

冲击的能量主要集中在低频段，且幅值较大。当冲击脉冲的持续时间（15ms）小于缓冲器固有周期 1/6 时，冲击可以得到有效隔离。根据冲量定理，此时冲击脉冲可以近似地看作速度阶跃冲击。

对于基础上的半正弦加速度冲击，冲击响应可以由 Duhamel 积分给出
$$x_1(t) = \int_0^t h(t-\tau) f(\tau) d\tau = \frac{1}{mw_d} \int_0^t f(\tau) e^{-\zeta w_n(t-\tau)} \sin w_d(t-\tau) d\tau$$
$$(4.82)$$

根据 Duhamel 积分公式可以计算任意冲击输入下不同固有频率系统的最大响应（冲击响应谱）。冲击响应谱本质也是对冲击输入的一种表达方式，它是冲击响应峰值关于各种阻尼系统的固有频率的函数。冲击谱大致上可以分为冲击隔离区（$\pi/2\tau$）、冲击放大区和等效静态冲击区。从冲击响应谱分析，当缓冲基座弹性元件对应的固有周期为 6τ 时（当 $\tau = 15\text{ms}$ 时，最大固有频率对应为 11Hz），可以实现冲击的有效隔离。

2. 杆组件结构详细设计

图 4.21 所示为杆组件的预紧限位结构示意图，主要由弹簧预紧核心、限位外壳、内活塞、上下球铰组成。弹簧预紧核心与上球铰连接，限位外壳与下球铰连接，内活塞实现限位时预紧力的方向切换。弹簧预紧核心决定了杆

组件的预紧力，外壳中增加装配调整垫，它是限位外壳尺寸链的闭环件和满足受力性能指标的调整件，用于进行长度误差补偿。

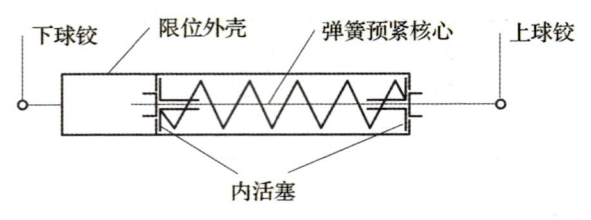

图 4.21 预紧限位结构示意图

3. 弹簧阻尼参数及预载荷值设计

根据设定的固有频率计算弹簧元件的详细参数。弹性元件通过加大系统响应周期降低响应量级，并将冲击能量转换为自身的弹性势能实现过载保护，还需配合阻尼元件适当耗散冲击能量。根据系统总体所要求的载体环境条件，选取合适的阻尼介质及阻尼比，在惯性导航系统的缓冲系统中一般采用液压阻尼吸能方式，阻尼比选择应始终以接近 0.3~0.5 为好。阻尼过小，冲击过后系统恢复稳定的时间过长，不利于系统工作；阻尼过大，会增大冲击响应量级，恶化缓冲性能。

具有预载荷换位的结构在进行冲击响应计算时需考虑支承参数的突变，对并联缓冲基座的约束连接关系和接触碰撞过程进行理想化处理，以负载质心的三个平动坐标和三个转动坐标为广义坐标，利用拉格朗日方程建立并联缓冲装置的六自由度动力学方程。

垂向等效非线性动力学方程为

$$\begin{cases} m\ddot{\delta} + c\dot{\delta} + k\delta = -m\ddot{u}(t) - mg + \text{preload}, \delta < 0 \\ m\ddot{\delta} + c\dot{\delta} + k\delta = -m\ddot{u}(t) - mg - \text{preload}, \delta > 0 \end{cases} \quad (4.83)$$

式中：δ 为相对位移；$\ddot{u}(t)$ 为基础运动加速度激励；preload 为预载荷值。

通过寻找零点位置进行预载荷支承刚度分段切换，采用 Duhamel 积分公式实现冲击响应的 MATLAB 数值计算。比较有预载荷与无预载荷两种条件下的系统响应。图 4.22（a）所示为负载相对位移响应，图 4.22（b）所示为负载绝对加速度响应。

从以上结果可以看出，预载荷在给平台及其负载提供抗倾覆力矩的同时，一定程度上恶化了缓冲基座的垂向缓冲性能。缓冲器上平台在冲击后，还将受到预载荷施加的方向频繁切换的阶跃加速度输入。图 4.23 所示为有预载荷和无预载荷下的等效输入载荷曲线。

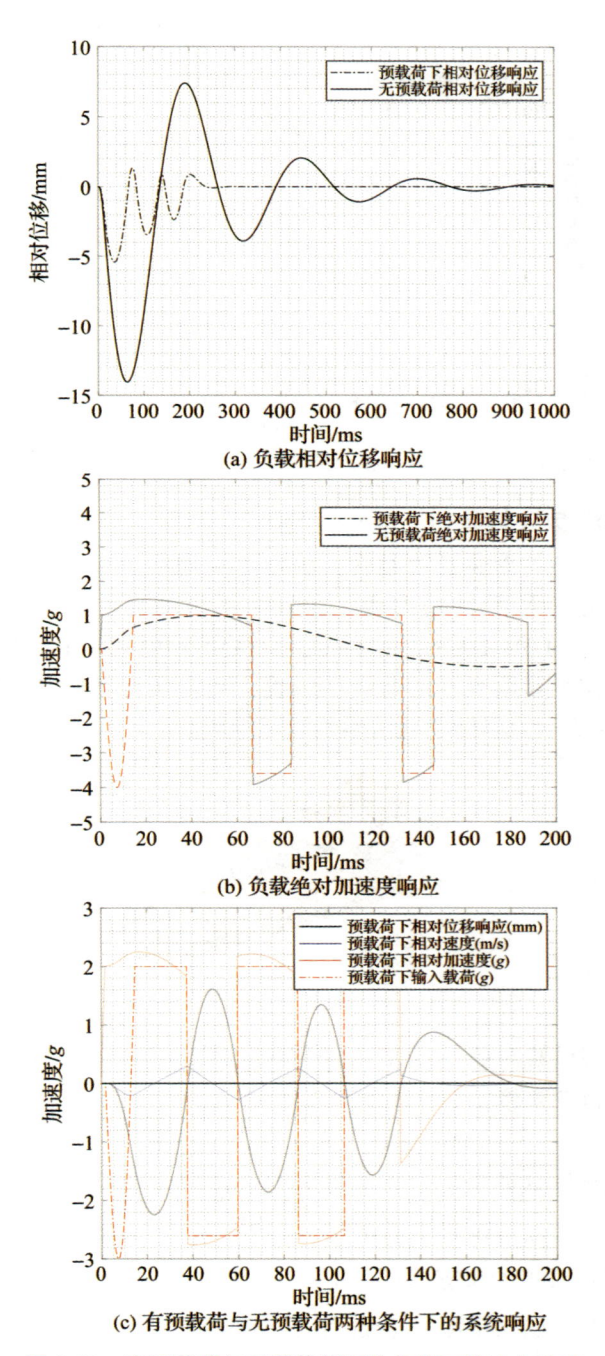

图 4.22 有预载荷与无预载荷两种条件下的冲击响应

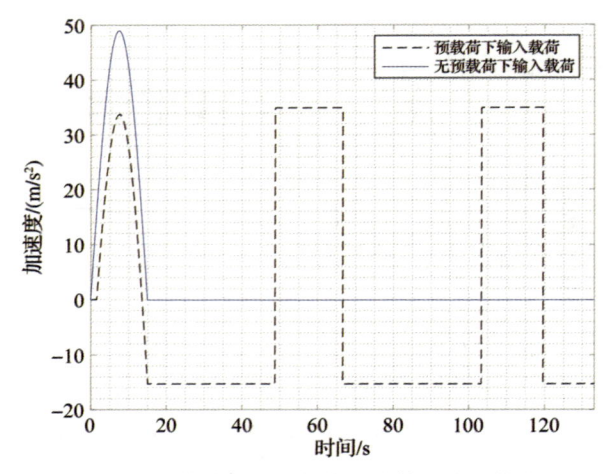

图 4.23　有预载荷和无预载荷下的等效输入载荷曲线

4. ADAMS 仿真验证

单杆单项试验与理论计算结合，确定支承切换过程中接触刚度、弹性力指数、接触阻尼系数等冲击参数。在机械系统动力学自动分析（Automatic Dynamic Analysis of Mechanical Systems，ADAMS）中利用 IMPACT 冲击函数模拟换位碰撞时支承参数突变的非线性过程，建立缓冲基座整机的程序化数学模型。图 4.24 所示为单杆单项试验工装三维图。

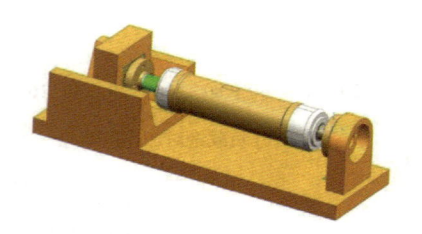

图 4.24　单杆单项试验工装

根据理论与试验对照，对 ADAMS 程序化数学模型的连接关系、输入载荷等边界条件进行调整修正。

$$\text{IMPACT}(q,\dot{q},q_0,k,e,c_{\max},d) \tag{4.84}$$

式中：q 为接触位移函数；$\dot{q}$ 为速度函数；q_0 为触发距离；k 为接触刚度；e 为弹性力指数；$c_{\max}$ 为接触阻尼系数；d 为阻尼完全起作用的斜坡距离。

5. 冲击复位精度的工艺保证

缓冲基座设计过程中应采取适当的防护措施提高环境适应性。其包括但不限于：①材料选择时注意应用条件；②合理设计运动副间隙；③易锈蚀材料进行表面防护；④运动副应有 PEEK（聚醚醚酮）导向环过渡，并作必要的防护处理；⑤螺纹副要有防松措施。

缓冲装置的关键部件是含有预紧力 F_0 的杆组件，多个杆组件分内外两圈均匀地倾斜布置。在初始平衡位置，内外圈的预紧力合成的垂向扭力矩应保持平衡。面对任意方向的水平冲击载荷，缓冲装置整体都具有较大的角刚度，在卸载水平冲击载荷后能以极高的姿态精度回复到初始平衡位置，这样才能保证惯性导航设备优良的低动态姿态保持和强冲击姿态复位精度。每一个杆组件的性能决定着整个系统整体的性能变化，其装配调整是缓冲基座装配的关键环节之一。

杆组件的长度误差、球铰的间隙都会造成负载的姿态精度的偏差，对装配工艺的要求极高。如图 4.25 所示，在基座质心处建立定坐标系 $O_0 - X_0 Y_0 Z_0$，设备安装板质心处建立动坐标系 $O_1 - X_1 Y_1 Z_1$。

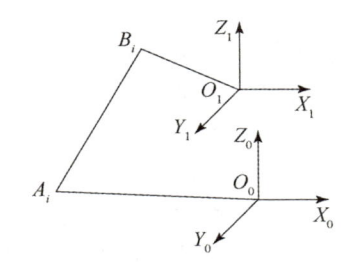

图 4.25 缓冲基座坐标系示意图

定义设备安装板的广义坐标为 $q = [x, y, z, \alpha, \beta, \gamma]^T$，安装板输出位姿的精度误差 δq 主要由杆组件长度误差 δl 和球铰间隙 δe 造成。对各个杆，利用全微分理论建立 16 个杆长误差、32 个铰链间隙误差与安装板位姿误差的关系式：

$$\delta q = J_a^{-1} \cdot \delta l - J_q^{-1} \cdot J_e \cdot \delta e \tag{4.85}$$

式中：

$$J_q = \begin{bmatrix} s_1^T & (c_1 \times s_1)^T \\ s_2^T & (c_2 \times s_2)^T \\ \vdots & \vdots \\ s_{16}^T & (c_{16} \times s_{16})^T \end{bmatrix} \tag{4.86}$$

$$J_e = \begin{bmatrix} -s_1^T & s_1^T \cdot R & & 0 \\ & -s_1^T & s_1^T \cdot R & \\ & & \ddots & \ddots \\ 0 & & -s_1^T & s_1^T \cdot R \end{bmatrix} \tag{4.87}$$

$$c_i = R \times b_i \tag{4.88}$$

式中：s_i 为第 i 个杆组件的长度矢量 A_iB_i 对应的单位矢量；b_i 为安装板的第 i 个球铰球心在动坐标系 $O_1 - X_1Y_1Z_1$ 中的位置矢量；R 为动坐标系 $O_1 - X_1Y_1Z_1$ 相对定坐标系 $O_0 - X_0Y_0Z_0$ 的旋转矩阵。

以该型缓冲装置的装配模型为例，给定各杆部件参数后确定各球铰点坐标，代入确定 s_i，b_i （$i = 1$, 2, …, 16），R 为单位矩阵，δl 按实际尺寸确定误差值，球铰间隙 δe 限定为 ± 0.01mm 的均匀分布，将 s_i，b_i （$i = 1$, 2, …, 16），R，δl，δe 代入式（4.85），求得缓冲装置平台的位姿误差，如表4.2所示。

表 4.2　结构输出位姿误差

δx	δy	δz	$\delta \alpha$	$\delta \beta$	$\delta \gamma$
0.06	-0.08	-0.02	19	32	0

可见，16 个杆组件的长度误差、球铰的间隙累加会造成较大的姿态精度偏差，导致缓冲基座整体在初始平衡位置处于力矩不平衡的不稳定状态，对冲击后的姿态复位会有较大影响。所以，每一个杆组件的长度一致性（包含球铰间隙）也是缓冲基座装配精度的关键环节之一。

弹簧预紧核心决定了杆组件的预紧力，通过锁紧螺母压紧弹簧保证设定的初始预压力。外壳起限位作用，是杆组件的定位基准。在外壳中增加装配调整垫，它是限位外壳尺寸链的闭环件和满足受力性能指标的调整件，用于进行长度误差补偿。

如图 4.26 所示，利用压力机对组装好的弹簧预紧核心进行压力测试，从初始位置开始连续压缩 4mm，测得的力 - 位移曲线的预紧力拐点在 1202.5N 附近，与设定值相当，满足设计要求。当力升到 1202.5N 以后，曲线斜率发生变化，力值以刚度值 k 的量随压缩量的增加而增大。

图 4.26　弹簧预紧核心压力测试

第4章 静电陀螺仪漂移误差抑制技术

对每个弹簧预紧核心进行压力测试,记录其预紧力拐点和刚度值,选取设计处于预紧力和刚度误差范围内的弹簧预紧核心。将预紧核心与外壳组装成杆组件,利用三点定位支撑原理按预紧力大小将杆组件沿内外圈均匀布置,使缓冲装置整体在任意水平方向上的角刚度尽量接近,从而最大限度地消除预紧力一致性误差对装配精度的影响。

结合实际的零件制造精度和球铰间隙,求得杆组件中调整垫片的厚度误差值,研磨修整调整垫片,减小杆组件的长度误差和球铰间隙对装配精度的影响。计量限位外壳尺寸链上各尺寸的具体数值。

其保证方法就是根据外壳轴向尺寸链计算调整垫片的厚度误差值,然后研磨修整调整垫片,最终解决装配中间隙调整的技术难点,具体操作流程如下:

首先,将内活塞和弹簧装入核心杆内,用锁紧螺母紧固,然后测出尺寸 A(图4.27)。

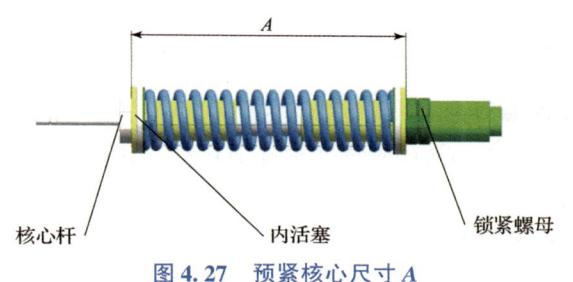

图 4.27 预紧核心尺寸 A

其次,分别计量下盖的尺寸 A_1、上盖的尺寸 A_2、壳体长度尺寸 B(图 4.28),可计算出调整垫片的厚度 $C = A + A_1 + A_2 - B$。

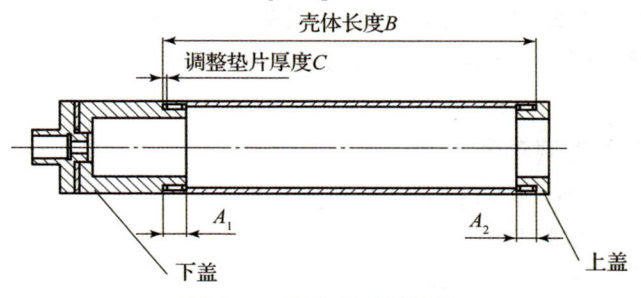

图 4.28 外壳尺寸示意图

最后,根据计算的调整尺寸 C,将调整垫片磨削加工成活并装配后即可消除在轴向不受外力状态下外壳的窜动。

在实际的调整应用中,还需根据外壳和预紧核心的周向转动灵活度对调整垫片的厚度进行微调。内活塞外端面与上下盖的接触面之间由于压力会存在一个摩擦力 F_2。与理想的状态下的摩擦力 F_3(压力 N 不超过200N,

$F_3 = \mu \times N \leqslant 60\text{N}$，$\mu$ 为摩擦系数）相比，在调整的过程中存在三种变化情况，调整垫的实测厚度为 C_0，即 F_4 与 F_3 之间的关系如下：

（1）$F_2 < F_3$ 时，$C_0 > C$。内活塞与外壳没有有效接触，外壳的周向转动过于灵活，需要再适度减小调整垫厚度。

（2）$F_2 > F_3$ 时，$C_0 < C$。内活塞被外壳进一步挤压，弹簧预紧力增大，外壳无法转动，但预紧核心较易转动，需要对杆组件进行拆装调整。

（3）F_4 与 F_3 接近时，$C_0 = C$。调整的理想状态，这时预紧核心较难转动，外壳具有一定的旋转自由度。

另外，球铰通过研磨，增加球面接触面积，可将球铰间隙有效地减小到 10μm 以内，并且在调整垫片厚度中适度考虑配对球铰间隙影响。

通过调整垫片的修整，可以针对零件的实际加工尺寸误差进行补偿，有效减小杆组件的长度误差导致结构位姿误差。

4.3.2.3 ADAMS 动力学仿真

1. ADAMS 建模理论

确定支承切换过程中接触刚度、弹性力指数、接触阻尼系数等冲击参数。在 ADAMS 中利用 IMPACT 冲击函数模拟换位碰撞时支承参数突变的非线性过程，对每个杆组件分别建立滑动运动副、IMPACT 接触力约束、待预载荷弹簧，建立缓冲基座整机的程序化数学模型。根据理论与试验对照，对 ADAMS 程序化数学模型的连接关系、输入载荷等边界条件进行调整修正。通过单杆测试确定合理的 IMPACT 函数，防止仿真过程中的非激励振荡、接触不识别、内活塞振荡等不合理现象的出现。由于接触碰撞，仿真获得的加速度响应会存在很多高频毛刺，用 MATLAB 处理速度响应数据，平滑处理后微分得加速度响应曲线。

2. 不同参数方案对比

图 4.29 所示为 4 种参数下的速度、加速度曲线。

（1）无阻尼预载荷参数为 $2.4g$ 惯性负载：整机振荡，且幅值几乎不衰减，正负向位移分别为 4.95mm 和 1.9mm，第一个响应周期为 76.4ms。

（2）1.818 阻尼比，预载荷参数为 $2.4g$ 惯性负载：整机振荡响应，三个周期后就快速衰减为零，正负向位移分别为 3.62mm 和 0.82mm，第一个响应周期为 58.4ms。

（3）0.9 阻尼比，预载荷参数为 $2.4g$ 惯性负载：整机振荡响应，衰减速度变慢，正负向位移增大（分别为 3.62mm 和 0.82mm），第一个响应周期略微变大，为 66.2ms。

第 4 章　静电陀螺仪漂移误差抑制技术

(a) 无阻尼比，2.4g惯性负载的速度、加速度曲线(−4.95mm，+1.9mm)

(b) 1.818阻尼比，2.4g惯性负载的速度、加速度曲线(−3.62mm，+0.84mm)

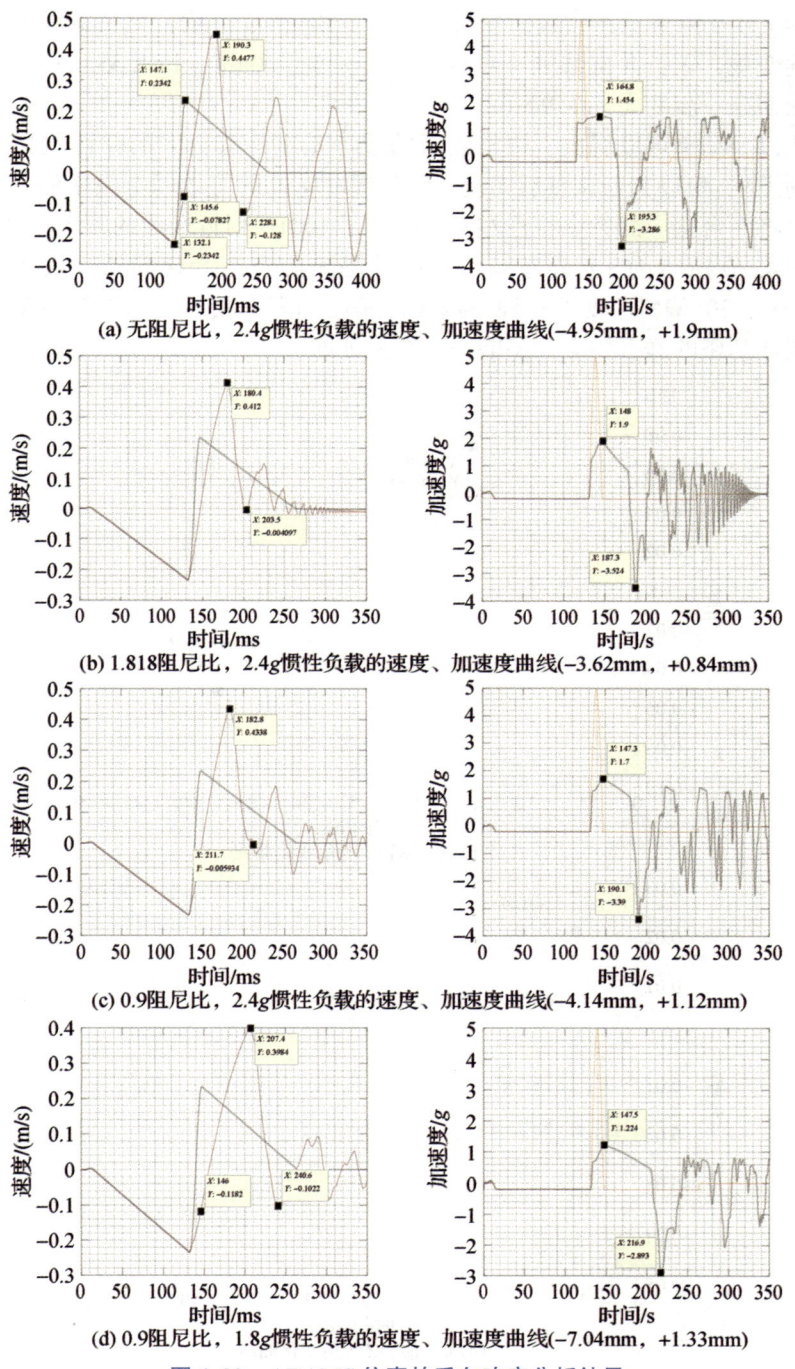

(c) 0.9阻尼比，2.4g惯性负载的速度、加速度曲线(−4.14mm，+1.12mm)

(d) 0.9阻尼比，1.8g惯性负载的速度、加速度曲线(−7.04mm，+1.33mm)

图 4.29　ADAMS 仿真的垂向响应分析结果

133

（4）0.9 阻尼比，预载荷参数调整为 1.8g 惯性负载：整机振荡响应，衰减速度变慢，正负向位移进一步增大（分别为 7.04mm 和 1.33mm），第一个响应周期进一步变大，为 94.6ms。

从以上结果可以看出，调整以后的缓冲基座具有更大的弹性位移量（相同激励下），可以判断调整后实现了降低缓冲基座的等效固有频率的目的，预期可以将平台响应的频率特性左移，改善了 100Hz 附近频段的频率特性。

图 4.30 所示为 10°静态倾斜下缓冲基座的姿态变化曲线，表 4.3 列出 10°、20°、30°偏斜角度下 4 种参数缓冲基座的姿态精度，从数据可知，调整后的缓冲基座的静态姿态保持能力是有保证的。

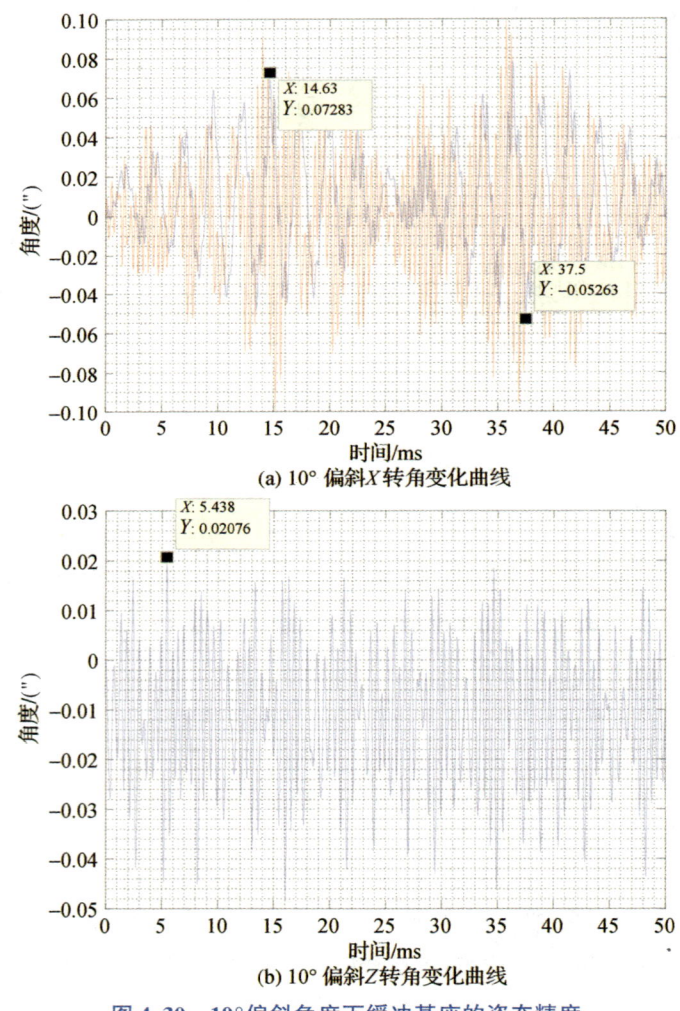

(a) 10°偏斜 X 转角变化曲线

(b) 10°偏斜 Z 转角变化曲线

图 4.30　10°偏斜角度下缓冲基座的姿态精度

表 4.3 10°，20°，30°偏斜角度下 4 种参数缓冲基座的姿态精度

倾斜角度	R	参数一	参数二	参数三	参数四
10°	R_x	0.14″	0.07″	0.07″	0.3″
20°	R_y	0.27″	0.146″	0.152″	0.3″
30°	R_z	0.08″	0.02″	0.05″	0.2″

4.3.3 电磁环境控制技术

随着科学技术的发展，惯性导航系统的电子设备越来越复杂，其可靠性直接影响系统的正常运行，而系统的抗干扰能力是整个系统可靠运行的关键因素之一。惯性导航系统装备是集中安装在控制舱内的，大多数处在强电电路和强电设备所形成的恶劣电磁环境中。因此，必须对设备和系统的电磁兼容性进行深入的研究。电磁兼容性是指"设备和系统在其电磁环境中能正常工作且不对其环境的任何事物构成不能承受的电磁骚扰的能力"。也就是说，设备和系统的电磁兼容性（Electro Magnetic Compatibility，EMC）应包括两个方面的要求：一是设备在正常运行过程中产生电磁干扰应在一定限度范围内；二是设备对其所在环境中存在的电磁干扰具有一定的抵抗能力，即电磁敏感性，或称电磁耐受性。

电磁干扰的危害性主要反映在设备和系统的性能、技术指标及可靠性下降等方面。其主要表现如下：

（1）电源供电品质下降，出现电压波动、振荡、波形畸变等现象，不仅干扰用电设备，而且电源功率越大，其电磁辐射能力越强，越容易给其周围的设备带来电磁干扰。

（2）传感器检测设备的测量信号的准确度、精度、灵敏度降低，数据失实，致使数据不能正确采集和处理，甚至无法正常工作。

（3）信号传输设备的传输数据丢失、混乱，甚至不间断通信被中断，造成通信故障。

（4）控制设备出现失控、动作逻辑紊乱、可靠性和有效性降低，甚至危及系统安全。

（5）导航计算出错，输出参数失真，甚至系统崩溃、无法正常使用。

电磁干扰源可分为自然干扰源和人为干扰源两种。自然干扰源主要包括大气中发生的各种现象，如雷电、风雪、暴雪、冰雹、沙暴等产生的噪声，以及来自太阳和外层空间的宇宙噪声，如太阳噪声、星际噪声、银河噪声等。

人为干扰源是多种多样的，如各种信号发射机、振荡器、电动机、发动机、电弧焊接机、整流器、逆变器、数字脉冲电路、电晕放电、各种高频设备，以及核爆炸产生的核电脉冲等。

任何电磁干扰的发生都必然存在干扰能量的传输、耦合途径。电磁干扰的耦合途径主要分为传导耦合和辐射耦合两个方面。

传导耦合可细分为导线直接耦合、公共阻抗耦合、电容性耦合和电感性耦合。导线直接耦合是指电磁干扰通过信号线和交、直接电源线以及通信线等，将信号源或电源里夹带的电磁干扰信号直接传递给系统。公共阻抗耦合是指干扰电流通过干扰源电路和受干扰电路的公共阻抗，将所产生的干扰电压传导给受干扰电路。通常，不同的电路模块通过接地点连接在一起，接地点之间的引线阻抗就会形成这种公共阻抗耦合。电容性耦合又称为静电耦合或静电感应，这种耦合的主要原因是电路间存在分布电容，从而电路间的电场相互作用。电感性耦合又称电磁耦合或电磁感应，这种耦合的主要原因是电路间存在分布电感，从而形成电路间的磁场相互作用。严格来讲，电容性耦合和电感性耦合分别是电场和磁场的耦合，涉及求解麦克斯韦方程的问题。这里，采用分布电容和分布电感进行等价处理，只是一种简化的近似方法。

辐射耦合即电磁场辐射，又称远场辐射。它是电场和磁场相结合的耦合，并通过能力的辐射对电路产生干扰。电磁辐射通常是由现场大容量的电机、电气设备瞬间启动、制动或大电流运行，或者雷暴发生时，所产生的强电磁场之间辐射到电子设备而形成的。

4.3.3.1 陀螺仪的电磁兼容性设计

1. 对外磁场的屏蔽

为消除外磁场对陀螺仪框架所产生的干扰力矩，一般可以有两种考虑，即在陀螺仪框架上不适用磁性材料或在陀螺仪外壳上采用高磁导率材料实现磁屏蔽。对于常规陀螺仪只能采用后一种措施，要求如下：

（1）陀螺仪外壳采用高磁导率的磁屏蔽层，"短路"外磁场，从而大大地减弱经过框架的磁场，有效地降低干扰力矩。

（2）将框架上的磁力材料绕输出轴呈对称排列，使磁场呈环形，减小与外磁场的耦合所造成的干扰力矩。

（3）避免使框架上磁场呈一条直线、棒状，或具有方向性，以免引起干扰力矩。

2. 对内磁场的处理

（1）消除磁场集中点处的磁性材料，框架上的磁场是同陀螺仪电机、传感器以及力矩器联系在一起的，这些磁场与支撑壳体上的磁性材料相互作用，产生干扰力矩，因此，应找出磁场中的部位，在集中点不用磁性材料。

（2）使用内转子结构的陀螺仪电机，内转子结构的定子在外，可以起到良好的磁屏蔽作用，有利于减小磁干扰力矩。

（3）对外转子结构的陀螺仪电机，应在其外加一个高磁导率的金属环，以有效地屏蔽电机磁场。

3. 消除信号传感器和力矩器之间的电磁耦合干扰

将电磁型的信号传感器和力矩器分别置于陀螺仪的两端，或合理地安排它们的机械位置，以减小耦合影响。

4.3.3.2 平台的电磁兼容性设计

1. 对平台内部磁场分析、测试及合理配置

平台内部的力矩电机、坐标变换器及同步机等都存在着磁场，这些磁场构成了惯性仪表的磁干扰环境。当惯性仪表组件相对于磁场环境产生机械位置上的相对变化时，惯性仪表将感受寄生的磁干扰力矩，且表现为航向效应。

平台的设计要在对平台内部磁场进行测试、模拟的基础上，认真配置电磁元件，使惯性仪表组件所处的磁环境均匀，且磁场强度最小。

2. 磁屏蔽技术

（1）对平台力矩电机进行磁屏蔽。力矩电机是一个磁场强度很强的源。惯性仪表组件相对于力矩电机的几何位置变化，会引起平台内部磁场的畸变，造成磁干扰力矩。

（2）平台外壳磁屏蔽。为减少平台周围磁场扰动对平台内部磁场的畸变干扰，应使平台外壳具有磁屏蔽功能。

（3）对平台内部的搅拌风机和冷却风机的漏磁场也要采取磁屏蔽措施。

3. 输电信号的合理配置

惯性仪表组件的陀螺仪电机三相激励源、传感器和磁悬浮的激励源、惯性仪表的温控电源，平台力矩电机的驱动信号、惯性仪表的传感器信号、测温信号等，都要通过导电环组件进行传输。导电环是由一些紧密集装在一起的圆环构成的，其分布电容很大，静电耦合严重。因此，导电环元件引入的电磁干扰是显著的。

（1）将导电环分为上下两组，将强干扰信号和微弱信号在物理上分置。

（2）对同一导电环组件中的信号，必须对信号电平仔细地分析，认真地配置，使干扰耦合最小。

（3）对特别需要认真处理的微弱信号，可以将紧邻的导电环接地，实现静电屏蔽。

4. 平台内部合理布线

平台内部的布线，必须遵循以下原则。

（1）高电平线同低电平线分别捆扎安装，实现空间上的分离。

（2）所有的信号线均使用绞合线，使信号线所环绕的面积最小。

（3）平台内壳体或框架上加热器引线的布线应使加热电流在空间形成的环绕面积最小。

（4）必须使用屏蔽线时，要有外绝缘护套，以免多点接地。

（5）导线必须是耐高温的，避免因老化造成绝缘下降，形成寄生耦合。

（6）所有导线要紧靠具有地电平的框架（尤其是非绞合信号线），并紧紧固牢，以免导线在电磁场中抖动而引入干扰噪声。

5. 消除火花

平台内的继电器、风机、力矩电机等电磁元件，在工作时的触点火花是重要的干扰源，应在产生火花的触点之间加相应的灭火花电路。

6. 合理地接地线

（1）平台系统应成为一个等电位体。为此，台体、内框架、外框架以及底座之间应使用低电阻值的导线连接，不能借助于轴承等机械接触代替电连接。等电位体的电阻为毫欧姆数量级。

（2）平台内部接线中的信号地、干扰地分别并接后，在平台基座上的一点接地。

（3）接地点同设备的安全地要统一。

4.3.3.3 电源系统的电磁兼容性设计

1. 交流供电系统的去耦合滤波设计

1）设计分析

船上的交流供电和配电系统为多个设备所公用，各个设备负载电流的变化将在电网上形成干扰电压，这种干扰是射频干扰。

2）设计措施

为了消除和抑制这种耦合干扰，可在各个设备电源供电入口处插入平衡连接的 π 型或双 π 型射频滤波器。

3）技术要求

要根据不同设备所用的交流电的频率、电压以及负载电流等技术状况，选用合适的型号和规格的射频滤波器；使用电源射频滤波器时，一定要在设备电源供电入口处插入，且一定要将"地"接好。

2. 交流电源线的机内走线准则

表 4.4 所示为交流电源线的机内走线准则。

表 4.4　交流电源线的机内走线准则

序号	走线准则	说明
1	路径要短	交流电源线在机箱内走线长度要尽量短，以降低干扰源的强度
2	引线双绞	交流电源线要双绞，以减小外干扰磁场
3	减小耦合	交流电源线的走线要远离信号线，避免电源线同信号线平行走向，允许垂直走向
4	消除磁耦合	交流电源线，若其回路内阻较小，则应该使用双绞线，以减小和交流电源线干扰磁场的交叉回路面积，同时使各微回路中产生的感应电压相互抵消
5	消除静电耦合	交流电源线邻近的信号线，若其回路内阻高，则应使用屏蔽线，以减小静电耦合；或者使信号回路浮置，使静电耦合干扰抵消

3. 电源变压器的屏蔽

1）电源变压器的静电屏蔽

电源变压器初次级之间的电容性耦合是向导航仪器引入干扰的主要通道，故必须对变压器进行静电屏蔽。屏蔽可以采用单层屏蔽、双重屏蔽或双向屏蔽的技术。同时，对变压器的静电屏蔽层接地工艺要仔细处理。

2）减小电源变压器磁干扰的办法

将电源变压器远离印制电路板；用高电导率金属板做成漏磁短路环，减小电源变压器漏磁场对外部干扰的强度；用高导磁材做成磁屏蔽盒，将电源变压器罩起来，并合理地布置屏蔽盒接缝同变压器磁场的相对方位，避免磁场的外泄；严格变压器的加工装配工艺，减少电源变压器自身的漏磁。

4. D–A–D 电源的电磁兼容性考虑

1）电磁干扰路径

D–A–D 电源使用了高频（一般大于 20kHz）直流逆变，在设备中引入了很强的线干扰、静电耦合干扰和磁场干扰。

2) 设计技术

选用高截止频率的功率管作为交换开关管，以减小转换开关时间，降低转换形成的尖脉冲干扰；在电源输出端加合适、有效的滤波网络，抑制线干扰；对变压器或整个 D – A – D 电源块加磁屏蔽；对变压器绕制工艺精心设计，减小匝间的静电耦合。

5. 直流电源的滤波技术

（1）抑制直流电源的微振。在电源调整回路中加合理的消振网络，消除回路中的微振。

（2）采用有效的输入滤波器，滤除从线电源来的工频及尖峰干扰。

（3）在直流电源的输出端连接有效的输出滤波器。滤波器的频带抑制范围要足够宽。它可以使用不同频率特性的电容器并联，即大容量的低频电容器和小容量的高频电容器并联，从而获得宽频带范围内低阻抗。

（4）降低引线电感所造成的高阻抗，仔细设计直流电源输出引线以及滤波网络的引线工艺，降低引线电感。

6. 设备内部的直流供电

（1）对直流电源品质要求高的分机，采用分布供电方案，即电源同功能电路部件组合使用。

（2）对集中供电的分机，直流供电走线采用母线方式，其馈线应用夹有薄绝缘层的双层铜带。这种馈线的分布电容很大，分布电感及电阻很小，具有理想的低阻抗特性，可以有效地减小瞬态干扰和寄生干扰。

（3）合理布局，尽可能地缩短馈线长度，以减小馈线电阻，降低静态干扰电压。

7. 印制电路板上的电源滤波处理

（1）在印制电路板的电源入口处，加 10~100μF 的去耦电容，或由 100μH 电感和 10~100μF 电容器组成的滤波网络。

（2）在 5~10 块中、小规模数字集成电路或每块大规模数字集成电路的电源引脚上，加高频性能好的小滤波电容器。

（3）在每块模拟电路的电源引脚上，加高频性能好的小滤波电容器。

（4）印制电路板上的小滤波电容器，以云母、低损耗陶瓷或聚苯乙烯电容器为好，容量可选用 0.01~0.05μF。

4.3.3.4　电磁兼容性试验

电磁兼容性试验是指在实验室或外场环境条件下，利用电磁干扰检测设备和电磁干扰产生设备，对系统、设备的电磁兼容性进行考核的试验。电磁兼容性试验包括电磁发射和电磁敏感度试验两类。电磁发射试验是测试被测系统、设备对外部产生的电磁干扰是否满足有关标准规范的极限值要求。根据电磁干扰传输途径，电磁发射试验又可分为传导发射试验和辐射发射试验。电磁敏感度试验是测试被测系统，设备存有相关标准规范规定或实际工作的电磁干扰环境下正常工作的能力。根据电磁干扰加载的方式，电磁敏感度试验又可分为传导敏感度试验和辐射敏感度试验。电磁兼容性试验一般按选用的标准进行。

第 5 章　静电陀螺仪系统技术

5.1　引　　言

　　静电陀螺仪作为一种高精度的惯性测角元件,是高精度惯性导航系统的重要组成部分,由静电陀螺仪组成的惯性导航系统也经历了不同发展阶段。

　　在 20 世纪 70—80 年代,最先取得应用的是静电陀螺监控器。静电陀螺监控器必须与惯性导航系统相组合,才能提供完整的导航信息。其中,惯性导航系统提供水平基准,静电陀螺监控器采用静电陀螺仪平台框架角计算本地重力分量,完成陀螺仪漂移误差模型和经纬度误差及航向角误差的解算。然后,用经纬度和航向角误差定时校正惯性导航系统。这样,通过两种系统的组合实现了全系统高精度导航。

　　由于静电陀螺监控器系统配置复杂,体积庞大,精度受限于惯性导航系统,到 20 世纪 90 年代,单独的静电陀螺仪空间稳定平台式惯性导航系统(也称解析式惯性导航系统)研制成功,并取代静电陀螺监控器获得实际应用,其导航精度得到极大提高。

　　静电陀螺仪特点之一是作用在转子上的大多数干扰力矩均与转子支承电压平方有关,在太空中转子支承电压则可降低小于平衡转子重力作用所需的最小值技术上可行的极限。这意味着,静电陀螺仪的精度会有明显改善,因此,航天领域是静电陀螺仪的重要应用领域,利用静电陀螺仪设计卫星等航天器姿态控制系统就是其典型应用之一。本章最后重点介绍基于实心转子静电陀螺仪的捷联式惯性姿态控制系统,及其在卫星姿态控制领域的应用。

5.2 几何式系统技术

5.2.1 概述

静电陀螺监控器是静电陀螺仪在几何式系统中的典型应用。严格地说，静电陀螺监控器不是独立的惯性导航系统，而是一种几何式校准器。它利用静电陀螺仪动力矩轴的高稳定性，来模拟惯性空间两颗人造恒星。静电陀螺监控器工作原理类似于天文导航工作原理，其利用惯性导航系统输出的姿态信息使自身复示平台保持当地水平，极轴陀螺仪和赤道陀螺仪分别安装于具有方位环和高度环双自由度的上、下两个平台上。系统工作时，极轴陀螺仪的动量矩轴指向地球极轴，赤道陀螺仪的动量矩轴与赤道面平行，它们在空间指向不变，相当于空间的两颗人造恒星。利用上下平台高度环和方位环框架角实时测得两颗人工模拟星体的地平坐标角度（高度角和方位角），利用支承惯性导航系统提供的位置和航向信息，进行球面三角变换，可以从测量通道求得两颗人工星体的赤道坐标（赤纬、时角）。另外，利用两个陀螺仪动量矩的初始位置角（赤纬、时角初值）、陀螺仪漂移，以及地球旋转角度等信息解算出两颗人工星体赤道坐标（赤纬、时角）。将测量通道与解算通道得到的赤道坐标之差作为观测量，即可求得支承惯性导航系统提供的支承信息（位置、航向）误差，完成对惯性导航系统输出的位置及航向等信息的误差修正。

静电陀螺监控器可实时监控支承液浮惯性导航的位置、航向和速度信息，并定期重调惯性导航系统提供位置和航向信息，有效延长了惯性导航系统的重调时间间隔，提高了舰船安全性。

5.2.2 相关概念

静电陀螺监控器的解算基础是天文导航的相关知识，为后续更容易理解静电陀螺监控器原理方案，首先对天文导航的相关知识进行介绍，包括基本概念、坐标系以及天文三角形等。

5.2.2.1 基本概念

1. 天球上的基本点、线和圆

人们仰望天空，总觉得好像有一个巨大的空心球体，虽然所有的天体距离地球远近不同，但是它们都好像分布在球体表面上，这个感觉的球体称为天球。所以，天球是以地球的中心为球心，以无限大为半径所作的想象的球体。人们只能看到半个天球,另一半天球在地平线以下是看不到的。天球上的基本点、线和圆是地球上的基本点、线和圆的扩展形成的,如图 5.1 所示。里面的小球表示地球,外面的大球表示天球。

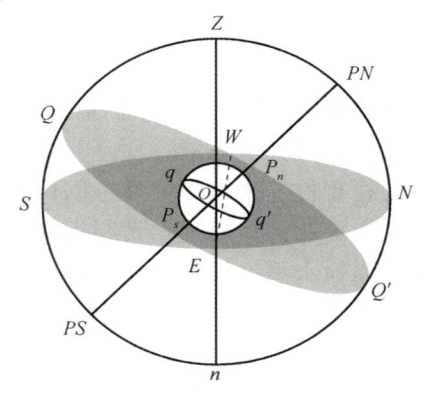

图 5.1 天球上点、线和圆

(1) 天极、天轴。将地轴 P_sP_n 无限延伸与天球球面相交两点 PS、PN,与地球北极相对应的点 PN 称天北极,与地球南极相对应的点 PS 称天南极。两天极的连线 PNOPS 称为天轴。

(2) 天赤道。将地球赤道面无限扩展与天球表面相交的大圆 $QEQ'W$ 称为天赤道。天赤道面与天轴相垂直,天赤道是天极的极线。

2. 天球与测者联系的基本点、线和圆

(1) 测者天顶点、天底点、测者垂直线。地球上测者 A,AO 无限延长与天球表面相交于两点,与测者 A 对边的一点 Z 称为测者天顶点,另一边的点 n 称为测者天底点。测者天顶点与天底点连线 ZOn 称为测者垂直线。

(2) 测者子午圆。将地球上的测者子午面无限扩展与天球表面相交的大圆 $PNZQPSnQ'$ 称为测者子午圆。

天轴将测者子午圆分成两个半圆,其中含天顶点的半个大圆 PNZQPS 称为测者午半圆。测者午半圆与测者地球上经度线 P_nAqP_s 相对应,包括测者天底点的半个大圆 $PNQ'nPS$ 称为测者子半圆。

(3) 测者真地平圈。通过天球中心与测者垂直线相垂直的平面无限扩展和天球相交的大圆称测者真地平圈 NESW,它是测者天顶点、天底点的极线。

测者真地平圈与测者子午圆相交两点,靠近天北极方向一点是北点 N,靠近天南极方向的一点是南点 S。测者真地平圈与天赤道也相交于两点,测者面向北,左手方向的交点是西点 W,右手方向的交点是东点 E。

天球上与测者相联系的基本点、线和圆都与测者地理位置有关,测者地理位置不同,则测者的天顶点、天底点、测者子午圆及测者真地平圈也不同。天赤道平面将天球分成两个半球,包含天北极 PN 的半球称为北天半球,包含天南极 PS 的半球称为南天半球。

在上天平球的天极称为高极。测者在北纬地区时,天北极 PN 是高极;测者在南纬地区时,天南极 PS 是高极。高极的高度等于测者的纬度。因此,高极的高度随测者所在地理纬度不同而不同。

5.2.2.2 坐标系

从陀螺仪内外框架角度传感器测量出的陀螺仪轴高度角、方位角是相对于地平坐标系的,而系统中解算的陀螺仪轴位置的赤纬和时角是相对于赤道坐标系的,因此静电陀螺监控器的原理方案中将涉及两个坐标系,即赤道坐标系和地平坐标系。

1. 赤道坐标系

如图 5.2 所示,天球第一赤道坐标系的基准大圆是天赤道和测者子午圆,这两个大圆互相垂直。以天赤道和午半圆的交点 Q 为原点,构成的球面坐标系称为第一赤道坐标系。

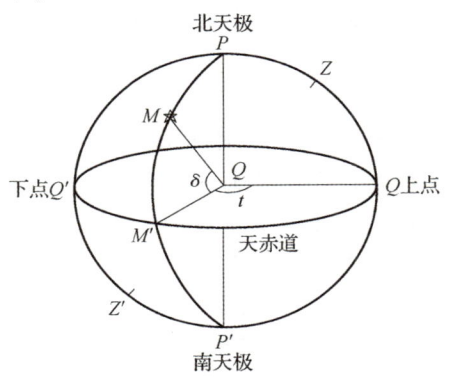

图 5.2 赤道坐标系

为了确定天体的位置,除需有基准大圆外,还需要有辅助圆。赤道坐标系的辅助圆是通过天北极与天南极的半个大圆,这个圆称为时圆。过天体的时圆称为天体时圆,是天体 M 的 $P_N M P_S$ 时圆。有了天体时圆,可以在天赤道上得到弧距 QM',在天体时圆上得到弧距 MM',这两个弧距就是确定天体位置的球面坐标。QM' 为横坐标,称为天体地方时角(S^*)、MM' 为纵坐标,称天体赤纬(δ)。测者午半圆和天体时圆在天赤道上所夹的弧距或在高极处所夹的球面角,称为天体地方时角,以 S^* 表示。有了赤道坐标系,就可以确定天体在天球上的位置及天体坐标值。

2. 地平坐标系

天球地平坐系是为了确定测者和天体之间的相对位置，如图 5.3 所示。

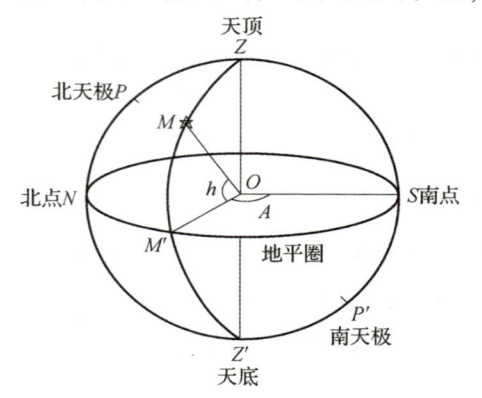

图 5.3 地平坐标系

天球地平坐标系的两个基准圆是相互垂直的真地平圈和测者子午圆，以它们的交点为原点，构成球面坐标系。地平坐标系的辅助圆是通过天顶点、天体和天底点的半个大圆，称为天体方位圆。表示测者天顶点和天体相对位置的坐标是天体方位和天体高度。MM' 是天体高度 h，$M'S$ 是天体方位 A。

5.2.2.3 天文三角形

天文三角形可将上文所述的两个坐标系联系在一起，从而实现二者坐标之间的转换。它是静电陀螺监控器系统分析的基础。

在天球球面上，由测者午半圆、天体时圆和天体方位圆构成的球面三角形，称为天文三角形，如图 5.4 所示。

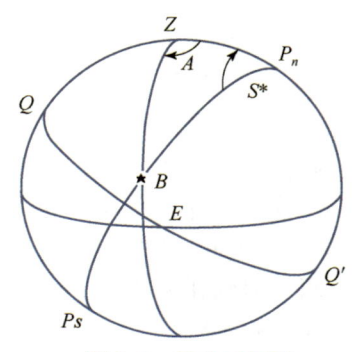

图 5.4 天文三角形

天文三角形 P_nBZ 的三个顶点是天顶点、高极和天体：$ZP_n = 90° - \varphi$，φ 为测者纬度；$P_nB = 90° - \delta$，δ 为天体赤纬；$BZ = 90° - h$，h 为天体的高度。

天文三角形的三个角是：$\angle P_n ZB = A$，A 为天体方位；$\angle ZP_n B = S^*$，S^* 为天体地方时角；$\angle ZBP_n = q$，q 为天体位置角。

天文三角形中边和角都在 0°~180° 范围内，所以天文三角形只在半个天球（东半球或西半球）之内。在天文三角形 6 个边角要素中，不仅有赤道坐标系（S^*，δ）、地平坐标系（A，h），还有测者地理坐标系（φ，$S^* \pm \lambda$），因此天文三角形各要素间的关系说明了赤道坐标、地平坐标和测者地理坐标之间的关系。这样已知三要素就可利用球面三角形解出其余三要素。

在天文定位中，往往是已知测者纬度、天体地方时角 S^* 和天体赤纬求天体高度 h 和方位 A。本节还包括已知天体高度 h、方位 A 和测者纬度去求天体地方时角 S^* 和天体赤纬 δ。

最常用的是球面三角形边的余弦公式和余切公式，经整理得

$$\begin{cases} h = \arcsin(\sin\delta\sin\varphi + \cos\delta\cos\varphi\cos S^*) \\ \tan A = \dfrac{-\cos\delta\sin S^*}{\sin\delta\cos\varphi - \cos\delta\sin\varphi\cos S^*} \end{cases} \quad (5.1)$$

式（5.1）表示天体在天球上的位置和测者地理位置间的关系。这些关系是天文导航解决问题的原理依据，是静电陀螺监控器方案的出发点。

5.2.2.4 人工恒星概念

静电陀螺仪工作在不施矩的自由状态，其转子主轴相对惯性空间的方位保持不变，将静电陀螺监控器的两个静电陀螺仪主轴的指向分别视为两个虚拟星体的观测线方向，则两个陀螺仪主轴的指向分别对应空间两个星体即构成所谓人工恒星。因此，静电陀螺监控器在原理上与天文导航具有一定的相似性。

在上节所述的天文导航定位原理中，实际星体在天球上的位置必须已知，并且所选择的两个位置圆应该以接近 90° 的球面角相交。否则两个观测星体的位置太近，会增加定位误差。另外，对于远距离的星体来说，星体的观测线基本上与测者在地球上的位置无关，可视为处于惯性空间的固定方位。

在静电陀螺监控器系统中，不施矩的静电陀螺仪的自转方向也是相对惯性空间稳定的，构成人工恒星。由于监控器的复示平台可通过随动系统跟踪上惯性导航平台水平面，因此随着复示平台的转动，可从静电陀螺仪内外框架角度传感器输出陀螺仪轴相对地平坐标系的位置角，即高度角和方位角，这点是与天文导航定位的原理相类似的。然而，由于静电陀螺监控器不承担定位的任务，而只是利用静电陀螺仪的高度稳定性来监控惯性导航系统，所以在系统的方案上还是不同于天文定位原理的。另外，经过分析可知，当两陀螺仪动量矩轴 H 分别平行于极轴和赤道面时，系统的方案可以得到简化。

5.2.3 静电陀螺监控器工作原理

5.2.3.1 机械结构

静电陀螺监控器的惯性平台一般设计为六环常平几何式系统。六环包括横摇环、纵摇环、上平台高度环、上平台方位环、下平台高度环、下平台方位环。常平是指横、纵摇环伺服平台式惯性导航系统的水平信息，使得其主体平台保持水平，称为复示平台；上下平台的高度环、方位环伺服分别伺服上、下陀螺仪的光电传感器信号建立稳定的惯性坐标系。上下平台分别装有一个静电陀螺仪，上陀螺仪指向极轴，下陀螺仪指向赤道平面，如图 5.5 所示。

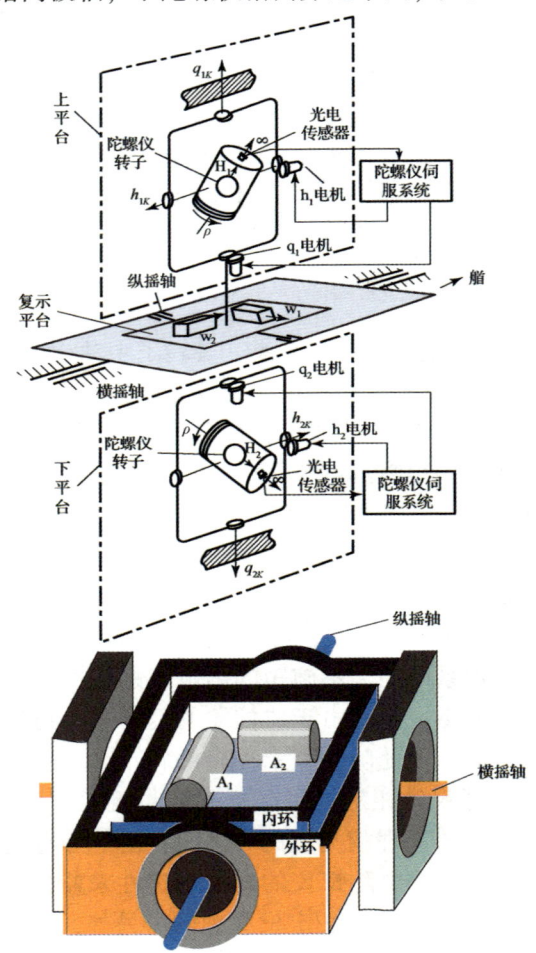

图 5.5 惯性平台示意图

复示平台接收外部平台式惯性导航横摇角、纵摇角的模拟信号，通过横摇环和纵摇环上的角度传感器计算自身水平角与平台式惯性导航之间的误差量，并将误差量输出给两个环水平复示控制器，控制器可通过选频、校正、功率放大等环节驱动横、纵摇环的力矩电机以实现水平复示，工作过程如图 5.6 所示。

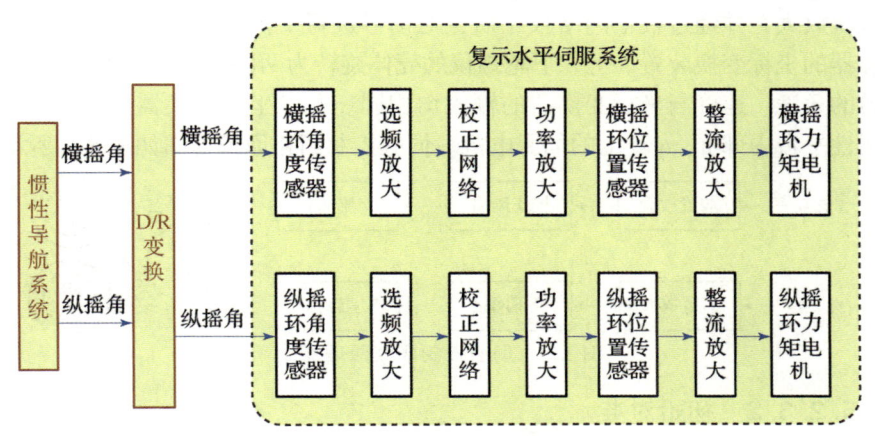

图 5.6 复示水平伺服系统

为了使复示平台更准确地建立水平坐标系，在惯性平台的复示平台内部安装两个加速度计，分别测量横摇环和纵摇环与当地水平的失调角。这样，静电陀螺监控器的复示平台就能够建立起一个精确的水平坐标系。

由于需要利用陀螺仪转子主轴偏离光电传感器的误差信号来驱动陀螺仪壳体，以达到陀螺仪框架跟踪陀螺仪转子的目的。所以，首先需要对陀螺仪的极轴光电传感器信号和赤道光电传感器信号进行处理，即赤道光电传感器输出的转速脉冲信号经移相和正交分离后处理，具体就是对赤道信号经四倍频和 D 触发器后产生相位相差 90°的鉴相方波，作为极轴传感器输出位置信号的鉴相基准，同时将极轴信号放大滤波后分别送入 X、Y 鉴相器，输出信号经滤波校正处理后作为控制信号，其原理框图如图 5.7 所示。

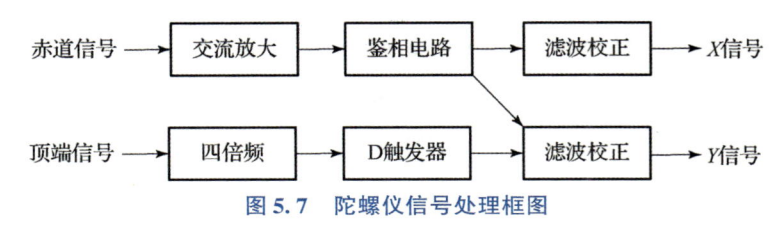

图 5.7 陀螺仪信号处理框图

经过处理的 X、Y 信号代表的就是陀螺仪坐标系下陀螺仪自转轴与光电传感器在 X、Y 方向偏离的误差角度，对此信号进行处理的同时设置合理的校正网络参数以达到理想的控制效果。

同时，平台内控制陀螺仪框架 h、q 环为两个独立电机，并且 h、q 环直接对应的为水平坐标下的高度角和方位角。由于陀螺仪壳体旋转的原因，两坐标系存在相对运动，故需要对分解得到的 X、Y 信号进行坐标变换，将陀螺仪坐标系下的 X、Y 信号转换成当地水平坐标系下的 h、q 信号。对 X、Y 信号首先进行直流放大，并经过校正网络校正后，对信号进行交流调制，输出给静电陀螺监控器的坐标变换装置。上、下陀螺仪的壳体旋转为两路独立的伺服回路控制，旋转的角度、速度与坐标变换器的输入均相同。经过坐标变换器的信号直接驱动惯性平台内部 h、q 环上的伺服电机。伺服控制回路原理框图如图 5.8 所示。

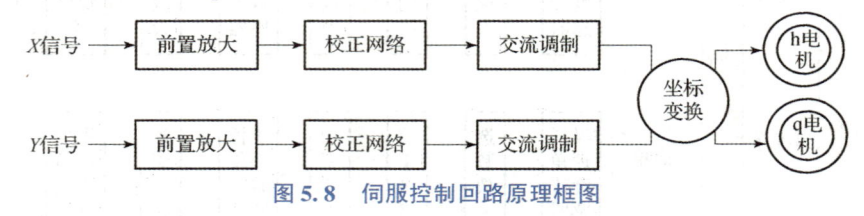

图 5.8 伺服控制回路原理框图

5.2.3.2 初始对准

静电陀螺监控器要求上陀螺仪的动量矩轴指向地球极轴，下陀螺仪的动量矩轴与赤道面平行，但静电陀螺仪不宜用加矩方法调整其动量矩轴，故在陀螺仪转子转动之前需通过驱动陀螺仪的上、下平台框架，调整陀螺仪壳体几何对称轴的指向，使其指向极轴和赤道平面。而理论指向则由陀螺仪的理论地方时角 S_{0i}^* 和理论赤纬 $\delta_{0i}(i=1,2)$ 所描述，即

$$\begin{cases} \delta_{01} = 90°, S_{01}^* = 0° \\ \delta_{02} = 0°, S_{02}^* = 0° \end{cases} \tag{5.2}$$

式（5.2）所表示的时角和赤纬是相对地心惯性坐标系的。通过引入当地的经纬度信息（来自已知的码头位置量或其他定位系统）以及支撑惯性导航提供的航向信息，通过式（5.2）可将这些角度变换成相应陀螺仪的高度角和方位角 h_i 和 $A_i(i=1,2)$。h_i、A_i 分别为计算的初始高度角和方位角，其计算公式为

$$\begin{cases} h_i = \arcsin(\sin\delta_{0i}\sin\varphi + \cos\delta_{0i}\cos\varphi\cos S_{0i}^*) \\ \tan A_i = \dfrac{-\cos\delta_{0i}\sin S_{0i}^*}{\sin\delta_{0i}\cos\varphi - \cos\delta_{0i}\sin\varphi\cos S_{0i}^*} \end{cases} \tag{5.3}$$

5.2.3.3 导航解算过程

测量通道和解算通道是静电陀螺监控器系统方案的两个重要组成部分，它们分别承担着陀螺仪动量矩 H 轴在赤道坐标系或地平坐标系位置角测量与解算的任务。

1. 测量通道

静电陀螺监控器测量通道通过测量角度传感器测量值、加速度信息经修正、平滑滤波及坐标变换，生成来源于测量值的赤纬 $\tilde{\delta}_i^m(t)$ 和时角 $\tilde{S}_i^m(t)$（或 $\tilde{S}_i^{*m}(t)$），这个过程称为测量通道，测量通道流程如图 5.9 所示。

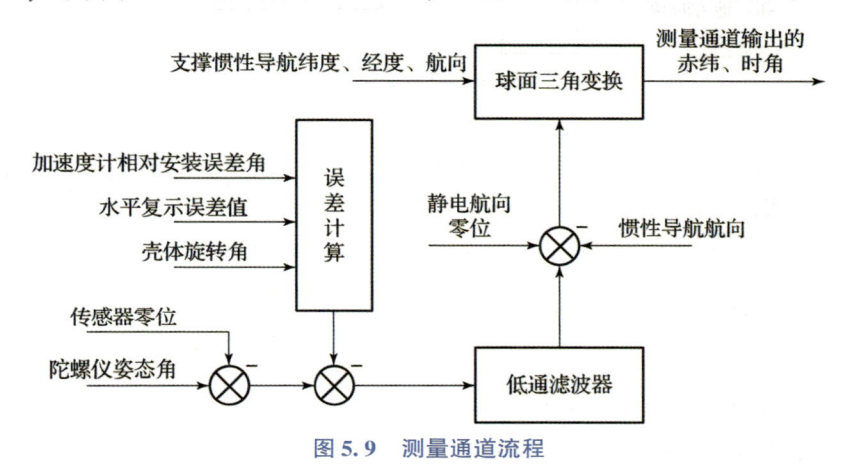

图 5.9 测量通道流程

其中，测量数值的原始数据来源于陀螺仪随动后上、下平台陀螺仪动量矩指向在水平坐标下的姿态角，该角度通过补偿传感器零位、壳体旋转失调角、加速度计相对安装误差角以及水平复示误差角后经过球面三角变换后转换为赤道坐标系下的赤纬与时角信息。

2. 解算通道

解算通道流程如图 5.10 所示，根据陀螺仪漂移参数、地球自转角速率 ω_e 及陀螺仪动量矩轴相对赤道坐标系的初始位置角（赤纬 $\delta_i(0)$、地方时角 $S_i^*(0)$），迭代解算瞬时的赤纬 $\delta_i^P(t)$ 和地方时角 $S_i^{*P}(t)$ 及格林威治时角 $S_i^P(t)$，即

$$\begin{cases} S_i^P(t) = S_i(0) + \Delta S_i^{\omega_e}(t) + \Delta S_i^c(t) \\ \delta_i^P(t) = \delta_i(0) + \Delta \delta_i^{\omega_e}(t) + \Delta \delta_i^c(t) \\ S_i^{*P}(t) = S_i^P(t) + \lambda(t) \end{cases} \quad (5.4)$$

式中：$\Delta S_i^{\omega_e}(t)$，$\Delta \delta_i^{\omega_e}(t)$ 分别是由地球自转引起的时角 $S_i(t)$ 和赤纬 $\delta_i(t)$ 的时间变化量，是时间和地球自转角速率 ω_e 的函数；$\Delta S_i^c(t)$，$\Delta \delta_i^c(t)$ 分别是由陀螺仪漂移引起的时角 $S_i(t)$ 和赤纬 $\delta_i(t)$ 的时间变化量，是时间和漂移参数的函数。

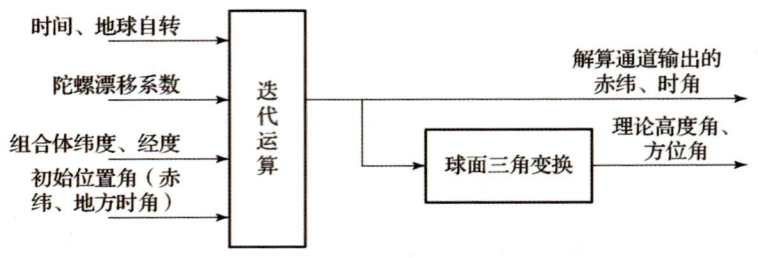

图 5.10 解算通道流程

1) 初始赤纬 δ_{i0}、地方时角 S_{i0}^* 的计算

系统刚刚进入工作状态时，需要初始计算式（5.3）中的 δ_{i0}、S_{i0}。首先按以下公式计算 S_i、δ_i 并判断。

$$\begin{cases} \delta_i(k) = \arcsin(\sin(h_i''(k)\sin\varphi + \cosh_i''(k)\cos\varphi\cos(A_i''))) \\ \tan S_i^*(k) = \dfrac{-\cosh_i''(k)\sin A_i''}{\sinh_i''(k)\cos\varphi - \cosh_i''(k)\sin\varphi\cos A_i''} \\ S_i(k) = S_i^*(k) - \lambda \end{cases} \quad (5.5)$$

式中：φ、λ 为初始纬度和初始经度；$h_i''(k)$、$A_i''(i=1,2)$ 为刚转入工作状态时补偿零位后的高度角和方位角测量值。

2) $\Delta S_i^{\omega_e}(t)$、$\Delta \delta_i^{\omega_e}(t)$ 的计算

系统在一定解算周期进行解算当前时刻为 k，当陀螺仪处于极定位时：

$$\begin{cases} \Delta S_i^{\omega_e}(k) = \Delta S_i^{\omega_e}(k-1) - \Omega\cos S_i^p(k-1)\tan\delta_i^p(k-1)\Delta t \\ \Delta \delta_i^{\omega_e}(k) = \Delta \delta_i^{\omega_e}(k-1) + \Omega\sin S_i^p(k-1)\Delta t \end{cases} \quad (5.6)$$

式中：$\Delta S_i^{\omega_e}(k)$、$\Delta S_i^{\omega_e}(k-1)$ 分别为 k、$k-1$ 时刻与地球自转相关的时角的变化量，初始值为 0；$\Delta \delta_i^{\omega_e}(k)$、$\Delta \delta_i^{\omega_e}(k-1)$ 分别为 K、$K-1$ 时刻与地球自转相关的赤纬的变化量，初始值为 0；$S_i^p(k-1)$、$\delta_i^p(k-1)$ 为 $K-1$ 时刻陀螺仪时角与赤纬的理论值。ω_e 为地球自转角速率 $\omega_e = 0.7292123 \times 10^{-4}$ rad/s；Δt 为采样步长。

当陀螺仪处于非极定位时：

$$\begin{cases} \Delta S_i^{\omega}(k) = \Delta S_i^{\omega}(k-1) + \Omega\Delta t \\ \Delta \delta_i^{\omega}(k) = 0 \end{cases} \quad (5.7)$$

3) $\Delta S_i^C(t)$、$\Delta \delta_i^C(t)$ 的计算

$\Delta S_i^C(t)$、$\Delta \delta_i^C(t)$ 为与陀螺仪漂移相关的位置角量，其公式为

$$\begin{cases} \Delta S_i^C(k) = \Delta S_i^C(k-1) + \left[\dfrac{\omega_{xi}(k)\sin\chi_i(k) - \omega_{zi}(k)\cos\chi_i(k)}{\cos\delta_i^p(k-1)}\right]\Delta t \\ \Delta \delta_i^C(k) = \Delta \delta_i^C(k-1) + (\omega_{xi}(k)\cos\chi_i(k) + \omega_{zi}(k)\sin\chi_i(k))\Delta t \end{cases} \quad (5.8)$$

式中：$\Delta S_i^c(k)$、$\Delta S_i^c(k-1)$ 分别为 K、$K-1$ 时刻与陀螺仪漂移相关的时角的变化量，初始值为 0；$\Delta \delta_i^c(k)$、$\Delta \delta_i^c(k-1)$ 分别为 K、$K-1$ 时刻与陀螺仪漂移相关的赤纬的变化量，初始值为 0。

4）陀螺仪漂移的计算

ω_{xi}、ω_{zi} 为 i 陀螺在其陀螺仪坐标系的 x 轴向漂移及 z 轴向漂移，它们由陀螺仪漂移模型系数确定：

$$\begin{cases} \omega_{xi}(k) = m_{0i} \\ \omega_{zi}(k) = n_{0i} + n_{1i}\cos h_i(k) + n_{2i}\sin(2h_i(k)) \end{cases} \quad (5.9)$$

式中：m_{0i}、n_{0i} 为陀螺仪壳体剩余力矩引起的陀螺仪漂移量；n_{1i} 为陀螺仪转子轴的失衡力矩引起的陀螺仪漂移；n_{2i} 为陀螺仪转子几何误差引起的外力矩产生的陀螺仪漂移。

$$h_i(k) = \arcsin(\sin\delta_i^p(k-1)\sin\varphi_0^p) + \cos\delta_i^p(k-1)\cos\varphi_0^p\cos(S_i^p(k-1) + \lambda_0^p))$$
$$(5.10)$$

φ_0^p、λ_0^p 根据系统所处的工作过程而定，当设备处于标定阶段，φ_0^p、λ_0^p 为当地码头纬度、经度信息，当设备处于导航状态，φ_0^p、λ_0^p 为静电陀螺监控器输出的纬度、经度。

在系统启动之前，漂移模型系数可以装入系统解算计算机，当系统进入工作过程后，由标定及校准过程计算出漂移模型系数的修正量，通过修正通道对 m_{0i}、n_{0i}、n_{1i}、n_{2i} 进行修正。

3. 标定和导航

静电陀螺监控器标定过程是根据测量通道与解算通道分别求得的赤纬的差值和时角的差值，使用最佳滤波方法估计陀螺仪的漂移模型参数（这些参数均包含在解算通道中），然后对解算通道的对应数值进行修正，并最终认为经过修正后的数值均为准确值，修正后的瞬间两通道差值为 0，标定结束。在此过程中测量通道须引入准确的经、纬度和航向信息。

在标定过程 $\Delta\delta_i(t)$、$\Delta S_i(t)$ 的测量数据（或者其组合数据）作为观测量，以 $\Delta\delta_1(0)$、$\Delta\delta_2(0)$、$\Delta S_1(0)$、$\Delta S_2(0)$ 与 m_{01}、m_{02}、n_{11}、n_{12}、n_{22} 为状态变量，采用卡尔曼滤波的方式，估计初始位置角误差以及陀螺仪漂移参数误差，然后对解算通道的对应数值进行修正，如图 5.11 所示。

标定过程一般每 24h 执行一次校准，即用 9 个参数的估计值修正装定值，重置滤波器初值。当标定过程结束后，认为陀螺仪初始位置角和漂移模型参数均为准确数值，随后转入导航阶段。

在导航阶段，由于解算通道所需各参数已经准确，于是解算值 $\delta_i^p(t)$、$S_i^{*p}(t)$ 已是准确的，开始在测量通道中使用处于自主导航状态下的支撑惯性

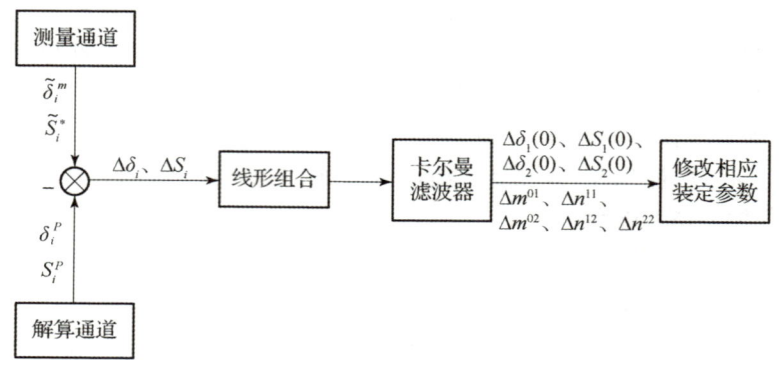

图 5.11 卡尔曼滤波解算过程示意图

导航位置和航向信息。当图 5.11 中 $\Delta\delta_i(t)$、$\Delta S_i(t)$ 再次出现误差时，即认为该误差是测量通道中计算 $\tilde{\delta}_i^m(t)$、$\tilde{S}_i^{*m}(t)$ 时引入支撑惯性导航的位置和航向误差所带来的。

通过三角变换公式便能计算出惯性导航系统的位置误差和航向误差，并进行校准和补偿，从而得到准确的位置和航向信息，并实现对惯性导航系统的监控。$\Delta\varphi_{INS}(t)$、$\Delta\lambda_{INS}(t)$、$\Delta K_{INS}(t)$ 与 $\Delta\delta_i(t)$、$\Delta S_i(t)$ 的关系为

$$\begin{cases} \Delta\varphi_{INS} = \Delta\delta_1\cos\lambda + \Delta S_1\sin\lambda \\ \Delta K_{INS} = (\Delta S_1\cos\lambda - \Delta\delta_1\sin\lambda)/\cos\varphi \\ \Delta\lambda_{INS} = \Delta S_2 + (\Delta S_1\cos\lambda - \Delta\delta_1\sin\lambda)\tan\varphi \end{cases} \quad (5.11)$$

通过支撑惯性导航误差与惯性导航本身位置和航向信息便能得到静电监控器自身的导航信息。

5.3 解析式系统技术

5.3.1 概述

解析式惯性导航系统是指惯性平台稳定在惯性空间的惯性导航系统。和几何式惯性导航系统一样，静电陀螺仪稳定在惯性空间，可以保持对陀螺仪不施加进动力矩，使得平台上的陀螺仪工作在自由状态，可以充分发挥陀螺仪长期工作的精度。同时，在惯性平台上安装三只加速度计，不需要其他惯性导航系统配合，通过计算得到导航信息。

静电陀螺仪具有精度高的特点，但是作为机械陀螺仪，也存在着热稳定时间长、抗冲击振动能力差等缺点。而解析式惯性导航系统的稳定平台可以

使安装在稳定元件上的陀螺仪和加速度计工作环境稳定，承受的环境干扰小，仪表的测量范围窄，测量精度容易保证。

5.3.2 工作原理

静电陀螺仪是一种二自由度转子陀螺仪，工作于非施矩状态，动量矩矢量相对惯性空间稳定。解析式静电陀螺惯性导航系统采用两个高精度、高稳定性的静电陀螺仪，其中一个陀螺仪的动量矩矢量指向北极星，另一个的动量矩矢量平行赤道平面，分别称为极轴陀螺仪和赤道陀螺仪。图5.12所示为双星定位原理。

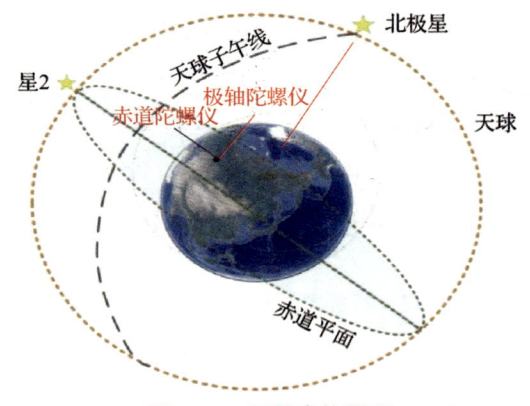

图5.12 双星定位原理

解析式静电陀螺惯性导航系统如图5.13所示，采用四环空间稳定惯性平台式方案，利用极轴陀螺仪输出的二自由度角度信号，分别控制内环轴和中环轴转动；利用赤道陀螺仪输出的二自由度角度信号，分别控制台体轴和冗余轴转动；外环轴根据平台工作状态，由内环轴或台体轴上的角度传感器信号控制转动，极轴陀螺仪、赤道陀螺仪以及台体轴、内环轴、中环轴、外环轴共同构成了四环空间稳定惯性平台，此惯性平台坐标系保持惯性空间稳定状态。根据工作地区的纬度高低不同，外环轴的伺服力矩电动机可以由内环轴角度传感器或台体轴角度传感器的信号控制，采用这种配置，可在全球范围正常工作。

系统正常工作时，理想情况下平台坐标系稳定在地心惯性坐标系 $X_iY_iZ_i$。三轴加速度计组合件测量平台坐标系中的比力矢量 f^p。平台各框架角传感器信号定义了平台坐标系相对运载体的转角 $e=(q,\beta,h,S_t)$，可计算运载体坐标系 b 到平台坐标系 p 的方向余弦矩阵 C_b^p，但不能直接指示运载体的姿态角。

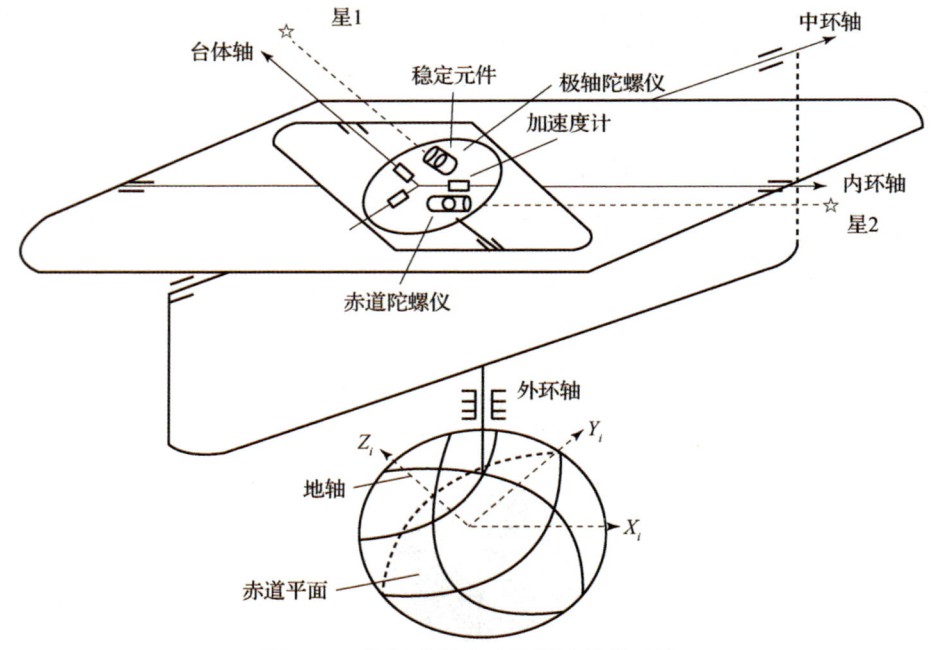

图 5.13　解析式静电陀螺惯性导航系统

参考图 5.14，空间稳定惯性导航系统的导航计算机，在接收加速度计组合件输出的比力矢量 f^p 和平台框架转角信号 e 之后，通过机械编排方程解算，可独立、自主地提供运载体的完整导航信息。

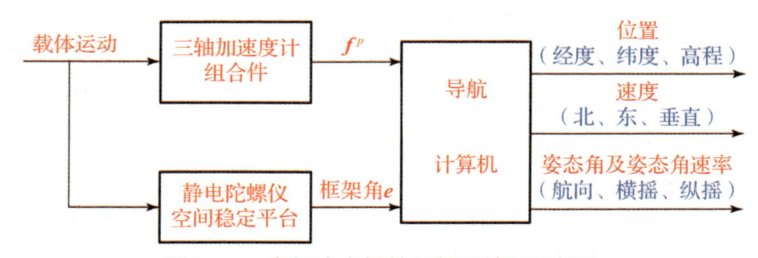

图 5.14　空间稳定惯性导航系统原理框图

(1) 位置：经度、纬度及高程（ℓ, L, h）。
(2) 速度：北向、东向及垂直速度（v_N, v_E, v_D）。
(3) 姿态角及姿态角速率：横摇角、纵摇角及航向角（φ, ϑ, ψ）；通过对时间求导运算，生成姿态角速率（$\dot{\phi}$, $\dot{\vartheta}$, $\dot{\psi}$）。

5.3.3　关键技术

空间稳定惯性导航系统与其他惯性导航系统一样，其基本工作原理都是建立在航位推算技术基础上的，系统导航精度完全依赖于元部件的质量和系统误差控制技术。基于前面关于系统误差模型及其传播特性的分析，不难发现，惯性导航系统的主要误差源如下：

（1）陀螺仪漂移误差 ε、平台误差角 $\boldsymbol{\Psi}$，以及姿态误差角 $\boldsymbol{\Phi}$。

（2）加速度计测量误差 Δf（包括偏置、标度因数误差及交叉耦合误差等），以及地球重力扰动误差 δg^n。

（3）平台初始失准角，如 $\boldsymbol{\Psi}(0)$ 或 $\boldsymbol{\Phi}(0)$，平台机械结构误差、测控系统误差以及安装误差。

（4）初始速度误差 $\delta v^t(0)$、初始位置角误差 $\delta\boldsymbol{\theta}(0)$ 及高度表误差 δh_a。

（5）保证陀螺仪、加速度计及平台上的工作精度和可靠性环境条件，如温度、电磁场、震动与冲击、摇摆以及辐射等。

为了保证惯性导航系统的高精度和长期工作可靠性，在研制过程中，通过理论分析、计算机仿真及实验研究，制订完整的系统总体技术方案，从元部件逐项克服存在的各种关键技术，以确保实现系统所有性能指标要求。

针对高精度惯性导航系统中的各种误差源，通常分为三类，并采用不同的误差控制技术。

（1）通过提高硬件精度予以解决，其包括元部件、平台机械加工，以及测控系统的精度保证。

（2）相对固定的误差系数，如加速度计测量误差、陀螺仪与平台安装误差，以及平台框架角零位误差等，通过实验室或现场定期标校予以解决。

（3）重要的或逐次启动变化的误差系数，主要是陀螺仪系数误差、陀螺仪壳体翻滚误差，以及平台对准初始失准角，通过系统初始对准与标定予以解决。

综上所述，解析式惯性导航系统的关键技术在于如何控制系统的误差，使系统能够达到精度要求。其主要的关键技术如下所述。

1. 高精度的惯性元件：陀螺仪和加速度计

选用高精度和高可靠性的静电陀螺仪与石英挠性摆式加速度计，是搭建高精度空间稳定惯性导航系统的核心。静电陀螺仪本身的随机游走很小，但要求常值漂移误差达到 1×10^{-5}°/h 量级，加速度计的偏置年稳定性和重复性达到 $5\times10^{-6}g$，标度因数年稳定应达到 5×10^{-6}。

2. 高精度四环空间稳定平台

四环空间稳定平台是精密的机电装置，包括机械和测控电路两部分。平台机械结构采用比刚度高的合金材料精密制造。各构件的模态频率、框架静刚度、轴系垂直度、回转误差、摩擦力矩与不平衡力矩等,都应符合规定相应的技术指标,在制造过程予以严格控制。平台机电元件的精度必须与惯性仪表的精度相匹配,选用精密滚珠轴承、高精度非接触式测角元件、永磁同步力矩电动机驱动、低摩擦力矩的电气传输装置,以及高速可靠的数据传输系统等。伺服回路采用双环路、串联校正、反缠绕、变结构计算机控制,静态和动态精度满足运载体机动航行要求。平台温控系统采用内外隔绝的双层球罩结构、模糊控制与鲁棒控制的三级温控方案,确保在适应环境温度变化范围内满足陀螺仪和加速度计的保精度工作条件。平台安装在无方位转角的并联连杆缓冲器上,以保证机械结构和伺服系统适应运载体的振动与冲击技术条件。平台采用全密封结构,防止粉尘、潮湿、盐雾等有害物质进入平台内部起腐蚀作用。

通过优化平台机械和电控系统设计与制造,将平台潜在的整流效应、航向效应及圆锥运动引起的误差降低到可忽略不计的程度,使得平台复现陀螺仪三面体的角位置精度达到角秒级。这是构建长航时高精度惯性导航系统的硬件基础。

3. 高精度导航解算方案

1) 阻尼机械编排方程

根据在地球上导航的事实,采用地心固定地球坐标系作为导航解算坐标系,并针对系统固有的垂直通道不稳定、水平通道舒拉振荡,分别采用高度阻尼、水平速度阻尼,既能克服垂直通道不稳定性,又能衰减初始位置误差和初始速度误差。特别地,采用互补滤波器原理,设计了水平阻尼回路,既能过滤惯性仪表的高频噪声,又能消除电磁计程仪的低频与常值偏置误差的影响,从而提高系统长时间连续导航的位置、速度及姿态角的精度。

2) 完备的系统误差模型

鉴于惯性导航系统是自主式舰位推算原理,在惯性仪表本身的工作精度与可靠性有保障的基础上,必须通过下列技术途径确保系统导航精度。

(1) 通过研究仪表本身的原理误差和工艺误差建立好单表的误差模型。

(2) 考虑实际的力学、电磁、温度及辐射等工作环境,静电陀螺仪不仅存在保守的静电干扰力矩,而且存在非守恒干扰力矩,如剩余的磁场、温度梯度,以及振荡条件下的质量不平衡整流效应等。

(3) 根据仪表在平台上的实际安装精度,研究交叉耦合引起的附加误差模型系数。

(4) 陀螺仪安装在平台上做壳体翻滚运动的方案下,平台坐标系不可避免地相对地球做圆锥运动,从而引起陀螺仪附加漂移误差。针对所有这些误差，必须经过详细分析和试验验证后，建立完备的误差模型，通过标校采取相应的硬件和软件补偿技术，以满足高精度系统的要求。

3）初始对准与标定

系统初始对准与标定分为两个阶段：①粗对准：采用陀螺仪罗经法，将惯性平台粗对准到本地地心固定地球坐标系；②精对准与标定：建立完备的18维系统误差模型，采用卡尔曼滤波器进行系统精对准与标定，根据观测变量——经纬度误差和冗余轴转角误差，对陀螺仪漂移误差系数、平台初始失准角等做出实时估计和补偿，使平台失准角达到角秒级。

同时，在初始精对准与标定阶段，还实时标校陀螺仪壳体翻滚失准角误差模型参数，以及实时补偿圆锥运动引起的附加误差。

鉴于系统精对准与标定误差状态模型设计大维数的增广状态，即陀螺仪的漂移误差系数，这些漂移误差系数都是不可直接观测的状态。因此，采用增广状态扩展卡尔曼滤波器常规算法，将涉及巨大矩阵求逆运算，可能会损害滤波器计算精度和计算速度，因此，在实现系统初始精对准与标定卡尔曼滤波器计算时，应采用方根序贯算法，以保证滤波过程计算的高精度。同时，在实际应用环境条件下，运载体总会遭遇各种形式的运动扰动（如风浪、潮汐、装载货物及人员走动等），因此，滤波器的观测向量存在着不确定性统计量的随机噪声，设计的系统初始精对准与标定卡尔曼滤波器应具有较强的过滤随机噪声的能力。

4）系统重调与运动基座的牵引启动

针对经过长时间导航而积累的系统误差，采用系统重调技术加以消除。系统重调方案有两点位置校和地速附加一点位置校。两点位置校为确定性数据处理方法；而速度校是一个连续估计过程，采用最小二乘法分析基本原理，实现时采用偏置不补偿卡尔曼滤波器算法。

在运载体安装两台系统工作的条件下，当一台系统因故停机后，在运动基座上利用另一台完好系统进行牵引启动，可恢复正常运行。牵引启动过程一般比系统重调复杂。但有一个共同要求，即重调时间和牵引启动时间都必须尽量缩短。因此，二者采用的系统误差模型必须简化，因为短时间内有些误差状态是不可观或观测度较弱。这样，就需要应用偏置不补偿的卡尔曼滤波器算法，使得系统重调后或牵引启动后能够保精度正常运行。

4. 部件级与系统级标校

对于逐次启动能保持不变的误差，进行严格标校。标校部件级和系统级两种方法详细描述如下：

（1）标校部件级。利用实验室条件，分别对加速度计和陀螺仪的相关误差进行标校，其中，包括加速度计组合件 18 位置粗精标校和极轴陀螺仪、静电陀螺仪漂移误差的双轴伺服台测试法、赤道陀螺仪在惯性平台式安装误差标校、平台框架角误差零位误差标校，以及平台在基座上的安装误差标校等。

（2）标校系统级。考虑材料特性和安装引力等因素，随着环境条件和使用时间，都会引起相关误差项的变化。因此，在高精度惯性导航系统长时间重复使用过程中，必须在系统使用现场进行定期或实时的系统级标校，以确保系统运行精度。其中，陀螺仪壳体翻滚失准角误差模型参数、加速度计组合件模型误差系数，这些参数标校精度应分别达到 1″ 量级和 μg 量级。

此外，由于在实际使用现场，精密标定系统姿态角和姿态角速率是相当困难的，因此，提出在实验室利用高精度三轴摇摆台检测系统姿态角和姿态角速率的课题。

5. 环境适应性和可靠性保障

惯性导航系统是安装在运载体上工作的。运载体必须在自然环境条件下运行。随着季节、气候及环境状况的变化，惯性导航系统不可避免地遭受着各种实际环境条件的考验，包括温度、震动、冲击、摇摆，以及电磁干扰等。在这样的恶劣环境条件下，惯性仪表（包括陀螺仪和加速度计）的工作精度将会下降，影响惯性导航系统的工作可靠性。因此，为了保持惯性导航系统的运行精度和可靠性，其本身应具有优良的抵抗运载体的环境温度变化、震动、冲击、摇摆及电磁干扰的能力。

惯性导航系统的环境适应性与可靠性技术措施，主要包括以下 5 个方面。

（1）惯性稳定平台温控系统。用于隔离环境温度变化和维持惯性仪表恒定的工作温度。

（2）惯性稳定平台并联连杆支撑缓冲器。用来消除运载体震动和冲击对惯性仪表产生的加速度干扰，以提供仪表安静的力学环境。由于并联缓冲器在遭受水平冲击时，会产生耦合的水平转角运动，因此，必须解决平台伺服系统具有克服这种水平转角冲击的能力。

（3）电磁兼容性设计。保证惯性导航系统的电子设备不仅在复杂电磁环境中正常工作，而且不构成对其环境内的任何事物不能承受的电磁骚扰。

（4）嵌入式软件可靠性设计。高精度空间稳定惯性导航系统含有大量嵌入式软件，确保这些嵌入式软件在各种环境条件下均具有高可靠性，是贯穿在整个软件开发过程的重要任务。

(5) 调制技术。惯性导航系统的旋转调制技术是一种误差自补偿技术，利用惯性测量单元（惯性元件）周期性转动实现对惯性器件的误差调制，可以有效提高惯性器件的精度。静电陀螺惯性导航系统有以下两种技术体制实现旋转调制。

①陀螺仪壳体翻滚实现陀螺仪误差调制。在二次型漂移误差模型基础上，采用4位置陀螺仪壳体正反向翻滚技术，可自动补偿陀螺仪与壳体有关的漂移误差分量，不仅使之降低三个数量级，而且将极轴陀螺仪和赤道陀螺仪各20项漂移误差系数分别减少为4项和6项。从而极大地增强了陀螺仪的工作性能。

同时，针对陀螺仪壳体翻滚引发的副作用，如平台框架角和加速度计组合件输出比力包含壳体翻滚失准角的调制分量、速度输出具有锯齿波干扰，以及实际平台坐标系围绕陀螺仪三面体坐标系做圆锥运动等，应采取相应的技术措施予以消除。

为了避免附加圆锥运动误差，一般采用断续翻滚方式。翻滚次序须保证旋转装置的角速度在一个翻滚周期内的平均值为零。这样的旋转调制不仅能将陀螺仪和加速度计与壳体相关的偏置误差调制为周期函数，并且在一个调制周期内平均值为零，而且把低频段的随机误差转移到惯性导航系统的通频段以外，得到适当的滤波作用。

②平台框架周期翻转实现陀螺仪和加速度计的调制。采用平台周期翻转技术，用以消除惯性元件的许多误差源，提高系统精度。平台翻转的示意图如图5.15和图5.16所示。

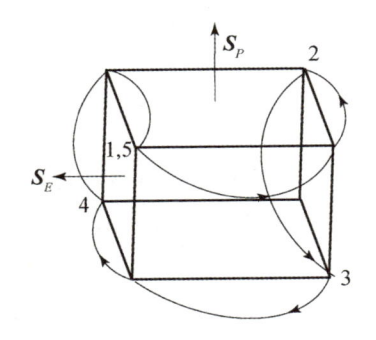

图5.15 平台周期正转示意图

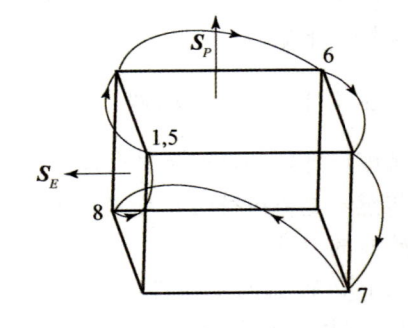

图5.16 平台周期翻转示意图

矢量 S_P 和 S_E 分别表示极轴陀螺仪和赤道陀螺仪的旋转轴。在惯性固定的观测者来看，旋转轴在整个周期内可认为是固定的。把静电陀螺仪看成一个立方体，用它上面的一个圆点来表示立方体的一个角，在周期翻转过程中，平台的方向可以用下述的圆点轨迹描述。

在位置 1 处，圆点位于立方体的前左上角、平台在位置 1 处停留 2min 或开始翻转，它绕 S_P 轴转动 180°，是 S_E 两端位置颠倒过来，圆点从位置 4 转到位置 2 的轨迹见示意图，在位置 2 停留 2min 后，平台翻转到位置 3。这次的翻转是平台绕 S_E 转动 180°，使得 S_P 两端位置颠倒过来，如此等等，周期翻转要经过 8 个位置。需要注意的是，虽然平台位置 1 和 5、2 和 6、3 和 7、4 和 8 是同一个点，但是这些点上所进行的周期翻转方向是不同的。例如，从位置 1 到 2 所进行的翻转与位置 5 和 6 之间所进行的翻转在方向上是相反的。

这种平台翻转会通过壳体转动的平均值来减少陀螺仪和加速度计的误差，而不必附加额外的旋转轴。这种方法可以使用静电陀螺仪的宽角传感器来实现，使陀螺仪壳体上的任何给定点沿着陀螺仪壳体上的大圆运动 180° 的方向来实现。平台在任何时间都是稳定的，方向已知。因此，加速度计信号可以在固定的惯性坐标系中进行分解和积分。

5.3.4 惯性平台主要元部件和装置的设计

解析式惯性导航系统采用高精度非接触式测角元件、永磁同步力矩电机驱动、低摩擦力矩的电气传输装置，以及高速可靠的数据传输系统等，以保证其长时间允许的高精度和高可靠性。解析式惯性导航系统的所有框架皆采用永磁同步力矩电机作为各个框架轴稳定回路的可执行元件，可满足解析式惯性导航系统的高精度的伺服跟踪要求。因此，本节将详细介绍解析式惯性导航系统中圆感应同步器、导电滑环和永磁同步力矩电机的工作原理、结构组成和控制策略。

5.3.4.1 角度传感器

角度传感器的精度是平台定位精度及惯性导航系统姿态测量精度的关键。角度传感器是将机械转角变换成同这个转角相对应的电信号的电气元件。角度传感器的设计如下：

(1) 传感器的工作性能应满足系统对它提出的要求，特性曲线的斜率（或称为灵敏度）和线性范围均应达到系统规定的指标。

(2) 传感器的非灵敏区（即最小敏感角）应尽可能小，陀螺仪中角度传感器的非灵敏区一般要求为几角秒。传感器在转角为零时的零位输出应尽可能小。

(3）传感器输出电压相对于输入电压的时间相位尽量同相或反相，相移要小而稳定。

（4）传感器作用于陀螺仪的反作用力矩应尽可能小，以免引起超过容许值的漂移。通常，角度传感器的反作用力矩应限制在 0.1mg·cm 以内。

（5）传感器的结构与尺寸应符合陀螺仪或陀螺仪装置的总体设计要求，且工艺性好。传感器的重量、功率消耗与发热量应小。连至传感器活动部分的导线数应尽可能小。

（6）传感器在规定的使用条件下（如温度、湿度、加速度、振动和冲击等条件），工作可靠，输出特性稳定。

角度传感器按其作用原理，可分为以下 4 类。

（1）电阻式传感器。利用电阻值变化量来反映陀螺仪框架转角的元件称为电阻式传感器。电位计即为一种常见的电阻式传感器，其优点为结构简单，不需要相继的放大。但由于电位计中具有滑动的电气接点和较大的滑动阻力，所以不适用于精度较高的陀螺仪器。安休茨式陀螺仪罗经中的液体电桥也是一种电阻式传感器，最适合于液浮陀螺仪罗经内用作随动系统的角度传感器。

（2）感应式传感器。利用电感值变化量来反映陀螺仪框架转角的元件称为感应式传感器。根据传感器活动部分，它又可分为动铁式传感器和动圈式传感器两种。动铁式传感器系其中衔铁相对于装有初次级绕组的铁芯（导磁体）转动或移动后产生输出电压；动圈式传感器系其中初、次级绕组之间做相对转动或移动后产生输出电压。

（3）电容式传感器。利用电容变化量来反映陀螺仪框架转角的元件称为电容式传感器。

（4）光电式传感器。利用光敏元件接收光通量的变化量来反映陀螺框架转角的元件称为光电式传感器。它的优点为灵敏度较高，无机械接触，无反作用力矩，尺寸较小。它的缺点为需要一套高灵敏度的测量设备。近年来，光电式传感器在自由转子陀螺仪和框架陀螺仪中均已获得应用。

测角元件的精度是平台定位精度及惯性导航系统姿态测量精度的关键。目前，常用的周角传感器有感应同步器、光电编码器及光栅等。圆感应同步器如图 5.17 所示。

圆感应同步器信号感应方式与旋转变压器一致，当对圆感应同步器激磁端施加激励信号 U_d 后，圆感应同步器定子会感应出两相差分交流信号 U_s、

图 5.17 圆感应同步器

U_e，与激励信号 U_d 同频率，其信号幅度值随着当前转子相对定子转过的机械角度而变化。输出信号 SIN 和 COS 为正交的正余弦信号，频率与激磁相同，电压变动范围 0~6mVrms，经过处理放大到 1.7~2.5$Vp-p$ 后通过轴角转换芯片（AD2S 等系列）得出二进制角度值，如图 5.18 所示。

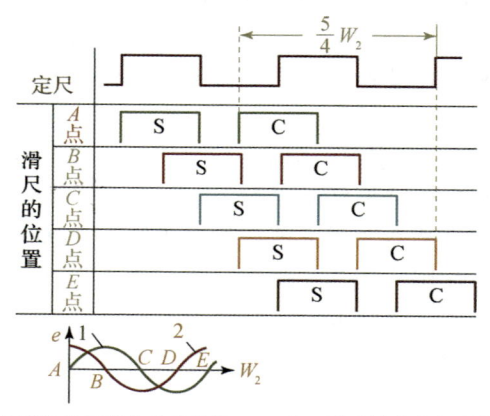

1—由 C 励磁的感应电动势曲线；2—由 S 励磁的感应电动势曲线。
图 5.18 圆感应同步器电动势曲线

圆感应同步器具有超高六性，具体如下：

（1）超轻。圆感应同步器的基体材料可为钢、铝或钛合金，质量可低至 60g。

（2）扁平结构。圆感应同步器是在径向端面上进行电磁感应，从而其轴向尺寸可以做到很小（定、转子累计轴向尺寸可不超过 12mm）。

（3）原始精度高，不需补码。圆感应同步器的极数为 360 极或 720 极，较旋转变压器极数要高，精度可达到 ±1″~±10″。感应同步器可以不经任何机械传动直接测量仪器或机床的线位移或角位移，所以其测量精度首先取决于感应同步器本身的加工精度，采用特级分度母盘可保证其极高加工精度。感应同步器的极对数很多,这样多的极对数同时工作,误差的平均效应减小了局部误差的影响。感应同步器的分辨率取决于原始信号质量与电子细分电路的信噪比及电子比较器的分辨率。

(4) 超高重复性。重复性达 0.5″。

(5) 超强环境适应性。①抗震动、抗冲击:与旋转变压器一样,由于圆感应同步器的基体为金属材料,因此它也能承受强振动冲击条件(冲击 $800g$,振动 $10g$)。②抗干扰、无磁漏:感应同步器在一个节距内是一个绝对测量装置,在任何时间内都可以给出仅与位置量相对应的单值电压信号,因而不受瞬时作用的偶然干扰信号的影响。平面绕组的阻抗很小,受外界干扰电场的影响很小。③耐温循:$-40 \sim +80℃$,宇航级为 $-50 \sim +120℃$。④耐霉菌、耐盐雾:各项基材经过专业处理,依照国家军用标准《盐雾试验》(GJB 150.11A—2009)试验方法,经第三方军工实验室认证无任何外罩防护下霉菌盐雾特性均可达军工 1 级。

(6) 使用寿命长,在轨经验 10 年。圆感应同步器电磁耦合式决定了它的长寿命性能。定子和转子互不接触,没有自身摩擦、损耗,所以使用寿命长。在某星持续运行,已运行经验 10 年。

另一种常用的角度传感器为圆光栅。由于圆光栅具有结构简单、测量精度高和动态特性好等特点,同时圆光栅还提供相对式和绝对式两种测角方式,因此其具有更广泛的应用空间。随着计算机技术在圆光栅测角系统信号处理中的应用,大大提高了测角的精确性和稳定性,同时其易于融合,提高分辨率和测角精度,利用圆光栅的多读数头的均化作用,可以有效地消除圆光栅的安装偏心、刻线误差等对测角精度的影响,而且稳定可靠,但是随着军工科研系统的不断发展,对于测角系统的精度和稳定性等提出了更高的要求。

圆光栅编码器是一种数字式角位移传感器,它通过光电转换将角位移信号转换为数字信号。圆光栅编码器由光栅圆环和光栅读数头组成。光栅圆环通常由金属或玻璃制成,圆光栅是在光栅圆环表面刻划光栅条纹;光栅读数头读出光栅圆环表面圆弧所在的位置,通过测量表面弧长间接测量角度。圆光栅编码器具有分辨率高、体积小、安装方便、响应速度快、处理电路简单、中间通光孔径大等优点,广泛应用于精密机械加工、伺服系统位置和速度测量。

圆光栅角度编码器作为一种精密的角度位移测量元件,其测角精度作为测量系统角度测量的基准,是衡量测量系统性能的重要指标。因此,一般要求圆光栅角度编码器具有较高的测角精度。所以,为了提高圆光栅角度编码器的测角精度,本节对圆光栅测角误差进行分析与补偿。根据文献可知,圆光栅角度编码器测角误差主要包括轴系晃动、安装误差、细分误差等，其中轴系晃动、安装误差属于长周期误差，细分误差属于细分周期误差。轴系晃动使得编码器轴系产生径向和轴向的跳动误差，造成光电信号的变化，从而产生测角误差；安装误差包括码盘安装倾斜和偏心误差，是圆光栅角度编码器的重要误差来源；细分误差是由于光电信号质量误差引起的，由此产生电子细分误差，进而影响编码器测角精度。但圆光栅编码器容易受到安装偏心、轴晃以及光栅形变等各类误差的影响，而光电精密转台、大型望远镜等场合要求仪器有较高的指向精度，测角元件精度需要达到角秒或者优于角秒级，圆光栅编码器测角精度难以达到使用要求，因此只有分析测角误差产生的原因并研究其误差特性，才能有针对性地进行消减、补偿，从而将误差影响因子降低到最小。

计量光栅分为透射光栅和反射光栅两大类。透射光栅是用光学玻璃做成的，用光刻机在光学玻璃上刻上大量的宽度和距离相等的平行线称为刻痕。刻痕不透光，只有两刻痕之间光滑的部分透光。反射光栅是在金属镜面上由间距相等的全反射条纹和漫反射条纹制成的。利用光栅检测线位移和角位移可以达到很高的精度，根据功能，光栅又可分为直线光栅和圆光栅。

圆光栅由动栅（指示光栅）和定栅（标尺光栅）组成。测量角位移时，指示光栅和标尺光栅配对使用，指示光栅不动，标尺光栅绕主轴旋转。按照圆光栅刻线位置的不同，其又可分为旧型圆光栅和新型圆光栅。旧型圆光栅的栅线刻在标尺光栅的盘面上，而新型圆光栅的栅线刻在标尺光栅盘的圆柱面上。旧型圆光栅按栅线的刻线方式又可分为径向圆光栅、切向圆光栅和同心圆光栅三种。

新型圆光栅是由直线光栅演变而来的，将光栅栅线刻在金属带上，然后绕在圆柱面上形成标尺光栅。新型圆光栅的工作原理也与直线光栅相似，如图 5.19 所示。

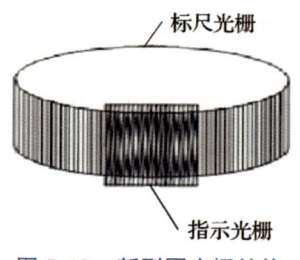

图 5.19　新型圆光栅结构

当两块光栅叠合时形成一对光栅副，通过发光管照射光栅副，产生两条明暗相间的莫尔条纹。莫尔条纹是圆光栅角度编码器测角工作的基础，最早在19世纪末提出,但直到20世纪50年代以后才开始应用于实际测量。其形成原理被广泛研究,由此产生计量光栅,其中应用于角度位移测量的部件为光栅码盘。一般情况下,光源透过光栅码盘产生明暗相间的莫尔条纹,当光栅码盘沿着与码盘栅线相垂直的方向运动时,莫尔条纹也会随之沿着与明暗条纹近似垂直的方向移动,当光栅码盘移动一个栅格,莫尔条纹对应移动一个条纹间距。两条明暗条纹的宽度为光栅栅距 d,且明暗条纹宽度相等。光栅码盘上栅线之间夹角为 θ,莫尔条纹宽度为 W,则光栅栅距与莫尔条纹宽度的关系为

$$W = d / \left(\frac{2\sin\theta}{2} \right) \tag{5.12}$$

当光栅码盘的栅线夹角 θ 很小时,光栅移动方向与莫尔条纹移动方向近似垂直,此时,莫尔条纹宽度 $W \approx d/\theta$,可以看出,莫尔条纹宽度对光栅栅距具有放大的作用,θ 越小,放大倍数越大。

圆光栅角度编码器按照工作原理可分为绝对式和增量式两类:绝对式是指编码器每一位置均有与之对应的唯一编码,增量式是指将角度位移转换成周期性的光电信号,再根据光电信号转变成脉冲信号进行计数,通过脉冲数输出角度信息。常见的圆光栅角度编码器测角系统的主要组成部件包括转轴、读数头、光栅码盘、发光管等,测角原理是:一般情况下,光源与读数头处于固定位置,通过转轴旋转带动光栅码盘进行旋转,发光管发出的光透过刻有狭缝的光栅码盘产生明暗相间的莫尔条纹,即为包含编码器测角信息的光电信号,该光电信号投射至读数头上,通过读数头上的感光元件进行信号采集,最后通过信号处理电路进行差分、放大等处理,得到角度信息。

圆光栅角度编码器是集光、机、电于一体的测角系统,要提高其测角精度,除了对编码器的机械结构、安装工艺和电路设计进行优化,还可以从软件上对编码器测角误差进行补偿。国内外有许多关于圆光栅角度编码器长周期误差补偿方法的研究,主要分为硬件补偿和软件补偿两种:硬件补偿常见的是采用两个读数头或多个读数头的方式来减少甚至消除长周期误差;软件补偿一般是基于高精度测角仪器对编码器进行测角误差标定,然后拟合出编码器测角误差特性曲线,并通过编码器测角误差补偿模型,结合软件算法对编码器长周期误差进行补偿。采用双读数头的圆光栅角度编码器,通过编码器测角与偏心参数间的关系,推导出由安装偏心引起的编码器测角误差模型,然后对编码器安装偏心误差进行补偿。基于单读数头的圆光栅角度编码器,对编码器偏心误差进行分析,通过数学几何推导建立了编码器偏心误差补偿模型,并以线性最小乘法进行参数辨识,进而实现对编码器偏心误差的修正。

通过圆光栅角度编码器长周期误差补偿方法的研究，补偿后的编码器测角误差和莫尔条纹数有关，最高可达2″。

5.3.4.2 力矩电机

使用自由转子陀螺仪组成惯性导航系统需应用四环空间稳定平台。四环空间稳定平台作为惯性导航系统的核心部件，可以隔离载体的角运动，提供载体姿态信息，为加速度计元件提供测量基准。四环空间稳定平台通过4个框架隔离载体的运动干扰，摩擦力矩、惯性耦合力矩等各类干扰力矩均通过伺服电动机提供的控制力矩进行补偿。四环平台里面3个框架的相对运动会带来内、中、外框轴综合转动惯量的变化。惯量的变化实际上会造成系统控制增益的变化，影响系统的动、静态性能，严重时可能导致系统失去稳定。平台控制回路可化为4个位置伺服系统。影响伺服系统稳定性的因素除转动惯量之外，还包括控制对象的机械谐振、阻尼等特性。平台系统各框架轴虽然采用伺服力矩电动机直接驱动，但脉动力矩电机具有高可靠性和高定位精度等优点，可满足高精度伺服跟踪要求，因此，四环空间稳定平台所有框架皆采用永磁同步力矩电动机伺服系统。

永磁同步电动机（Permanent Magnet Synchronous Motor，PMSM）与无刷直流电动机（Brush – Less Direct – Current Motor，BLDCM）都为固定磁阻电动机，在结构上也比较相似。例如，转子由永久磁钢构成磁极，定子由电工钢片叠制而成；定子电枢通交变电流以产生恒定力矩；转子同轴连接检测转子磁极位置的传感器。二者的主要区别是，转子磁钢几何形状、转子磁场在空间分布和反电动势波形、定子电枢绕组和电流形式，以及位置传感器精度等互不相同。

根据永磁体在转子上所处的位置不同，PMSM可分为三种：①表贴式，永磁体粘贴在转子表面；②面嵌式，永磁体嵌入转子表面；③内埋式，永磁体埋在转子内部。

表贴式永磁同步电机转子磁极通常为面包形，并采用特殊的黏结剂固定在转子铁芯表面。为防止磁极在电机旋转时受离心力作用飞出，磁极外表面一般用非磁性圆筒或无纬玻璃丝带包住作为磁极保护层。这种转子结构的永磁同步电机具有结构简单、制造成本低、安装方便、转动惯量小等优点，在实际工程中应用比较广泛。

面嵌式永磁同步电机从外观上看，与表贴式结构相近，但在电机性能上两者却有很大的不同。表贴式永磁同步电机在运行时仅有永磁力矩，直、交轴的主电感相等。面嵌式永磁同步电机运行时，除了永磁力矩，还产生磁阻力矩，使直、交轴的主电感不等。内埋式永磁同步电机转子结构中的永磁体磁极位于转子铁芯内部，不直接与气隙接触，永磁体外围有转子铁芯保护，机械强度和可靠性都有所提高，但电机加工工艺也更为复杂。相比于表贴式和面嵌式结构，内埋式结构永磁同步电机的直、交轴的电感相差更大，磁阻力矩作用更为显著。由于铁芯的磁屏蔽作用，内埋的永磁体涡流损耗小、温升低，因此，内埋式永磁同步电机在高速、高频场合下应用较多，如牵引电机、纺织电机等。

惯性稳定平台伺服系统通常采用直驱式永磁同步力矩电动机。永磁同步力矩电动机是永磁同步电动机的一种特殊形式，二者基本工作原理相同，但结构形式不同。直驱式永磁同步力矩电动机的结构如图5.20所示。

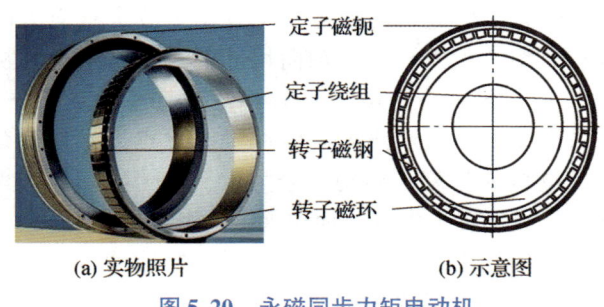

（a）实物照片　　（b）示意图

图5.20　永磁同步力矩电动机

由图5.20可见，永磁同步力矩电动机为表贴式、薄环形、分装结构，定子电枢一般为三相绕组，但小功率的为两相绕组。定子两相绕组增加了每极槽数的面积，可省略Clark变换（3/2变换）和Clark逆变换（2/3变换），简化了控制计算；极对数分别有24、48和60等。这种多对极、圆盘型表贴式转子，可有效降低齿槽力矩，电磁力矩系数恒定，电气时间常数小、响应速度快，低速平稳性好，而且，无刷式结构适宜于长期连续运行、可靠性高。

定子两相绕组电流幅值相等、相位相差90°电角度，在定转子气隙中形成旋转磁场，磁场强度与电流幅值成正比，旋转速度与绕组正弦电流角频率成正比、与极对数成反比。极对数多、额定转速低、驱动力矩大、可取消减速器，直接带动负载，定位精度高。永磁同步力矩电动机转子内孔直径为定子外径的80%以上，占用空间小，功率密度高，安装形式灵活方便。在高精度直接驱动领域，如惯性稳定平台、仿真转台及惯性导航测试转台，跟踪雷达与天文望远镜的天线系统，以及数控机床、工业机器人及升降电梯等军民用领域，永磁同步力矩电动机具有特别重要的意义。

另一种常用的电机为无刷力矩电动机。无刷力矩电动机是一种分装式盘式超薄无刷电动机，定子由两相正交绕组和无槽铁芯构成，并用环氧树脂封装；转子由多极稀土永磁磁极和环形空心轴构成。采用无槽冲片叠成铁芯，主要结构特点是拥有较大的气隙，且整个工作气隙内磁阻是均匀的，其气隙磁场波形和反电势波形均设计成正弦波。这样的结构具有以下突出优点：①正弦反电势谐波含量低，利于降低转矩波动；②没有齿槽力矩波动；③转矩–电流线性范围宽，线性度相对高；④转矩密度相对高；⑤超低的磁滞阻尼力矩；⑥超低电感，电气比机械时间常数小，动态响应快；⑦对定、转子安装同轴度要求不高。

上述优点使得无刷力矩电动机运行平稳、无噪声，在适当的传感器和驱动器配合下，能实现超高定位精度和超低速伺服运行。从设计及结构、制造工艺等方面来看，既有无槽电机的特点，又有正弦波永磁交流伺服电动机的特点，结构上具有典型的大内孔、短轴向尺寸的薄型力矩电动机的特点，定子采用环氧灌封技术。无刷力矩电机具有转矩波动小、运行平稳、噪声小、电枢电感小等一系列优于普通永磁无刷电动机的优点，成为很有发展前景的永磁无刷电动机。电机为分装式结构，分为定、转子两部分，其中定子主要由铁芯和绕组线圈组成，转子由空心轴和永磁体组成。

无刷力矩电机采用无槽结构，彻底消除了齿槽波动力矩。气隙磁场随转子位置按正弦规律变化，采用两相正交整距绕组，绕组内感应的反电势波形也是正弦波，按照这类电机的原理通以相差90°角度的正弦波形电流，那么产生的电磁力矩将是恒定值。

设计的电机磁场沿气隙为正弦波磁场，气隙磁场B_m为转子位置角θ的正弦函数，即

$$B_m = B_\delta \sin\theta \tag{5.13}$$

式中：B_δ为气隙磁场幅值（T）；θ为转子位置角（°）。

通过控制器给两相绕组通电时，电流为转子位置角θ的正余弦函数，即

$$i_A = I_m \sin\theta \tag{5.14}$$

$$i_B = I_m \cos\theta \tag{5.15}$$

式中：i_A为A相绕组电流（A）；i_B为B相绕组电流（A）；I_m为电流幅值（A）。

根据电磁场理论可知，A相绕组产生的电磁力矩为

$$T_A = K \cdot (I_m \sin\theta) \cdot (B_\delta \sin\theta) = K I_m B_\delta \sin^2\theta \tag{5.16}$$

式中：T_A为A相绕组产生的力矩（N·m）；K为电机的力矩常数。

因为A、B两相定子绕组在空间相差90°电角度，所以，B相绕组产生的电磁力矩为

$$T_B = K \cdot (I_m \cos\theta) \cdot (B_\delta \cos\theta) = K I_m B_\delta \cos^2\theta \tag{5.17}$$

电机产生的总力矩为

$$T = KI_m B_\delta \sin^2\theta + KI_m B_\delta \cos^2\theta = KI_m B_\delta \quad (5.18)$$

从式（5.18）可以看出，电机产生的力矩跟转子位置角 θ 无关，在任何位置都是一个恒定值。也就是说，理论上电磁力矩没有波动。

对于高精度、高稳定度的系统，转矩波动是衡量无刷力矩电动机的一项重要指标。此外，转矩波动是电机产生振动和噪声的主要原因。因此，分析转矩波动形成的原因，研究降低或抑制转矩波动的方法具有十分重要的意义。造成无刷力矩电动机转矩波动有很多原因，如非理想反电势波形引起的转矩波动、电流换相引起的转矩波动、齿槽效应引起的转矩波动。此外，还有电枢反应和电机工艺缺陷引起的转矩波动等。

1. 非理想反电势波形引起的转矩波动

正弦波驱动是一种高性能的控制方式，电流是连续的，两相正弦波交流电流与两相绕组中的反电动势共同作用产生平滑的电磁转矩。理论上可获得与转角无关的恒定输出转矩，良好的设计可做到 3% 以下的低转矩波动。无刷力矩电动机的磁极形状、极弧系数对输出电磁转矩都有很大的影响。通过选择合理的电机磁极形状和极弧系数，以及定子绕组的优化设计，使反电动势波形尽可能接近理想波形，来降低电磁转矩波动。这种非正弦性反电动势波形引起的转矩波动与电机的反电动势波形和电流波形有着直接关系。抑制非正弦性反电动势波形引起的转矩波动途径包括改进电机设计和采取合适控制策略两个方面。本节电机将通过选择合理的磁极形状、极弧系数，使反电动势波形尽可能接近理想波形，来降低电磁转矩波动。通过合理选择电机磁极形状、极弧系数等优化措施，使本节电机反电动势波形具有较好的正弦性，谐波含量较低。

2. 电流换相引起的转矩波动

本节电机为两相无槽无刷力矩电动机，当电磁设计及驱动器控制满足设计要求时，电机产生的总力矩为式（5.18）。其输出力矩为恒定值，理论上转矩波动为 0。

3. 齿槽效应引起的转矩波动

当无刷力矩电动机定子铁芯有齿槽时，由于定子齿槽的存在，气隙不均匀，使气隙磁导不是常数。当转子处于不同角度时，气隙磁场就要发生变化，产生齿槽转矩。齿槽转矩与转子位置有关，因而引起转矩波动。齿槽转矩是永磁电机的固有特性，在电机低速轻载运行时，齿槽转矩将引起明显的转矩波动，并产生振动和噪声。因此，如何削弱齿槽转矩是永磁电机设计中较为重要的目标之一。

齿槽转矩产生的原因与前述两种引起转矩波动的原因不同。前述两种引起转矩波动的原因均在于定子电流与转子磁场的相互作用，而齿槽转矩是由定子铁芯与转子磁场相互作用产生的。消除齿槽效应最好的方法就是采用无槽电机结构。无槽电机的电枢绕组不管采用何种形式，它的厚度始终是实际气隙的一部分，因此无槽电机的实际等效气隙比有槽电机要大得多。采用无槽结构，因为同时具有超大气隙，除了能彻底消除齿槽效应引起的转矩波动，还能大幅度削弱由于电枢反应和机械偏心而产生的转矩波动。

电机为无槽结构，理论上已经彻底消除了齿槽转矩的影响。为产生恒定电磁转矩，反电动势波形必须是正弦的，但实际上，由于永磁体的形状等导致反电动势波形不完全是正弦的，仍会有一定的谐波，引起转矩波动。因此，应尽量减小反电动势中的谐波幅值，特别是 5 次、7 次、11 次和 13 次这些低次谐波幅值。反电动势中的谐波分量与永磁体的磁场分布和定子绕组构成有关，由于定子绕组结构已经挖掘所有可能的优化空间，因此本节从永磁体形状方面进行了优化，以减小纹波转矩，使转矩曲线更加平滑。

5.3.4.3　输电装置

陀螺仪（和加速度计）中的信号器、力矩器、温控装置、摆元件和陀螺仪电动机等一系列电气元件均需要电能和传输电信号，因而必须配置合适的输电装置。由于陀螺仪应当保证其中的外框架、内框架（或马达壳）和陀螺仪转子各具有一个、两个或三个转动自由度，因此其中的输电装置必须满足一系列特殊要求。

（1）不应限制陀螺仪内转动零件的转动自由度。

（2）所产生的阻力力矩（或约束力矩）和传输过程中的能量损失应尽可能小。

（3）在振动与冲击条件下工作可靠。

输电装置内各零件间的绝缘强度要高，由发热所引起的温升不应过高。现代陀螺仪器中，导电装置零件间的绝缘强度不应低于 50MΩ，发热后的温度不应超过 70℃。

目前，接触式输电装置主要是导电滑环和光纤滑环。该类滑环是用于实现两个连续相对转动机构之间介质（电能、光能）传输的精密装置，主要由旋转与静止两大部分组成，如图 5.21 所示，分别安装在惯性平台的台体轴、外框轴的旋转中心处。

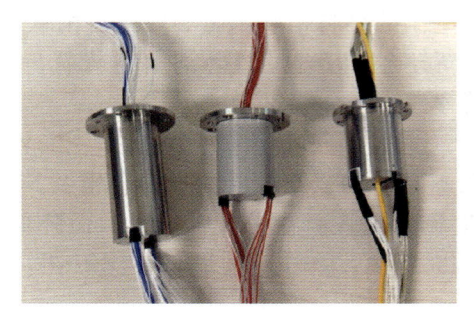

图 5.21　导电滑环

导电滑环装置主要由滑环和电刷组成。通常，滑环固定在活动零件的转轴上，而转轴则为空心的，和滑环相接的导线从空心转轴中穿过。电刷被夹紧在静止零件上，且具有一定的弹性，以产生必要的接触压力。在实际使用中，为了保证可靠地工作，往往采用一对相对布置的电刷。电刷形状既可做成矩形断面，也可做成圆断面。当需要引接的导线数量较多时，建议采用导电环结构。导电环可分为鼓式和盘式两种，前者轴向尺寸大，后者径向尺寸大。通常，可根据仪器的结构和容许的尺寸范围来选择其中的一种形式。

导电环组件主要靠环氧树脂、引出线和绝缘塑料支撑。当导电环环体轴向长度与其直径之比小于或等于 3∶1 时，支撑强度是足够的；但当轴向长度与直径比大于 7 时，支撑强度不足，容易变形；当温度急剧变化时，环与导线发生分离。为了加强导电环的支撑，在环体内轴向位置上插入增强构件。

导线在绝缘环体内的排布方式是决定导电环组件结构大小的重要因素。其布线方式有两种：一种是交错对称排布法，其实质是所有导线都排列在导电环两侧的同一平面上，彼此交错地向径、向上相反方向外伸，且其轴向间隔相等；另一种是螺旋形均布法，其实质是导线从环体圆周等距离螺旋形排布的小孔中穿入，紧密相邻地贴于环体内壁，这种布线可最大限度地减小导线在环体内占据的空间，以便安置增强钢芯。

滑环组件由滑环和绝缘层黏合而成。其中心可以是衬套（分装式），也可以是芯轴（组合式）。每个滑环的引出导线焊在滑环的内表面，并以此按一定方向引出。滑环表面的形状可以是圆柱形、U 形槽或 V 形槽等几种。圆柱形是最容易加工的，但它不能限制电刷，在冲击作用下可能产生轴向位移，造成故障，而且容易引起振动噪声；U 形槽稍能限制电刷，但容易堆积脏物（如磨损碎屑、尘埃、油垢等）；V 形槽能限制电刷以防止它沿轴向振动，每个电刷与滑环有两个接触点，有助于减少噪声和减小接触电阻。

滑环与电刷接触过程中，在政策运转情况下，黏附磨损是主要的，一般来说，两种相同金属接触时的磨损要比两种不同金属接触时的磨损率大得多。

为了耐磨起见，选择电刷的材料稍硬，而滑环材料稍软。减小滑环与电刷接触表面的粗糙度并对新导电装置进行"跑合"，这样就在滑环表面上形成一层光洁的表面，即所谓"跑道"。

至于滑环材料，一般是根据电导率、磨损率、抗氧化剂加工性能来选择的。常用的滑环材料特性如表5.1所示。铜、银及其合金价格比较便宜，但银质材料容易产生硫化银，铜容易被腐蚀，因而降低其性能，甚至破坏仪器正常工作。为此，还经常采用铜镀钯、铜镀铑、铜镀铂及铜镀金等材料。

表 5.1 滑环材料特性

材料	牌号	比重	抗拉强度 σ_b/(N/mm²)	熔点/℃
金银铜合金	AuAgCu 35-5	14.3	400（软态） 750（硬态）	950
银	Ag1，Ag2	10.5	128（软态） 300（硬态）	961
铜	H62	8.42	≥350（软态） 750~980（硬态）	1193

电刷的种类主要有片状与金属丝两种，使用较普遍的是金属丝电刷，电刷的压力可以靠刷丝本身的弹性产生，也可以靠弹簧片的压力产生。有时还采用了由单个触点及弹簧组成的组合式的接触电刷。例如，由钯铱合金支撑的直径为 0.15~0.2mm 的圆柱形接触电刷，而触点的弹性部分由厚度为 0.1~0.15mm 的青铜带制成。

电刷的压力是电刷选型和设计的重要参数。增加电刷上的压力，则电刷的接触电阻会随之减小，因而电功率的损耗也相应减小，但此时的摩擦增大了。若电刷上的接触压力过小，那么就不能充分利用电刷的所有接触表面，这样触点就会过热。电刷的最小允许压力值应根据其材料和结构来确定。电刷压力的大小取决于下列几个因素：①滑环表面的圆周速度由于滑环表面的偏心和离心力的影响，圆周速度越大，所需的电刷压力就越大；②所传输的电流越大，所需的电刷压力越大，因为，如果压力太小，电刷接触面就容易产生电弧与燃烧，破坏装置的正常工作；③保证接触可靠一般的原则是电刷越小，压力强度应越大；④在灰尘较大的环境里工作的导电装置，要求有较大的电刷压力，以保持接触面的清洁。

为了保证电刷和滑环之间可靠地接触，必须严格选择它们的材料和接触压力。通常，电刷由银、铂或钯-铱合金制成，其后部的弹簧片由弹性与导电性均良好的锰青铜、磷青铜和铍青铜等材料制成。电刷的断面由所选材料容许的电流密度来确定。弹簧片则根据所要求的接触压力来设计。

另一种常用的滑环为光纤滑环。光纤滑环又称光滑环，它是一种以光纤为数据载体，能够使光信号沿着光纤轴在旋转部件之间进行不间断数据传输的装置。常规的光纤滑环是由光纤、光纤准直透镜、机械外壳、轴承、其他机械附件等构成的，因此，信号的传输是非接触的。光纤滑环根据传输的特性分为两种：一种是有源光纤滑环，包含光电转化器件，但体积较大、抗干扰能力较差、传输数据信道少；另一种是无源光纤滑环，由光纤与准直透镜组装而成，特点是体积小、抗电磁干扰、寿命长。

导电滑环是通过电刷与滑环接触完成信号和能量的传输。其传输速率低，易受电磁干扰影响；光电滑环是由导电滑环及光纤滑环组合而成的，除了传输动力电能，其他非功率测控信号通过光电转换成数字信号后，形成光脉冲通过光纤滑环传输。选用光纤滑环传输数字信号具有以下优点：①无摩擦、长寿命，光纤滑环为非接触式，没有摩擦，减小了框架轴上的摩擦力矩，有利于提高惯性平台伺服跟踪精度；②具有无电磁泄漏、保密性好、抗干扰能力强的特点；③传输速率高，单通道光纤滑环采用波分复用技术可达100Gbit/s。

无源光纤滑环根据传输通道的数量，可分为单通道和多通道两种类型。单通道光纤滑环结构简单、体积小、成本低，通过波分复用技术传输信号量可扩展到100Gbit/s以上。因此，目前应用最广泛的就是单通道光纤滑环；多通道光纤滑环可传输信号量大于单通道光纤滑环，但多通道光纤滑环结构复杂、体积大、成本高、转速低，限制了应用范围。

光纤滑环根据光纤模式分为单模光纤滑环和多模光纤滑环两种。单模光纤滑环工作波长多为1310nm和1550nm，芯径小、传输模式好、损耗低，可以传输100Gbit/s的数据，长距离传输可达120km，但需要很高的机械精度和防尘措施，是成本较高也是应用最广泛的旋转连接器。多模光纤滑环的光纤芯径多为50μm或62.5μm，波长为850nm和1300nm，可以传输如发光二极管（Light Emitting Diode，LED）和垂直腔面发射激光器（Vertical Cavity Surface Emitting Laser，VCSEL）的不同光源，但也造成了较大衰减和损耗，多应用于较短传输距离，多模光纤可以传输1Gbit/s的数据并传输300m的距离。

在惯性平台通信系统中，选用的是单模单通道无源光纤滑环。为了实现信号发送端和接收端之间的双向传输，单通道光纤滑环需采用波分复用技术，即发送端接波分复用器将不同波长的信号光载波合并输入一根光纤发送；通过光纤滑环后再经过解复用器，将承载不同信号的不同波长光载波分开成两路或多路接收，如图5.22所示。单模单通道光纤滑环的主要性能如下：工作波长1310～1550nm；插入损耗小于2dB；插入损耗旋转变化量小于0.5dB；回损大于40dB。

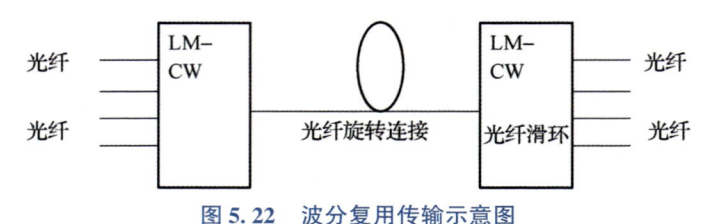

图5.22 波分复用传输示意图

5.4 捷联式系统技术

5.4.1 概述

静电陀螺仪特点之一是作用在转子上的大多数干扰力矩均与转子支承电压平方有关，在地球上转子支承电压不能小于平衡转子重力作用所需的最小值，而在太空中转子支承电压则可降低到技术上可行的极限。这意味着在微重力条件下，静电陀螺仪的精度会有明显改善，因此，航天领域是静电陀螺仪的重要应用领域，利用静电陀螺仪设计卫星等航天器姿态控制系统就是其典型应用之一。

本节重点介绍俄罗斯中央科学电气研究所研制的实心转子静电陀螺仪，并给出实心转子静电陀螺仪的设计原理、结构特点、漂移模型、试验研究方法等。同时，还介绍了基于实心转子静电陀螺仪设计的捷联式惯性姿态控制系统，给出其基本工作原理、设计特点，以及在卫星姿态控制领域的部分应用结果等。

5.4.2 实心转子静电陀螺仪

5.4.2.1 结构设计

静电陀螺仪是一种自由转子陀螺仪，其优点包括：具有较高的温度稳定性，理想情况下，静电陀螺仪是对温度最不敏感的陀螺仪之一；通过在电子

第 5 章 静电陀螺仪系统技术

线路中应用成熟可靠的电路方案可在静电支承线路中利用相对较低的控制电压；静电陀螺仪逐次启动漂移模型系数具有较高的稳定性；陀螺仪转子紧急制动、关支承时具有较高的安全性等。

静电陀螺仪制造技术的发展经历了由 Φ38mm 到 Φ50mm 的空心转子静电陀螺仪的研制到 Φ10mm 实心转子静电陀螺仪研制的过渡，其应用领域由前面章节给出的带有框架的高精度平台式（几何式、解析式）惯性系统向本节将介绍的无框架捷联式惯性系统的过渡。

在实心转子静电陀螺仪研制过程中要解决如下问题：必须保证没有磁场影响；必须在密封的腔室内建立高真空；必须利用静电场将理想的实心导电球形转子悬浮在真空腔室内；必须保证球形实心转子稳定旋转及制动；必须测量球形转子旋转轴角位置信息，并研制可在大角度范围内测量转子角位置信息的测量系统，包括该测量系统的误差模型，以及模型参数的辨识方法及设备；必须分析研究实心转子静电陀螺仪漂移模型，以便进行误差算法补偿。为了保证上述一系列复杂问题的有效解决，必须研制出一系列相应子系统及部件，还要建设在不同条件下保障静电陀螺仪加工制造的结构、工艺及试验用基础设施。

下面介绍俄罗斯中央科学电气研究所研制的实心转子静电陀螺仪，其结构示意框图如图 5.23 所示。实心转子静电陀螺仪由实心转子、静电支承组件及控制子系统、转子加转和阻尼子系统、高真空维持子系统、光电角度位置测量子系统、计算机子系统等组成。

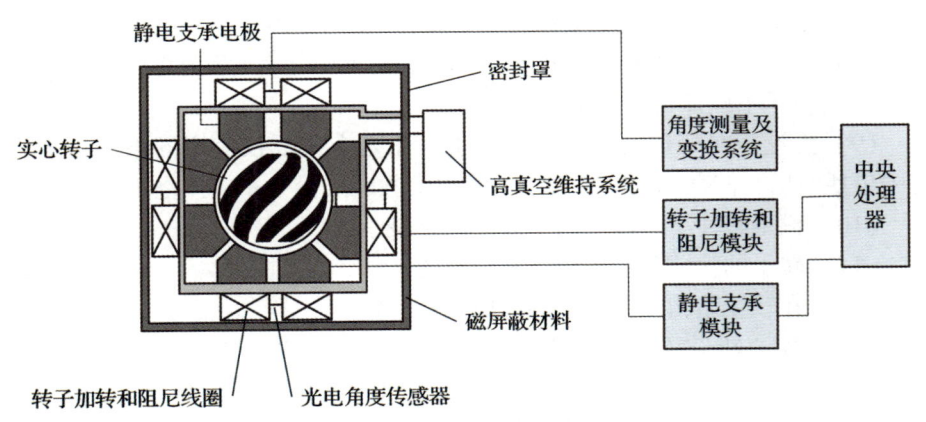

图 5.23 实心转子静电陀螺仪结构示意框图

实心转子是该型静电陀螺仪的核心部件，其直径为 10mm，转子实物如图 5.24 所示，转子质量 $m=0.001$kg，半径 $R=0.005$m，动量矩 $H=0.0002$N·m·s，转子表面与支承电极之间的标称间隙为 $h=30\mu$m，其最小值为 8μm，转子惯性力矩为

$1.3\times10^{-8}\text{N}\cdot\text{m}\cdot\text{s}^2$。实心转子由金属铍制成，利用其表面的光栅条纹可以实现转子角位置的大角度范围测量。

图 5.24　实心铍球转子实物

实心铍球转子的加工制造应保证：

（1）转子质量分布特性需保证沿转子椭球体极轴方向形成惯性主轴。

（2）转子表面形状应该在其工作温度范围内达到额定转速时尽量接近球形。

（3）转子表面应该是具有最小阻抗的均匀导流体。

（4）转子质量分布应该保证质心位置与球心位置一致。

（5）在转子表面上应该刻绘上专门形状的具体图形，以满足角度信息测量系统的设计需求。

（6）转子表面应该具有与壳体支承结构部件之间最小的摩擦系数，以保证支承电源关闭时，转子与壳体部件接触时产生的摩擦影响最小。

（7）当支承电压处于工作电压时，转子表面不应该出现放电情况。

（8）转子不应该具有残余气体分解。

（9）无论是在变化的温度场作用下，还是在陀螺仪应用的整个周期内，其中包括使用、储存和运输，转子的几何参数、质量分布应该是不变的。

（10）额定转速下，转子的变形应该是最小的。

（11）转子的尺寸和质量应该是最小的。

（12）在转子结构设计中不能应用磁性材料。

在这种实心转子静电陀螺仪中，直径为 10mm 的实心铍球转子悬浮在由三对正交分布的电极产生的电场中，其支承电极及组件如图 5.25 所示，图（a）为三对（6块）电极及支承框架，图（b）为装配后的支承组件。

支承电极是转子静电支承组件及控制子系统的关键部件，在陆地条件下进行试验时，支承电极上的电压为 450～500V，可保证实心转子静电支承系统的过载能力为 $12g\sim14g$。在航天应用的空间条件下，为保证陀螺仪的最高精

(a) 支承电极　　　(b) 支承组件(装配后)

图 5.25　支承电极及组件

度，在航天器稳定飞行状态下应使支承电极上的电压适当地保持在尽可能低的水平上，支承电压可下降到 140V。当航天器在轨机动时，通常会存在加速度作用，此时必须提高支承电极上的电压，来保证支承系统必须的过载能力。应该注意，静电陀螺仪实际是存在与加速度无关的保守漂移分量的陀螺仪，并且这种漂移分量可以依靠陀螺仪不同工作状态的校准来降低。

转子加转和阻尼子系统由 6 个对称分布的线圈及相应控制模块组成，可以保证将转子进行加转及制动，并对转子在三个正交方向中任一方向上的章动进行有效阻尼。加转控制模块将转子加转到额定工作速度（如 3000Hz），然后断开加转模块，以降低陀螺仪额定工作状态下所需的功耗。同时，这也会消除转子与加转线圈之间相互电磁作用引起的干扰力矩。

真空维持系统可以保证并维持陀螺仪密封腔室内部的真空度，在实心转子静电陀螺仪的设计上需要提供更高的真空容积，从而减少气体解吸和微流对陀螺仪性能的负面影响，此时需要更高效地排除残余气体。为此，开发了一种高性能微型离子泵，如图 5.26 所示，可以保证在腔室间隙建立 $10^{-6} \sim 10^{-7}$ mm 汞柱的高度真空，其排气速度高达 0.15L/s。为了消除磁场环境下干扰力矩的影响，整个陀螺仪敏感器部件放置在磁屏蔽系统中。

图 5.26　去掉外罩的离子泵外形

转子角位置测量系统由光电角度传感器和测量变换系统构成,为了实现在大角度范围内(如45°)转子角位置信息的高精度测量,通过6个正交分布的光电传感器根据刻绘在转子上的光栅花纹实现。转子角位置测量系统的研制需要解决光/电转换器研制、数模二次转换电子模块研制、角度测量系统误差模型分析及其配套的系统和功能软件等一系列关键问题。

20世纪90年代初,俄罗斯中央电气研究所完成了首批实心转子静电陀螺仪的加工制造,其实物如图5.27所示,根据2001年公开发表的资料表明,当时实心转子静电陀螺仪主要参数如下:①带有相应电子模块的总质量小于3kg;②真空腔室内残余压强的等级为10^{-7}mm汞柱;③启动过程中漂移的不稳定性不大于0.001°/h;④未补偿掉的漂移分量不大于0.01°/h;⑤启动时间不超过50min;⑥需求功耗小于8W。

(a) 去掉外罩的敏感器部件　　(b) 陀螺仪剖面

图5.27　实心转子静电陀螺仪

经过多次试验后,对陀螺仪敏感器部件的结构进行了进一步优化:用陶瓷代替金属体设计球面支承电极以减小残余磁场对陀螺仪性能的影响;用金属陶瓷代替玻璃材料设计密封口、用蓝宝石做成的孔道代替光纤导管来提高真空腔室的密封性;为了减小陀螺仪外形尺寸并提高测量精度而研制带内置集成前放的小尺寸角度传感器;为了提高磁场屏蔽的水平,支承系统的前置放大器移出到双层磁屏蔽罩之外,并在磁放电泵上安装了附加的磁屏蔽外壳。上述对陀螺仪敏感器组件的改进优化方案,对用于船用高精度惯性导航系统的空心转子静电陀螺仪也是通用的,其中最相近点是用于保证转子支承及其转速稳定的支承电子模块。光电角度传感器、支承模块及微型离子泵的信息输入专用计算机,在计算机内利用角位置测量系统的误差模型解决了转子姿态角的精确计算问题,同时解决框架信息及泵电流的模拟信号向数字信号的转换问题，这些数字信号在惯性系统的中央处理器中将方便进一步处理陀螺仪的信息。实心转子静电陀螺仪部分样机的试验表明，这种陀螺仪可在 4000～5000h 内连续安全地工作。

5.4.2.2 陀螺仪视运动及漂移模型

静电陀螺仪的潜在精度取决于相对少量的物理因素对其误差的影响，而静电陀螺仪的电场及结构参数的高度稳定同样也决定了其潜在精度。这使得能够建立相当精确的陀螺仪漂移模型，并通过对其实际漂移进行算法补偿来实现其潜在的精度。基于势场和螺线管场的力函数法是获得实心转子静电陀螺仪漂移模型的基础。

转子和壳体之间的失调角以及作用于壳体上的加速度是影响陀螺仪漂移的可变参数。当然，对于实心转子静电陀螺仪应该建立反映任意转角位置的关系曲线。加速度的投影在模型中是以控制电压的形式反映出来的，该控制电压是加在支承上作用力的反电势。此时，提出的漂移模型中不包含那些在解决其系数辨识问题及对定向系统误差进行算法补偿时需要利用外部信息的参数。

在静电场中作用于球形转子上的主要力矩主要受转子轴向及径向质量不平衡、转子表面球面度误差、转子支承通道不均匀性以及残余磁场的影响，均会引起陀螺仪漂移，下面以陀螺仪漂移在壳体坐标系 X 轴上投影模型为例分析：

$$\begin{aligned}\omega_x = & k_0\gamma_1[-(1-\gamma_1^2)\gamma_1^2 + \gamma_2^4 + \gamma_3^4] + k_1[-(1-\gamma_1^2)U_1 + \gamma_1\gamma_2 U_2 + \gamma_1\gamma_3 U_3] \\ & + k_2\gamma_1[-(1-\gamma_1^2)U_1^2 + \gamma_2^2 U_2^2 + \gamma_3^2 U_3^2] + k_3\gamma_1[-(1-\gamma_1^2)\gamma_1 U_1 + \gamma_2^3 U_2 + \gamma_3^3 U_3] \\ & + k_4\gamma_1[-(1-\gamma_1^2)\gamma_1^2 U_1^2 + \gamma_2^4 U_2^2 + \gamma_3^4 U_3^2] + \gamma_1(\mu_{12}\gamma_2^2 - \mu_{31}\gamma_3^2) + \gamma_2\gamma_3\nu_{23} \\ & + (h_1\gamma_1 + h_2\gamma_2 + h_3\gamma_3)\left\{\frac{\alpha''}{H}(h_3\gamma_2 - h_2\gamma_3) + \frac{\alpha'}{H}[h_1 - \gamma_1(h_1\gamma_1 + h_2\gamma_2 + h_3\gamma_3)]\right\}\end{aligned}$$

(5.19)

式中：γ_1，γ_2，γ_3 为描述陀螺仪转子旋转轴相对壳体位置的方向余弦；U_1，U_2，U_3 为三对支承电极上的相对控制电压；h_i 为磁场强度在壳体各轴上的投影；α'，α'' 为试验确定的转子极化系数的实数部分和虚数部分；系数 μ_{ij} 决定着由不均匀的支承通道与径向质量不平衡的转子间相互作用引起干扰力矩的保守部分，而系数 $\nu_{ij}(i,j=1,2,3)$ 决定该干扰力矩的耗散部分。这里，γ_i，U_i 是测量值，而系数 k_n，μ_{ij}，ν_{ij}，h_i 应由试验数据计算确定。

在上述模型中：第一项加数是在由转子模型的 4 次谐波与支承电场的相互作用产生的干扰力矩作用下的与加速度无关的漂移分量；第二项是由 1 次谐波和 3 次谐波产生的；第三项是由 2 次谐波和 4 次谐波产生的；第四项是由

3次谐波产生的；第五项是由转子模型4次谐波引起的与加速度有关的漂移；第六项是由不均匀的支承通道与径向质量不平衡转子间相互作用引起的；第七项和第八项是由与壳体有关的残余磁场引起的；前5项具有保守的特性，而后面的各项既具有保守分量，也具有耗散分量。

对漂移模型的分析表明，静电陀螺仪在航天领域应用具有独特优势，可以提高静电陀螺仪的精度和基于静电陀螺仪设计的惯性系统精度。

（1）在失重（或微重力）状态下，可使转子支承电压值明显降低，进而提高系统整体精度。

（2）当航天器在轨旋转机动时，对作用在转子上的部分干扰力矩进行了旋转自动补偿。

（3）与测量角速度的速率陀螺仪相比，静电陀螺仪属于位置传感器，其直接测量失准角度信息，故不存在角速度积分误差。

（4）在航天器上通过将静电陀螺仪与天文星敏感器进行组合，在减小捷联式惯性系统大部分误差方面具有重要潜能。同时，静电陀螺仪的高度稳定性和空间记忆性能够明显地增加各天文观测点间的时间间隔，本质上精简了所需星体的数量。

上述优势决定在低动态航天器上应用实心转子静电陀螺仪的精度是可以得到保证的。在单位圆球内实心转子动量矩矢量端点轨迹视运动的参数是由微分方程组的解获得的，而这个方程组是在上述漂移模型的基础上成立的。转子动量矩矢量端点轨迹的结构由保守力矩和耗散力矩的相互关系决定。当不存在衰减力矩时，存在多个平衡位置，且在这些平衡位置附近的所有运动都是周期性的。当存在衰减力矩时会得到交替稳定或不稳定的焦点。

当存在微小耗散力矩时，动量矩矢量的运动轨迹在极坐标平面上是个椭圆，其各半轴的关系由转子模型2次谐波及支承不均匀的参数决定。当考虑由残余磁场及径向质量不平衡的转子与不均匀的支承通道之间相互作用等引起的耗散力矩时，轨迹的闭环性被破坏，这些轨迹将是收敛或发散的螺旋线。磁性力矩的作用使得沿转子经线圈平面内的平衡位置产生偏移。运动可能是稳定的，也可能是不稳定的，这取决于磁场强度的投影关系。由径向质量不平衡及支承不均匀性造成的力矩与磁性力矩的区别是，它不会引起沿经线圈平面内动量矩矢量平衡位置的偏移。

当使陀螺仪动量矩矢量与赤道平面平行时，可对部分干扰力矩进行平均，结果使得在赤道定向时的旋转周期接近地球自转周期。在耗散作用的影响下，动量矩矢量偏离了赤道平面。赤道平面上转子自转轴相对初始指向的偏差由地球昼夜旋转周期与壳体坐标系内陀螺仪进动运动周期之差决定。

5.4.2.3 漂移模型系数的辨识

振荡周期、幅值、平衡位置坐标等可观测的视运动参数均是通过解析关系式同陀螺仪漂移模型系数联系在一起的，这些参数均可以由运动方程的解来求得，这样就可以根据得到的试验特性曲线确定陀螺仪漂移参数，该方法称为解析辨识方法。由于运动收敛（或发散）于平衡位置是相当缓慢的，精确地确定耗散力的参数需要记录相当长的时间间隔内的数据。

同样也利用最小二乘法分析基于利用视运动方程的陀螺仪漂移模型系数的辨识问题，这些视运动方程相对被辨识的漂移系数而言是线性的。在高维的情况下，这些方程的特征是系数矩阵条件性差。

实心转子静电陀螺仪的漂移模型系数都是利用解析辨识方法确定的，并开发了其运动仿真软件。对于静电陀螺仪不同定向的初始条件下，方向余弦的试验曲线及仿真曲线在品质和数量上都相当匹配。当然，即使是在最接近的条件下来选择系数，也不能达到绝对一致。这是因为陀螺仪漂移模型不完整、角度测量系统误差、信号变换器件误差等均会引起漂移系数残差，为此，需要设计多种分析残余误差的方法。

图 5.28 给出了实心转子静电陀螺仪动量矩（壳体）极轴定向、铅垂定向、赤道定向条件下，其部分漂移模型系数方向余弦的试验仿真曲线（实线），结果与规划运动曲线（虚线）相当好地保持一致。

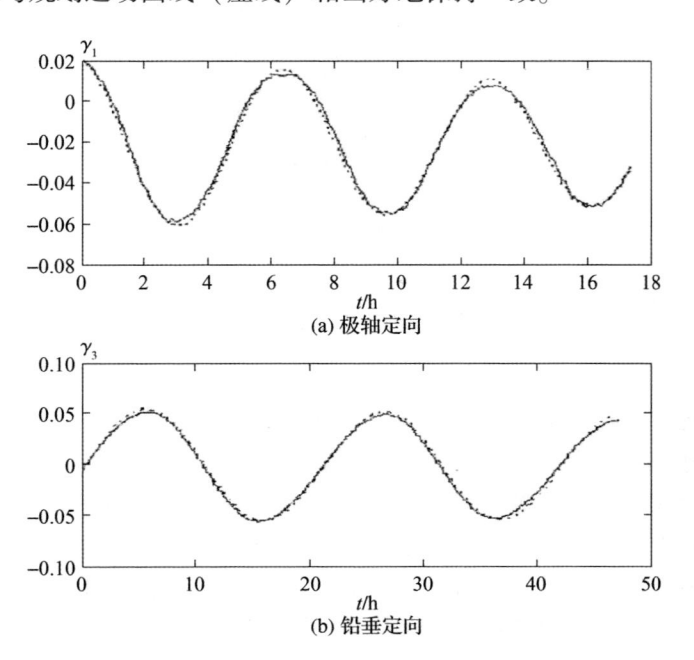

(a) 极轴定向

(b) 铅垂定向

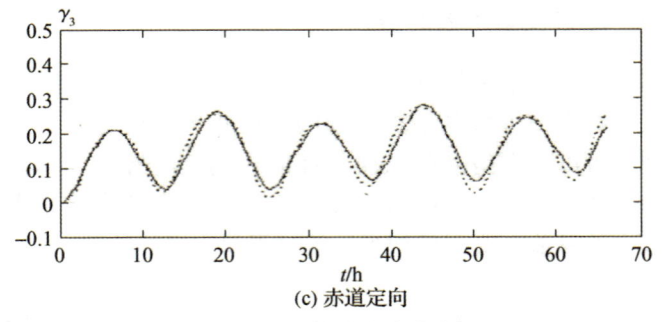

图 5.28　试验仿真曲线

图 5.29 给出了在实心转子静电陀螺仪动量矩极轴定向的试验中壳体偏移 ±5°时得到的曲线。由此可见，时距曲线的扭转（绞合）很小，而曲线中心坐标的偏移只发生在经线圈平面内，这证明由残余磁场引起的力矩很小，可以忽略。

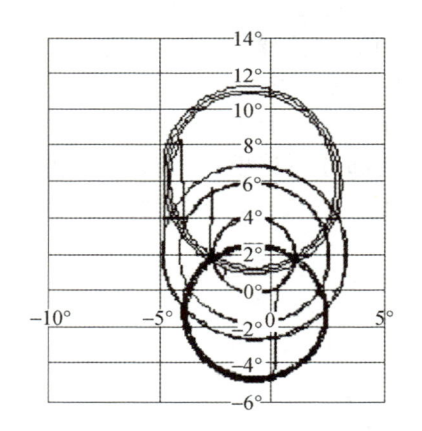

图 5.29　极定向时距曲线（壳体偏移 ±5°）

5.4.3　捷联式惯性姿态控制系统

实践表明，静电陀螺仪的超高精度得益于利用具有壳体旋转自动补偿的框架式系统。但在质量、外形尺寸特性和能耗等方面受到严格限制的航天器上安装这种相对笨重的平台式设备并不适用。因此，世界各国主要将静电陀螺仪的平台式系统用于潜艇或大型水面战舰的导航。作用在静电陀螺仪转子上的大多数干扰力矩均与转子支承电压的平方成正比的这个特点决定了在失重或微重力条件下，静电陀螺仪的精度会有明显改善。鉴于上述情况，并结合具有框架的空心转子静电陀螺仪及其系统应用的成功研制经验，在 20 世纪

90年代末，俄罗斯中央科学电气研究所提出利用其自主研制的实心转子静电陀螺仪设计航天器（卫星）姿态控制系统。

这种系统称为基于实心转子静电陀螺仪的捷联式惯性姿态控制系统，首套设备于2004年完成试飞试验。多套设备飞行试验和在轨运行过程也暴露了这种捷联式惯性姿态控制系统的一些不足，这为进一步改进系统、提高其精度和可靠性创造了条件。为此，于2007年为下一代航天器（目前仍在轨运行）研制了改进后的捷联式惯性系统，并完成首件试制，其特点是系统具有更高的可靠性，提高了静电陀螺仪的稳定性，并可在轨飞行状态下对陀螺仪模型进行标定。到2013年，俄罗斯中央科学电气研究所已经为三种类型航天器累积提供了共计20套这种系统。目前，进一步提高精度、并可在非密封舱内工作是对正在研制的这种捷联式惯性姿态控制系统下一代改进型产品提出的新要求。

5.4.3.1 系统组成

基于实心转子静电陀螺仪的姿态控制系统主要解决航天器在惯性坐标系内角位置确定问题，为此，需要两个具有转子角位置信息全角度测量系统的理想自由陀螺仪，可在由两个具有非共轴动量矩的静电陀螺仪构成的陀螺仪敏感器模块获得的信息基础上，建立一个模拟的解析式惯性坐标系，进而确定航天器各轴在该坐标系上的指向。

捷联式惯性姿态控制系统的功能框图如图5.30所示，在最初的设计方案中，该系统由具有三路相同测量通道的陀螺仪敏感器模块和电子控制模块两部分组成，这两个单独的模块每个体积约为15L，由专用星载电缆连接。下面分别介绍两个模块的组成及功能。

陀螺仪敏感器模块由三个实心转子静电陀螺仪、两套系统专用计算机以及集成在电子线路组件内的自动启停控制模块组成，去掉外罩的三陀螺仪配置的敏感器模块实物，如图5.31所示。对于在无人维护的航天器上应用的系统，严格的可靠性要求使得必须对每个仪表和系统模块设置一套或双套备份，因此，为了避免某个陀螺仪损坏时系统完全停机，在陀螺仪敏感器模块中引入了第三个陀螺仪。

陀螺仪敏感器模块测量通道组成包括：①实心转子静电陀螺仪（见上节叙述）；②静电支承控制模块与静电支承电源模块；③测量通道专用计算机；④角度传感器电源模块。

实心转子静电陀螺仪是一种带有自身专用控制器和数字输出装置的设备，数字输出便于在中央系统计算机中进一步处理陀螺仪信息，并允许将陀螺仪相关电子模块设置在距陀螺仪一定距离。

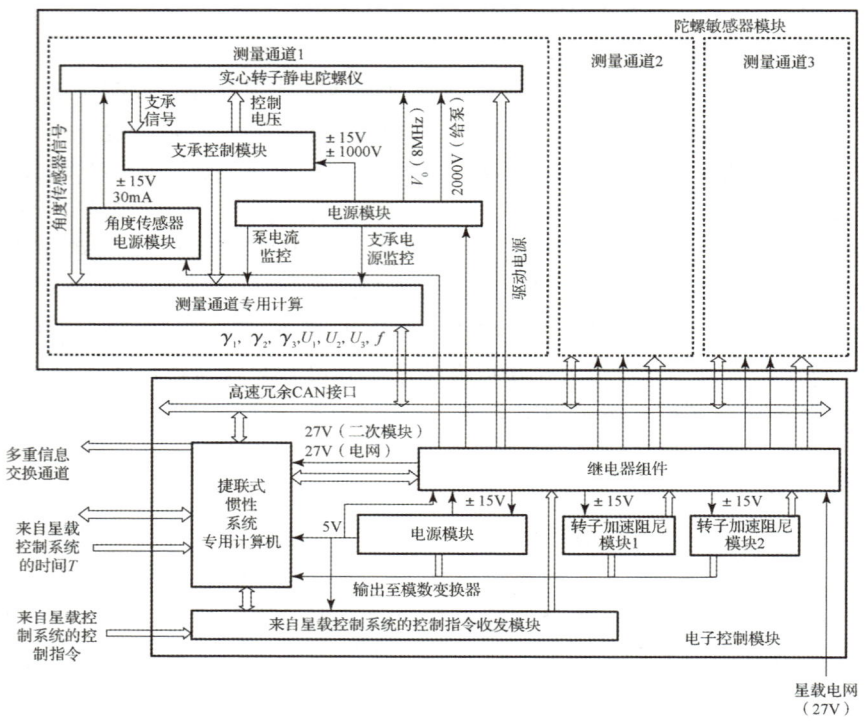

图 5.30　捷联式惯性姿态控制系统功能框图

图 5.31　三陀螺仪配置敏感器模块实物（去掉外罩）

利用分布在静电陀螺仪壳体周围的三通道控制模块产生维持转子悬浮的控制电压。控制模块是在无源变压器电路方案设计的宽频带、高稳定性、高压放大器的基础上设计的。在控制模块的组成上同样也引入了保障框架随动系统稳定的校正放大器和用于稳定转子转速的阻流滤波器。

测量通道专用计算机用于测量实心转子静电陀螺仪转子在壳体坐标系内的角位置、转子的旋转频率、支承通道电压和离子泵电流。在专用计算机内实现了角度信息测量系统误差及其他参数测量误差的算法补偿。测量通道专用计算机是一个单片微型计算机，并基于 TMS 型信号处理器和高速模 – 数转换器设计。为了获得来自专用计算机的信息，利用了高速冗余控制器局域网络（Controler Area Network，CAN）接口，能够以占用计算机系统最小的时间和资源来实现信息交换。

陀螺仪实心转子相对支承电极的角位置测量是利用高频石英晶振构成的电容桥式电路实现的。基于静电陀螺仪的捷联式惯性姿态控制系统的电子控制模块功能如下：①保证姿态控制系统与航天器上的星载控制系统的信息交换；②记录捷联式惯性姿态控制系统测量通道的信息、计算陀螺仪敏感器模块壳体相对惯性坐标系角位置；③控制捷联式惯性姿态控制系统工作；④形成并发送遥测信息。

电子控制模块保证捷联式惯性姿态控制系统的通电启动、停机断电及工作状态的变换，同样也保证来自航天器上的星载控制系统的输入控制指令的接收和处理。电子控制模块组成如下：

（1）两套转子加速阻尼模块。其中任何一套模块均能根据来自捷联式惯性姿态控制专用计算机的指令接通三个陀螺仪中的任何一个。

（2）电源模块。保证电源模块内部和陀螺仪敏感器模块内部各设备供电，同时给陀螺仪工作状态时捷联式惯性姿态控制系统信息存储设备供电。

（3）双套互为备份的控制指令接收模块。实现对来自航天器上星载控制系统的控制指令接收。

（4）继电器组件。由三个继电器模块组成，实现实心转子静电陀螺仪的电源与驱动电路以及各电子模块的整流和换向等。

捷联式惯性姿态控制系统专用计算机功能如下：

（1）接收并执行来自航天器上星载控制系统的控制指令，其中包括保证捷联式惯性姿态控制系统启动与停止的指令。

（2）采集陀螺仪敏感器模块测量通道三台专用计算机的信息。

（3）计算在根据静电陀螺仪的信息按照算法建立的基准惯性坐标系内的敏感器模块壳体的角位置，并将惯性坐标系信息传送给星载控制系统。

（4）发送控制指令，并将信息传输给三台测量通道专用计算机。

（5）通过多重信息交换通道接收来自星载控制系统的控制指令和数据。

（6）接收来自星载控制系统的时间标志，或解算自身的时间标志。

（7）测试捷联式惯性姿态控制系统，并发送遥测信息。

（8）接通或断开备用装置。

（9）自身软件的存储。

（10）在生产和试验过程中对捷联式惯性姿态控制系统进行调试和标定。

对工作和测试状态控制算法的分析表明，要执行这些算法不需要计算装置具有较快的运算速度、固定存储器具有较大的容量。控制捷联式惯性姿态控制系统自动控制电路工作所必需的相对少量的控制信号也不需对输入－输出装置增加严格的要求。因此，在选择电路结构和基本元器件时，捷联式惯性姿态控制系统在额定工作状态算法成了决定性因素。对一系列国产及进口处理器的性能对比表明，为了解决上述问题，必须要用具有内置协处理器、且速度不低于 i486DX4（主频为 66MHz）的处理器。在捷联式惯性姿态控制系统上采用了高速的单片计算机，它是基于 Pentium－75 级处理器设计，并按 PC/104＋规格制成的。

捷联式惯性姿态控制专用计算机是一套功能装置，它是一个多机器的计算机系统，组成包括：①两套独立的计算通道，其中每个通道均能独立地解决所有数字信号及模拟信号的处理问题；②三套独立供电的双口存储器（或利用外电源供电）；③两套互为备份接收模块，接收星载控制系统发送的时间标志；④双通道发送模块，发送遥测信息。

2001 年公开发表的资料表明，当时基于实心转子静电陀螺仪的捷联式惯性姿态控制系统主要参数如下：

（1）姿态角误差的随机分量为 20″~30″。

（2）基准惯性坐标系的随机漂移为 $10^{-4} \sim 10^{-5}$°/h。

（3）姿态控制系统整体质量不超过 25kg。

（4）姿态控制系统整机额定功耗为 80W。

针对在多次陆上试验、飞行试验和正常使用过程中遇到的一些新问题，俄罗斯中央科学电气研究所的研究人员对这种捷联式惯性姿态控制系统先后完成了两次改进完善，并陆续应用到相应新型航天器上。

第一次改进后的捷联式惯性姿态控制系统于 2007 年试制完成。其主要改进如下：

（1）为了解决设备整体过热的问题，对控制系统进行了额外的温度控制，并在新型航天器上密封舱内对姿态控制系统进行了强制通风。

（2）为了消除星载电网干扰对陀螺仪性能的影响，在测量通道中引入了用于缓冲的二次电源模块。

（3）为了尽可能地满足可靠性要求，并确保对设备工作资源的更高要求，在控制系统中引入了第四个测量通道，与原系统中其他测量通道实现状态一致，第四个通道同样由实心转子静电陀螺仪、保证其工作的各子系统单元以及专用计算机组成，构成四陀螺仪配置系统，如图 5.32 所示。在这种情况下，可以始终按额定工作状态利用两个静电陀螺仪的信息，第三个陀螺仪正常工作，处于"热备份"状态，第四个陀螺仪暂不启动，处于"冷备份"状态。

(a) 陀螺仪敏感器　　(b) 电子部件

图 5.32　改进后捷联式惯性姿态控制系统示意图（四陀螺仪配置）

由于采取了相应措施，进一步降低了由静电陀螺仪建立的惯性坐标系的漂移。这种改进后的捷联式惯性姿态控制系统已经应用在新型航天器（卫星）上。

第二次改进的捷联式惯性姿态控制系统主要是为了解决系统在航天器（卫星）非密封舱内工作的问题，为此，研制了相应的改型产品，对陀螺仪敏感器和电子部件均增加了密封罩，如图 5.33 所示。相应原理样机已完成加工制造，正在开展地面测试。

(a) 陀螺仪敏感器　　(b) 电子部件

图 5.33　带有密封罩的捷联式惯性姿态控制系统（敏感器组件和电源模块）

5.4.3.2　工作原理

为了利用基于无框架静电陀螺仪姿态控制系统解决航天器在惯性坐标系中的定向问题，在由两个具有非共轴动量矩的静电陀螺仪构成的陀螺仪敏感器组件获得的信息基础上，可以建立一个解析式模拟的惯性坐标系，进而可以确定航天器各轴在惯性坐标系上的姿态角参数,这些信息发送至星载控制系统,控制修正卫星姿态,可将其精确对准地球表面上被观测的目标,如图5.34所示。下面以三陀螺仪配置方案为例介绍系统的工作原理。

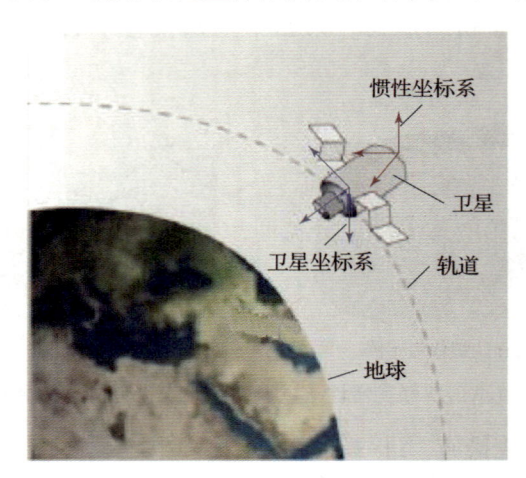

图 5.34 惯性坐标系与卫星坐标系

在捷联式惯性系统姿态控制系统工作时,一个静电陀螺仪的动量矩矢量设置在轨道平面上指向地球中心;另一个静电陀螺仪的动量矩矢量垂直轨道平面,第三个静电陀螺仪的动量矩矢量也在轨道平面上沿着其轨道的切线方向,垂直于前两个陀螺仪动量矩构成的平面,这样,三个动量矩矢量轴就构成了一个惯性坐标系。为了解决姿态控制问题,惯性坐标系三个轴应该是正交的,但实际上,由于敏感器模块的加工制造误差,三个静电陀螺仪的动量矩矢量构成的是一个非正交的斜角基准,需要通过解析法使其正交。

为了解决正交化问题,需要将所有三个动量矩矢量的姿态均呈现在一个坐标系内,而这在现实中是不可能实现的,陀螺仪相关的坐标系如图5.35所示。由于加工制造误差,角位置信息测量系统光学通道的主轴与静电陀螺仪壳体坐标系主轴不一致。因此,动量矩矢量的方向余弦是在斜角坐标系内解算出来的,这就会产生静电陀螺仪转子相对其壳体姿态的确定误差。由于静电陀螺仪的刚性结构是稳定的,则斜角参数也是确定和稳定的。但是,陀螺仪之间的制造误差是有差异的,所以每个静电陀螺仪均有其独特的斜角坐标系。

误差修正分4个阶段进行。

第一阶段:在专门的试验台上对斜角参数进行标定。

第二阶段:用解析方法将斜角坐标系变换至正交的测量坐标系上。这种方法已经开发并测试过。因此,每个静电陀螺仪都有两个相互间不重合的正交坐标系,即壳体坐标系和测量坐标系。

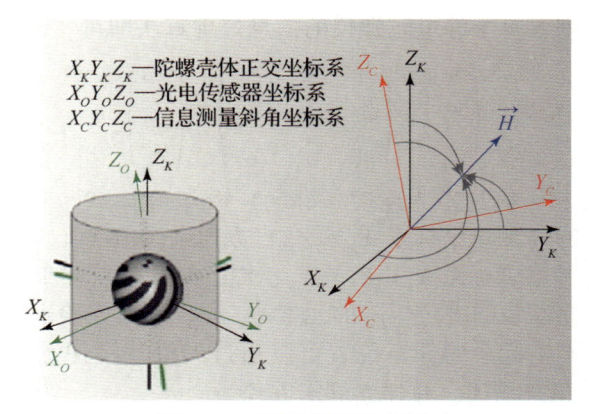

图 5.35　陀螺仪相关坐标系

第三阶段：对静电陀螺仪的测量坐标系与敏感器模块的基准结构（基准坐标系）不重合参数进行标定。

第四阶段：用解析法将静电陀螺仪的测量坐标系变换至敏感器模块（БЧЭ）的基准坐标系。上述给出的方法适用于任何一个陀螺仪。

还存在一个误差源。装配陀螺仪敏感器模块时，由于存在装配误差（公差），三个静电陀螺仪安装在基座上相对敏感器模块的基准坐标系均具有一定的偏差，如图 5.36 所示。这样就存在三个与敏感器模块的准坐标系均不重合的不同的静电陀螺仪坐标系，每个坐标系内均有一个陀螺仪动量矩矢量，由这三个动量矩矢量构成了一个斜角基准坐标系。这样一来，正交惯性坐标系（即惯性三面体）的建立问题归结为三个测量坐标系相对基准坐标系的姿态变换问题。

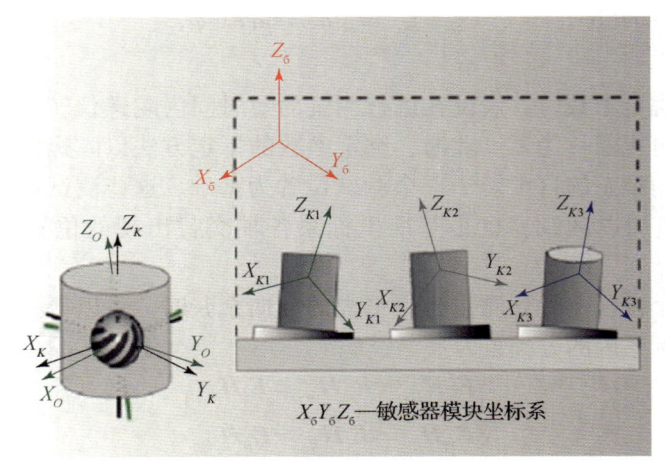

图 5.36　坐标系相互位置关系

将坐标变换列入每个静电陀螺仪的信息处理算法即可：

$$\begin{pmatrix} X_Б \\ Y_Б \\ Z_Б \end{pmatrix} = \begin{pmatrix} l_1 & l_2 & l_3 \\ m_1 & m_2 & m_3 \\ n_1 & n_2 & n_3 \end{pmatrix} \times \begin{pmatrix} X_И \\ Y_И \\ Z_И \end{pmatrix} \quad (5.20)$$

式中：l_i，m_i，$n_i (i=1,2,3)$ 为连接（绑定）矩阵元素。

此时，测量的（测量坐标系 $X_И Y_И Z_И$）方向余弦值 $X_И$、$Y_И$、$Z_И$ 将换算至基准坐标系上（基准坐标系 $X_Б Y_Б Z_Б$）$X_Б$、$Y_Б$、$Z_Б$。难点在于，在给定坐标系的矢量基之间建立联系的绑定矩阵的元素 l_i、m_i、n_i 是先验未知的。测量坐标系各轴相对于基本坐标系的任意位置可以通过矢量基绕任意所选三个轴的顺序转动 θ、ψ、φ 角来描述，并建立绑定方程为

$$\boldsymbol{H}_Б = \boldsymbol{E}(\theta, \psi, \varphi) \boldsymbol{H}_И \quad (5.21)$$

式中：$\boldsymbol{H}$ 为动量矩矢量的方向余弦矩阵；$\boldsymbol{H}_И$ 为测量坐标系内方向余弦矩阵；$\boldsymbol{H}_Б$ 为基准坐标系内的方向余弦矩阵。

这样一来，为解决绑定问题必须确定如下问题：

（1）选择测量坐标系矢量基旋转角度的组合方案。

（2）确定绑定矩阵元素与给定旋转角之间的关系曲线。

（3）测量（标定）当前转角的真值。

这些角度可以是偏航角（航向）、横滚角和俯仰角，或者其他任何已知的角度组合。为了简化，这里选择如下欧拉角作为矢量基旋转角：章动角 θ、进动角 ψ、自转角 φ。这样一来，绑定矩阵元素为

$$\begin{cases} l_1 = \cos\psi\cos\varphi - \cos\theta\sin\psi\sin\varphi, & l_2 = -\cos\psi\sin\varphi - \cos\theta\sin\psi\cos\varphi, & l_3 = \sin\theta\sin\psi \\ m_1 = \sin\psi\cos\varphi + \cos\theta\cos\psi\sin\varphi, & m_2 = -\sin\psi\sin\varphi + \cos\theta\cos\psi\cos\varphi, & m_3 = -\sin\theta\cos\psi \\ n_1 = \sin\theta\sin\psi, & n_2 = \sin\theta\cos\varphi, & n_3 = \cos\theta \end{cases} \quad (5.22)$$

在标定绑定参数时，假设在进行测量的短时间内陀螺仪转子在测试转台坐标系内的可视漂移为零。此时，绑定参数的标定方法以陀螺仪壳体相对具有任意固定角姿态的自由转子三个测试位置为基础。这些测试位置以相互间相差 90° 转角加以区别，也是基准坐标系各轴交替出现的位置，如图 5.37 所示。

在这几个位置上得到测量坐标系内的方向余弦时，可以得到相应方向余弦在基准坐标系内的方程组为

$$\begin{cases} \boldsymbol{E}_n \boldsymbol{H}_{И_1} = \boldsymbol{E}_m \boldsymbol{H}_{И_2} = \boldsymbol{E}_l \boldsymbol{H}_{И_3} \\ \boldsymbol{E}_m \boldsymbol{H}_{И_1} = \boldsymbol{E}_l \boldsymbol{H}_{И_2} = \boldsymbol{E}_n \boldsymbol{H}_{И_3} \\ \boldsymbol{E}_l \boldsymbol{H}_{И_1} = \boldsymbol{E}_n \boldsymbol{H}_{И_2} = \boldsymbol{E}_m \boldsymbol{H}_{И_3} \end{cases} \quad (5.23)$$

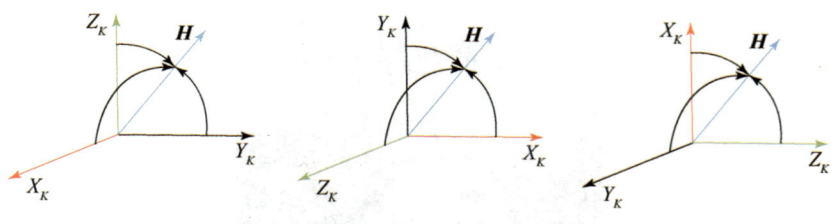

图 5.37　标定方法

式中：$E_i(i=m,n,l)$ 为绑定的列矩阵；$H_{И_i}(i=1,2,3)$ 为被测方向余弦的行矩阵。

由上述等式可得出一组方程组（5.24），它是一个辨识表达式，用于确定绑定参数的实际值：

$$\begin{cases} E_l(H_{И_1}-H_{И_2})+E_m(H_{И_1}-H_{И_3})=0 \\ E_m(H_{И_1}-H_{И_2})+E_n(H_{И_1}-H_{И_3})=0 \\ E_n(H_{И_1}-H_{И_2})+E_l(H_{И_1}-H_{И_3})=0 \end{cases}$$

$$\det E = 1 \tag{5.24}$$

根据静电陀螺仪三个测试位置上方向余弦的测量值求解该方程组可以确定测量坐标系与基准坐标系之间三个未知的欧拉角，或者直接确定绑定矩阵的 9 个元素的真值，也就是需要求解一个九元方程组。

为了实现提出的这种理论方法，本节研制了专用测试转台，如图 5.38 所示。转台具有可按当地子午线定向的双轴倾斜回转台面。在台面上安装一个双轴光学分度头，分度头的主轴同样也可以按照当地子午线定向。在分度头的主轴上固定着过渡定位装置，为了将陀螺仪敏感器模块的基准坐标系各轴与转台台面和分度头的转轴一致。台面的倾角应与当地纬度值一致，以保证敏感器模块保持极轴定向。

图 5.39 中给出了四自由度试验台的动力学示意图。对于每个静电陀螺仪的三个测试位置，测试台具有三个自由度就够了。但是，在敏感器模块的三个测试位置上进行测量时，静电陀螺仪转子在试验台坐标系内的可视漂移没有或者达到最小值为必需的标定条件。因此，标定的第一步是将静电陀螺仪设置到平衡位置上。如果让三个静电陀螺仪的动量矩（动力学力矩矢量）按照三个正交的方向定向，则附加的自由度就是必需的。这样一来，四自由度试验台即可保证将每个陀螺仪设置在平衡位置，也可保证设定三个测试位置。

为了完成试验台上的测试，要设计标定软件和绑定矩阵的辨识软件，该软件算法如下：

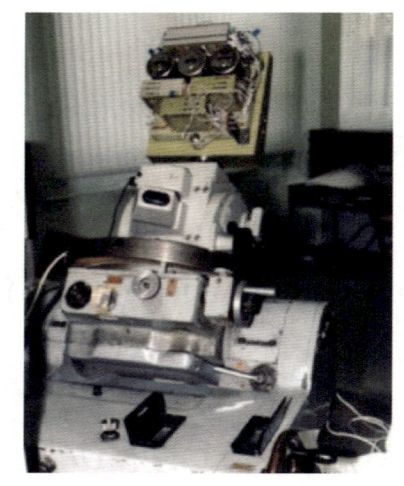

图 5.38 敏感器模块的标定试验台

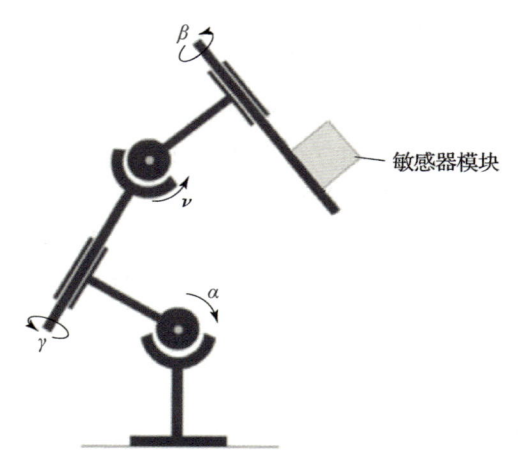

图 5.39 敏感器模块标定试验台动力学示意图

（1）将静电陀螺仪设置至平衡位置。
（2）顺序设定三个测试位置。
（3）在给定位置上测量方向余弦。
（4）根据测量结果计算绑定矩阵。

本节提出的这种方法已经在静电陀螺仪 No.502 样机上进行了试验验证。

在测试位置上测量的三组方向余弦如下：

$$H_{2и} = \begin{bmatrix} -0.00558 & -0.00798 & -0.99996 \\ -0.01295 & -0.99921 & 0.03735 \\ -0.99907 & -0.03852 & 0.01933 \end{bmatrix} \quad (5.25a)$$

$$\boldsymbol{H}_{\mathrm{CP}} = \begin{bmatrix} -0.00555 & -0.00801 & -0.99996 \\ -0.01358 & -0.99920 & 0.03746 \\ -0.99908 & -0.03823 & 0.01906 \end{bmatrix} \quad (5.25\mathrm{b})$$

$$\boldsymbol{\sigma} = \begin{bmatrix} 0.000014 & 0.000017 & 0 \\ 0.000315 & 0.000058 & 0.000105 \\ 0.000015 & 0.000348 & 0.000183 \end{bmatrix} \quad (5.25\mathrm{c})$$

由 9 个未知方程解得到的绑定矩阵的三组辨识如下:

$$\boldsymbol{E}_2 = \begin{bmatrix} 0.9994712 & -0.026961 & -0.012402 \\ 0.0310651 & 0.999223 & -0.0216896 \\ 0.0069612 & 0.0302256 & 0.9996662 \end{bmatrix} \quad (5.26\mathrm{a})$$

$$\boldsymbol{E}_3 = \begin{bmatrix} 0.9994646 & -0.0274884 & -0.0123262 \\ 0.0312166 & 0.99921 & -0.0213391 \\ 0.0071611 & 0.0302468 & 0.9996731 \end{bmatrix} \quad (5.26\mathrm{b})$$

$$\boldsymbol{E}_{\mathrm{CP}} = \begin{bmatrix} 0.9994655 & -0.0274013 & -0.0119577 \\ 0.0312033 & 0.999199 & -0.0215491 \\ 0.0068734 & 0.0307492 & 0.9996722 \end{bmatrix} \quad (5.26\mathrm{c})$$

$$\boldsymbol{\sigma} = \begin{bmatrix} 0.000031 & 0.0002332 & 0.000407 \\ 0.0000763 & 0.0000179 & 0.000107 \\ 0.0001992 & 0.000513 & 0.0000032 \end{bmatrix} \quad (5.26\mathrm{d})$$

统计处理结果表明,结果的重复性为 10^{-4}。角度估计结果如下:测量坐标系与基准坐标系的原始误差为 2°;与结果重复性相比,未补偿掉绑定残差小于 1′。

由此可见,这种方法有效性是相当高的,但还有一些未动用的冗余量。对结果重复性的分析表明,有以下三个原因。

(1) 试验台上利用的将回转精度限制在 20″~30″ 的倾斜回转台面的精度不够。利用比较完善的台面会对结果有改善。

(2) 平衡位置的设置精度同样也会影响结果。在进行试验时,平衡位置设置使得 24h 速端矢迹(端点轨迹)曲线的直径达到 3′。设计的软件可以使 24h 速端矢迹曲线直径达到 20″~30″。

(3) 与标定周期持续时间有关的转子累积漂移会影响结果。在手动标定时可将这段标定持续时间减少至原来的 1/2~3/4,当自动标定时这段时间会明显增加。

估计结果表明,在上述情况下通过对标定周期的综合优化处理可使结果重复性优于 20″。最后强调以下几点。

（1）可以根据将三个静电陀螺仪的测量坐标系与敏感器模块统一的基准坐标系之间的绑定（连接）关系来设计提高捷联式惯性姿态控制系统的信息测量系统精度的方法。

（2）要研制用于实现这种方法的试验设备和软件，试验研究证明了这种方法的高效性。

（3）确定了为进一步提高精度而对方法和设备进行优化的手段，为了推广这种方法在生产车间条件下使用，要编写设计软件和使用相关文件。

5.4.4 转子角位置测量技术

实心转子静电陀螺仪研制及其应用系统设计方面进行了多项公关，突破了多项关键技术，其中包括实心转子加工技术、转子支承技术、转子角位置测量技术、质量不平衡调制技术等。在实心转子静电陀螺仪设计过程中，转子角位置测量技术测量原理和工艺均得到了相应完善，采用激光刻蚀方法制备转子表面条纹图案，提高了转子角位置的测量精度和分辨率，有效保证了陀螺仪核心部件——实心转子的制造工艺性。下面介绍俄罗斯中央科学电气研究所研制的实心转子静电陀螺仪中转子角位置测量系统。

5.4.4.1 工作原理

实心转子静电陀螺仪上应用一种利用对光束流量进行相位脉冲调制的光学测量系统，来确定转子相对壳体的角位置。三对完全相同的光电传感器沿直角坐标系各轴分布在陀螺仪壳体上，直角坐标系原点与转子中心一致，如图 5.40 所示，X_1、X_2 主轴沿 OX 轴分布，Y_1、Y_2 主轴沿 OY 轴分布，Z_1、Z_2 主轴沿 OZ 轴分布。每对光电传感器的输出信号传输至相应的信息处理模块进行处理后，输入至测量通道专用计算机，解算陀螺仪实心转子相对其壳体的角位置。

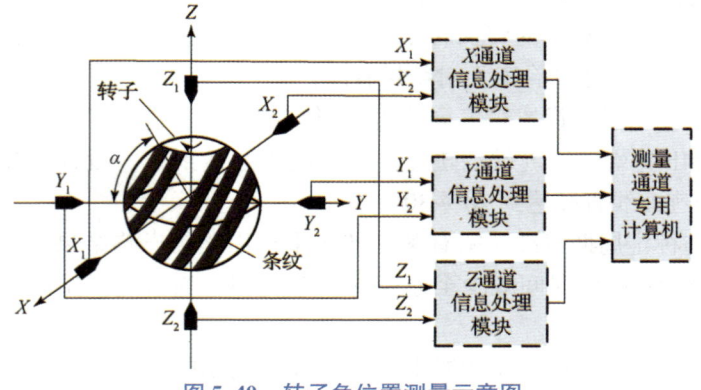

图 5.40 转子角位置测量示意图

转子上的条纹图案是角位置测量系统的关键因素之一,花纹图案形状如图 5.41 所示,条纹图案在平面上可以看作与转子赤道线间夹角为 β 分布的平行四边形,光电传感器主轴沿着与转子赤道线平行的 $\pm\alpha$ 角度范围内扫描条纹图案。下面以沿 Y 轴对称分布的两个光电传感器 Y_1 和 Y_2 为例分析测量原理。

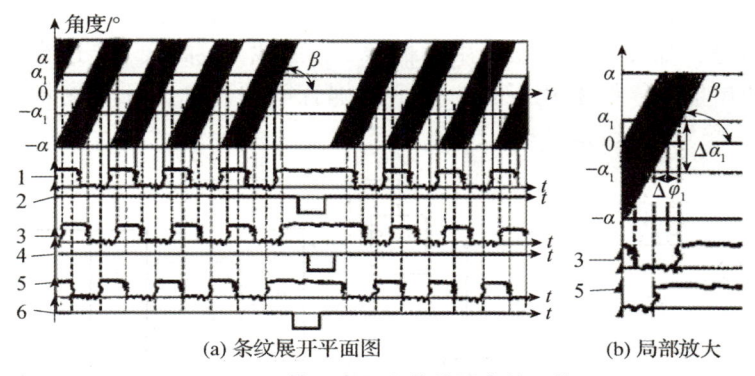

(a) 条纹展开平面图　(b) 局部放大

图 5.41　转子表面上花纹图案的形状

当转子旋转轴相对壳体轴无偏移时,对称分布的两个传感器均沿着赤道线(α_0)扫描条纹,此时,两个传感器的输出信号相同,如图 5.41(a)中曲线 1 所示。当转子旋转轴相对壳体轴存在偏角 α_1 时,对称分布的两个传感器 Y_1 和 Y_2 分别沿着 α_1 线和 $-\alpha_1$ 线来扫描条纹,此时,两个传感器 Y_1 和 Y_2 输出信号分别如曲线 3 和曲线 5 所示。

曲线 3 和曲线 5 之间存在明显的相位移动,由图 5.41(b)可见,两条曲线之间的相移 $\Delta\varphi_1$、转子旋转轴相对壳体轴偏角 α_1 以及条纹相对赤道线之间倾角 β 满足:

$$\tan\beta = \frac{2\alpha_1}{\Delta\varphi_1} \tag{5.27}$$

可得,当条纹相对转子赤道线倾角为 β 时,转子轴相对壳体旋转轴偏角 α 与对称分布的传感器输出信号相移 $\Delta\varphi$ 之间满足:

$$\Delta\varphi = 2\alpha/\tan\beta \tag{5.28}$$

为了提高测量的灵敏度和速度必须提高条纹数 n,减小条纹的倾角 β。但是,测量的信息只有对 $|\Delta\varphi| \leq 180°/n$ 时才能是单值的,而当 $n = 4$ 时,对于 $\beta < 45°$ 信息变为非单值的。为解决该问题,在转子条纹图案上将原均匀分布的 n 条暗条纹中的一条不刻(即保留 1 条宽的白条纹),等效为引入一个附加的粗读数通道,这样可以消除测量的非单值性,同时也增大了设计技术难度。下面将介绍这种设计思路的信号处理方案。

5.4.4.2 信号处理技术

图 5.42 给出了陀螺仪转子角位置信息测量系统沿 Y 轴通道的信号处理框图。在转子上刻绘图 5.42 所示的条纹图案，它由与赤道线成倾角 β 分布的 n 个条纹构成。条纹图案位于距赤道线 $\pm\alpha_m$ 的范围之内，且暗条纹中的一条为空白的条纹。这样就能从光电传感器输出信号中分离出经过空白条纹时的信号，如图 5.41（a）中的曲线 2、曲线 4、曲线 6，这样可以消除信息的非单值性，既避免了粗、精示数耦合问题，也保证了测量系统的灵敏度。

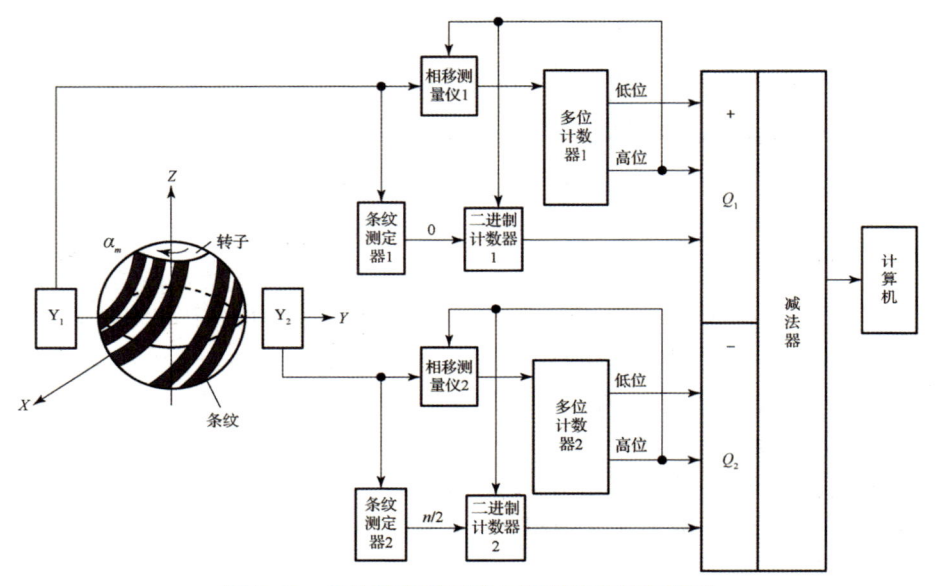

图 5.42　角位置测量系统 Y 通道信息处理框图

沿着 Y 轴对称分布在转子两个方向上的光学传感器 Y_1 和 Y_2 将条纹图案的像转换为与条纹出现频率 F_Π 一致的电信号。这些信号进入相位自调频的相移测量仪 1 和 2 的相应输入端，相移测量仪输出信号分别进入多位计数器 1 和 2 的输入端。每个多位计数器均有信号代码高位和低位两路输出。两个计数器高位输出端的信号分别输入相应相移测量仪 1 和 2 的另一路输入端，此时，每个相移测量仪两路输入端信号的频率和相位是一致的，只是多位计数器 1 和 2 高位输出端的信号没有一个脉冲的余量间隔。

实际上，相移测量仪和多位计数器共同构成了频率相位自动微调的相移测量电路。引入多位计数器可以在其输出端产生一个多位数字信号，该信号在时间上以条纹通过传感器的周期 T_Π 变化。

此时，在相移测量仪输出端产生信号的频率为

$$F_\Phi = 2^p F_\Pi \quad (5.29)$$

式中：p 为多位计数器的位数。

多位计数器计算出相移测量仪输出的脉冲数，并将其转换为锯齿式的数字信号，该信号的高位值以周期 T_Π 变化。高位信号除反馈给相移测量仪以外，还进入二进制计数器，计算脉冲数，并将其分成 n 份。

二进制计数器 1 工作开始时（即初始相位），条纹测定器 1 的输出信号已经稳定，测定器 1 对光学传感器 Y_1 的信号进行分析，在转子图案上无条纹时产生一个短脉冲（图 5.41 中的曲线 2、4、6），并减去二进制计数器 1 的示数到零。二进制计数器 1 的工作起点与空白条纹经过传感器 Y_1 的时刻一致。条纹空白处测定器 2 将二进制计数器 2 的示数调到 $n/2$ 的位置。这时，由于光学传感器 Y_2 位于传感器 Y_1 的对面，在 $\alpha = 0$ 的情况下，二进制计数器 2 的归零时刻与二进制计数器 1 的归零时刻一致。多位计数器 1、二进制计数器 1 共同完成一个计数器的作用，其中，二进制计数器输出为计数器的高位。这样一来，得到的多位代码 Q_1 以周期为 $T_P = 1/F_P$ 的锯齿形信号形式随时间变化，该周期等于转子旋转一周的时间。

类似的多位数字代码 Q_2 在多位计数器 2、二进制计数器 2 的输出端产生。当转子轴的偏移为零时（$\alpha = 0$），在每个时刻的多位数字代码 Q_1 与 Q_2 均是一致的，当 $\alpha \neq 0$ 时它们不同，且产生一个差值 $\Delta \varphi$，该差值同样也与角 α 成比例。

多位数字代码 Q_1 与 Q_2 被送到减法器的输入端，在其输出端可以得到代码误差 ΔQ。当 α 为常值时，在周期 T_P 期间 ΔQ 的值为常值。

测量通道专用计算机以 F_Π 的频率采集减法器输出信息，即转子旋转一周的时间 T_P 内采集 n 次。该信息是以转子上条纹图案出现的频率进行更新的，并且当角 α 快速变化时，减法器的输出代码要经过一个时间间隔 $T_\Pi = 1/F_\Pi$ 后才变化。当降低电子计算机内的信息采集频率时，整个测量系统的速度也会降低。

5.4.5　研究成果

2001 年公开发表的资料表明，利用当时精度水平的实心转子静电陀螺仪研制的捷联式惯性姿态控制系统可以达到下列基本性能。

（1）姿态角误差的随机分量不大于 30″。

（2）基准惯性坐标系的随机漂移不大于 10^{-5}°/h。

（3）质量不超过 25kg。

（4）额定状态要求的功率为 80W 左右。

目前，光学陀螺仪、谐振陀螺仪、原子陀螺仪等新型陀螺仪敏感元件发展迅猛，但静电陀螺仪仍是惯性技术领域公认的精度最高的陀螺仪，并已经成功应用于高精度惯性导航系统、姿态控制系统等。此外，也可以利用静电陀螺仪设计应用于慢速载体的高精度罗经、设计静电陀螺仪加速度计及单陀螺仪惯性导航系统，还可以利用静电陀螺仪与光学惯组、微机械惯组、谐振惯组等新型惯性测量组件设计混合式惯性导航系统。

第6章 长航时静电陀螺仪漂移系数误差影响及控制方法

6.1 引　　言

静电陀螺仪在惯性导航系统长周期导航使命任务中，发挥高精度优势，其误差特性主要表现如下：

(1) 逐次启动漂移变化小，高精度静电陀螺仪经过精密加工制造，作用于转子上的干扰力矩相对稳定，可保证静电陀螺仪逐次启动漂移控制在一定范围内，进而确保静电陀螺惯性导航系统高精度初始对准，最小化导航初始误差。

(2) 漂移稳定快，静电陀螺惯性导航系统在转导航前完成静电陀螺仪热稳定和测漂，热稳定速度决定了测漂时长和测漂精度。

(3) 随机漂移小，静电陀螺惯性导航系统在导航期间陀螺仪漂移稳定，是保证长周期导航精度的关键要素之一。

静电陀螺元件级的漂移系数辨识和随机漂移估计使用双轴伺服转台完成，伺服转台的运动伴随着陀螺仪的漂移误差，观测量采用伺服转台的角度，采用最优估计算法，利用双轴伺服转台的运动方程、静电陀螺仪漂移误差模型和双轴伺服转台内、外环轴转角的实测数据序列完成测漂估计。通过伺服转台下陀螺仪漂移系数辨识，测试陀螺仪漂移 g^0 项（°/h）、g^1 项（°/h/g）、g^2 项（°/h/g^2）和随机漂移（°/$\sqrt{h}$）（1σ）。每个静电陀螺仪经过极轴陀螺仪和赤道陀螺仪两种双轴伺服转台测试，全都合格才可用于惯性导航系统。

静电陀螺系统级的漂移系数辨识是在静电陀螺惯性导航系统启动的初始

标定阶段进行的，主要完成逐次启动漂移误差的辨识和补偿。长周期导航过程中，静电陀螺仪漂移误差将与静电陀螺惯性导航系统框架误差、加表误差等因素综合作用于惯性导航系统参数，并且影响导航精度，因此评价静电陀螺仪漂移误差特性一般从长周期导航精度中观测和评定。

本章从静电陀螺监控器和空间稳定惯性导航系统两种应用场景具体分析长航时静电陀螺仪漂移误差对惯性导航系统导航精度的影响以及漂移误差补偿方法。

6.2 长航时静电陀螺仪漂移误差对导航监控的影响

6.2.1 静电陀螺监控器中的静电陀螺漂移误差模型

静电陀螺监控器（ESGM）是以静电陀螺仪为核心元件构成的一种高精度惯性导航监控设备。使用时，它必须与舰船惯性导航系统组成综合导航系统才能完成其导航使命。采用静电陀螺监控器与主惯性导航系统相结合的组合导航系统，由高精度高稳定性的静电陀螺仪组成人工的空间星体，利用天文导航的工作原理及主惯性导航系统提供的有关信息，可以随时精确地确定星体的空间位置坐标，实现对主惯性导航系统参数的监控，而与之配合使用的惯性导航系统则为 ESGM 提供间接稳定平台，使静电陀螺监控器工作在高精度的水平基座上。

静电陀螺监控器工作时，两个陀螺仪的外框架均与水平面垂直，由陀螺仪的电光传感器及随动系统控制使极陀螺仪（也称"上陀螺仪"）的动量矩轴指向地球极轴，而赤道陀螺仪（也称"下陀螺仪"）的动量矩轴在赤道平面内。由上、下陀螺仪框架的角度传感器读数分别提供动量矩轴相对于水平坐标系的高度角和方位角，两个动量矩轴构成两个星体，用天文导航算法，并引用船用惯性导航系统的导航参数，可以实现比惯性导航更高精度的导航。

极陀螺仪坐标系记为 $x_1y_1z_1$，赤道陀螺仪坐标系记为 $x_2y_2z_2$，当地地理坐标系记为 $EN\eta$，三个坐标系的几何关系如图 6.1 所示。

根据极陀螺仪动量矩轴（H_1）指向地球极轴，可得重力加速度 G 在极陀螺仪坐标系 $x_1y_1z_1$ 的投影为

$$\begin{pmatrix} G_{x_1} \\ G_{y_1} \\ G_{z_1} \end{pmatrix} = \begin{pmatrix} 0 \\ \cos h_1 \\ -\sin h_1 \end{pmatrix} \quad (6.1)$$

式中：h_1 为极陀螺仪动量矩轴相对地理水平的夹角。

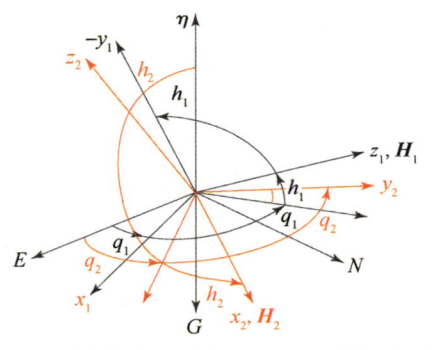

图 6.1 陀螺仪坐标系和地理坐标系的几何关系

将式（6.1）带入静电陀螺仪模型，可得静电监控器极陀螺仪漂移模型为

$$\begin{cases} \tilde{\omega}_{1x} = \varepsilon_{1x} \\ \tilde{\omega}_{1y} = \varepsilon_{1y} + d_{11}\cos h_1 - \dfrac{1}{2}\sin 2h_1 \cdot d_{12} \end{cases} \quad (6.2)$$

记 $m_{01} = \varepsilon_{1x}$，$n_{01} = \varepsilon_{1y}$，$n_{11} = d_{11}$，$n_{21} = -\dfrac{1}{2}d_{12}$，式（6.2）改写为

$$\begin{cases} \tilde{\omega}_{1x} = m_{01} \\ \tilde{\omega}_{1y} = n_{01} + n_{11}\cos h_1 + n_{21}\sin 2h_1 \end{cases} \quad (6.3)$$

根据赤道陀螺仪的动量矩轴（H_2）在赤道平面内，可得重力加速度 G 在赤道陀螺仪坐标系 $x_2 y_2 z_2$ 的投影为

$$\begin{pmatrix} G_{x_2} \\ G_{y_2} \\ G_{z_2} \end{pmatrix} = \begin{pmatrix} \sin h_2 \\ 0 \\ \cos h_2 \end{pmatrix} \quad (6.4)$$

式中：h_2 为赤道陀螺仪动量矩轴相对地理水平的夹角。

将式（6.4）带入静电陀螺仪模型，可得静电监控器赤道陀螺仪漂移模型为

$$\begin{cases} \tilde{\omega}_{2y} = \varepsilon_{2y} \\ \tilde{\omega}_{2z} = \varepsilon_{2z} + d_{21}\cos h_2 - \dfrac{1}{2}\sin 2h_2 \cdot d_{22} \end{cases} \quad (6.5)$$

记 $m_{02} = \varepsilon_{2y}$，$n_{02} = \varepsilon_{2y}$，$n_{21} = d_{21}$，$n_{22} = -\dfrac{1}{2}d_{22}$，式（6.5）改写为

$$\begin{cases} \tilde{\omega}_{2y} = m_{02} \\ \omega_{2z} = n_{02} + n_{21}\cos h_2 + n_{22}\sin 2h_2 \end{cases} \quad (6.6)$$

式中：m_{0i}，n_{0i}，n_{1i}，n_{2i} 为静电陀螺监控器系统中静电陀螺仪漂移模型系数；m_{0i}，n_{0i} 为陀螺仪壳体剩余力矩引起的陀螺仪漂移量；n_{1i} 为陀螺仪转子轴的失衡力矩引起的陀螺仪漂移；n_{2i} 为陀螺仪转子几何误差引起的外力矩产生的陀螺仪漂移。

根据上述公式得到静电陀螺监控器系统中静电陀螺仪漂移误差模型为

$$\begin{cases} \Delta \widetilde{\omega}_{1x} = \Delta m_{01} \\ \Delta \widetilde{\omega}_{1y} = \Delta n_{01} + \Delta n_{11} \cosh_1 + \Delta n_{21} \sin(2h_1) \\ \Delta \widetilde{\omega}_{2y} = \Delta m_{02} \\ \Delta \widetilde{\omega}_{2z} = \Delta n_{02} + \Delta n_{12} \cosh_2 + \Delta n_{22} \sin(2h_2) \end{cases} \quad (6.7)$$

6.2.2　长航时静电陀螺仪漂移对静电陀螺监控器误差的影响

静电陀螺监控器工作时，内部解算包括两条通道：一是解算通道，二是测量通道，解算原理如图 6.2 所示。

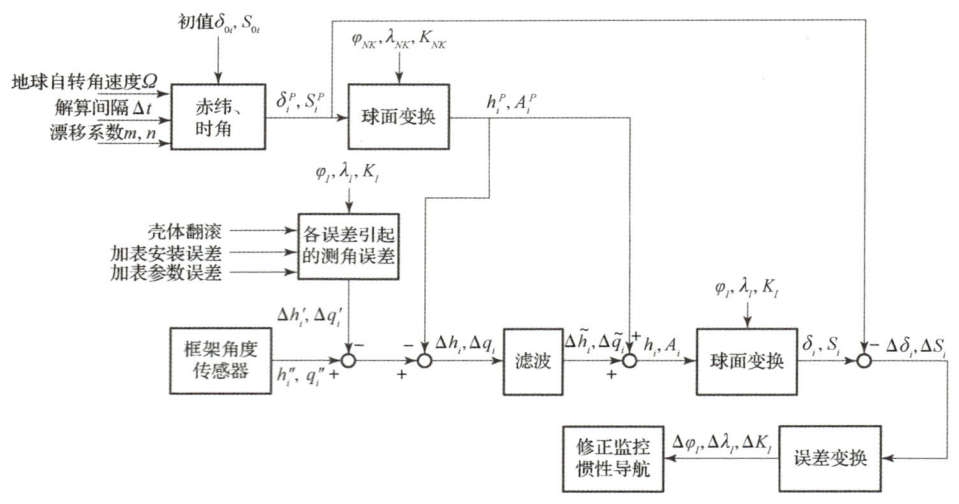

图 6.2　静电陀螺监控器原理

解算通道根据静电陀螺仪漂移系数和地球自转角速度，实时计算极陀螺仪和赤道陀螺仪的赤纬 δ_i^p、格林威治时角 S_i^p 和地方时角 S_i^{*p}，$i=1$ 表示极陀螺仪，$i=2$ 表示赤道陀螺仪。

计算方法如下：陀螺仪的赤道坐标或准赤道坐标下的位置角的初始值 S_{0i}、δ_{0i} 加上与地球自转有关的位置角变化量 ΔS_i^{ω}、$\Delta \delta_i^{\omega}$ 及与陀螺仪漂移有关的位置角变化量 ΔS_i^c、$\Delta \delta_i^c$，即

第6章　长航时静电陀螺仪漂移系数误差影响及控制方法

$$\begin{cases} S_i^P(k) = S_{0i} + \Delta S_i^\omega(k) + \Delta S_i^C(k) \\ \delta_i^P(k) = \delta_{0i} + \Delta \delta_i^\omega(k) + \Delta \delta_i^C(k) \\ S_i^{*P}(k) = S_i^P(k) + \lambda_0(k) \end{cases} \quad (6.8)$$

式中：λ_0 为载体所处位置的经度。

再根据球面三角变换计算极陀螺仪和赤道陀螺仪的高度角 h_i^p、方位角 A_i^p，计算公式为

$$\begin{cases} h_i^p = \arcsin(\sin\delta_i^p \sin L_i + \cos\delta_i^p \cos L_i \cos S_i^{*p}) \\ \tan A_i^p = \dfrac{-\cos\delta_i^p \sin S_i^{*p}}{\sin\delta_i^p \cos L_i - \cos\delta_i^p \sin L_i \cos S_i^{*p}} \end{cases} \quad (6.9)$$

式中：$i=1$ 时为极陀螺仪，$i=2$ 时为赤道陀螺仪；A_i^p 为天体方位角，与地平方位角 q_i^p 的关系式为 $A_i^p = K - q_i^p$，K 为载体航向；φ_i 为纬度，$i=1$ 时 φ_i 为准地理坐标系纬度，$i=2$ 时 φ_i 为地理坐标系纬度。

测量通道对从陀螺仪框架角度传感器读取经零位补偿后得到的原始测量值进行补偿及平滑滤波，得到高度角、方位角的测量平滑值 $\tilde{h}_i$、$\tilde{A}_i$，并由此计算得到陀螺仪在赤道或准赤道坐标系下的位置角的测量值 S_i^M、δ_i^M 等。

测量通道计算出的位置角的测量值 δ_i^M 与解算通道计算出的位置角的理论值 S_i^P、δ_i^P 之差为两条通道位置角差值 ΔS_i、$\Delta \delta_i$：

$$\begin{cases} \Delta \delta_i(k) = \delta_i^M(k) - \delta_i^P(k) \\ \Delta S_i(k) = \Delta S_i^*(k) - \lambda_{0i}^P(k) \end{cases} \quad (6.10)$$

标校时，该值作为标校过程的观测量，计算静电陀螺仪漂移系数误差；导航时，该值作为监控量，计算支撑惯性导航的位置误差和航向误差；校准时，该值作为修正观测量，用于计算监控器校准量。

静电陀螺仪漂移系数误差在长时间导航过程中影响静电陀螺仪在赤道坐标系或准赤道坐标系下的位置角解算误差，引起两条通道位置角差值 ΔS_i、$\Delta \delta_i$ 的周期性误差和趋势性误差，误差传递公式为

$$\begin{cases} \Delta \dot{\delta}_1 = \Omega \cos S_1 \Delta S_1 + \Delta m_{01} \cos\chi_1 + (\Delta n_{01} + \Delta n_{11} \cos h_1 + \Delta n_{21} \sin(2h_1))\sin\chi_1 \\ \Delta \dot{S}_1 = -\Omega \cos S_1 \sec^2\delta_1 \Delta \delta_1 + \Delta m_{01}\sin\chi_1/\cos\delta_1 - (\Delta n_{01} + \Delta n_{11}\cos h_1 \\ \qquad\quad + \Delta n_{21}\sin(2h_1))\cos\chi_1/\cos\delta_1 \\ \Delta \dot{\delta}_2 = \Delta m_{02}\cos\chi_2 + (\Delta n_{02} + \Delta n_{12}\cos h_2 + \Delta n_{22}\sin(2h_2))\sin\chi_2 \\ \Delta \dot{S}_2 = \Delta m_{02}\sin\chi_2/\cos\delta_2 - (\Delta n_{02} + \Delta n_{12}\cos h_2 + \Delta n_{22}\sin(2h_2))\cos\chi_2/\cos\delta_2 \end{cases}$$

$$(6.11)$$

式中：χ_i 为极陀螺仪（$i=1$）或赤道陀螺仪（$i=2$）天体时圆与天体方位圆的夹角。

根据球面变换关系，静电陀螺仪漂移误差带来的位置角差值在导航监控过程中引起静电陀螺监控器纬度误差 $\Delta\varphi$、经度误差 $\Delta\lambda$ 和航向误差 ΔK，其关系为

$$\begin{cases} \Delta\varphi = \Delta\delta_1\cos\lambda + \Delta S_1\sin\lambda \\ \Delta\lambda = \Delta S_2 + (\Delta S_1\cos\lambda - \Delta\delta_1\sin\lambda)\tan\varphi \\ \Delta K = (\Delta\delta_1\cos\lambda - \Delta S_1\sin\lambda)/\cos\varphi \end{cases} \quad (6.12)$$

式中：φ 为载体所处纬度；λ 为载体所处经度。

根据误差传递公式（6.12），赤道陀螺仪时角误差 ΔS_2 与监控器经度误差 $\Delta\lambda$ 是等量传递的，由式（6.11）可知，赤道陀螺仪时角误差在漂移系数误差 $\Delta n_{02} + \Delta n_{12}\cos h_2$ 的作用下随时间线性增长，因此引起静电陀螺监控器经度误差随时间线性增长，而其余漂移系数误差引起监控经度误差、纬度误差和航向误差呈等幅地球周期振荡。根据误差传递关系式（6.11）和式（6.12），长航时静电陀螺仪漂移系数误差在静电陀螺监控器导航监控误差的影响如下：

（1）极陀螺仪漂移误差系数 Δm_{01}、Δn_{01}、Δn_{11}、Δn_{21} 引起静电陀螺监控器纬度误差、经度误差和航向误差的地球周期等幅振荡，如图 6.3～图 6.6 所示。

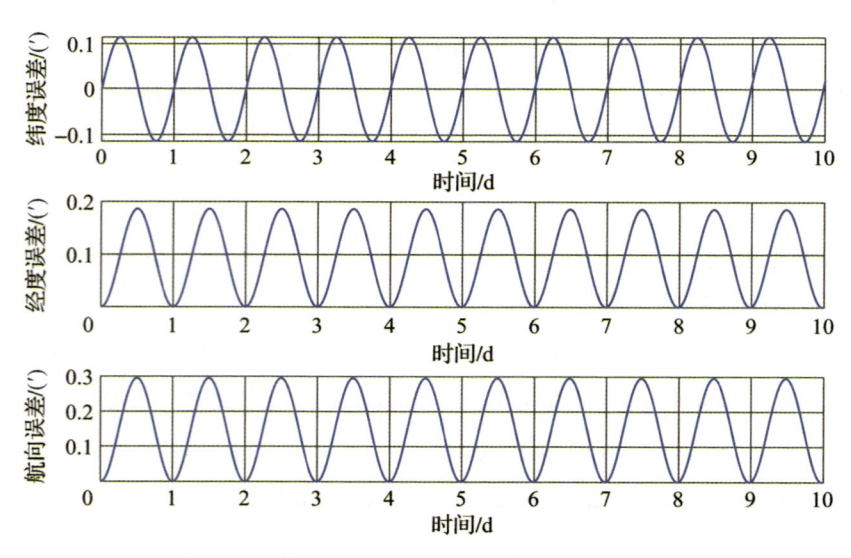

图 6.3　$\Delta m_{01} = 0.0005°/\text{h}$

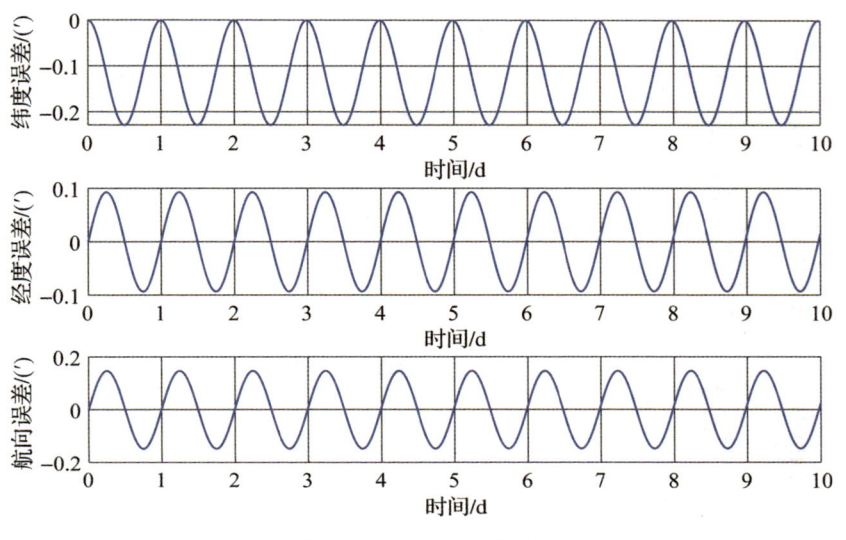

图 6.4　$\Delta n_{01} = 0.0005°/h$

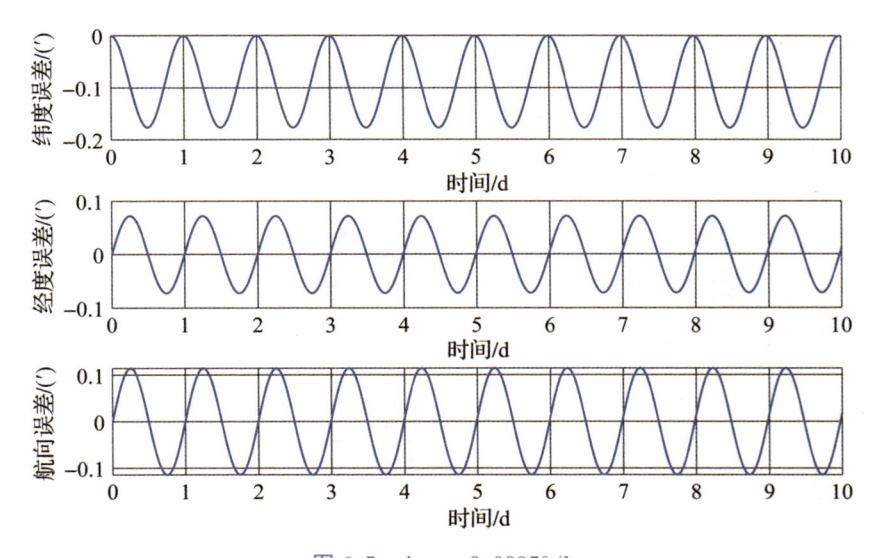

图 6.5　$\Delta n_{11} = 0.0005°/h$

(2) 赤道陀螺仪漂移误差系数 Δm_{02}、Δn_{22} 引起静电陀螺监控器经度误差地球周期等幅振荡，如图 6.7、图 6.8 所示。

(3) 赤道陀螺仪漂移误差系数 Δn_{02}、Δn_{12} 引起静电陀螺监控器经度误差随时间线性发散，如图 6.9、图 6.10 所示，这种线性发散是长周期导航误差最大的误差源。

207

图 6.6　$\Delta n_{21} = 0.0005°/h$

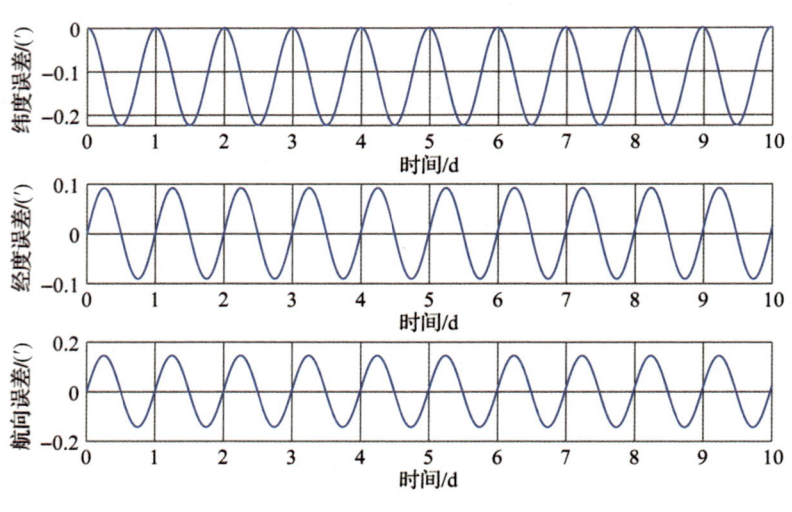

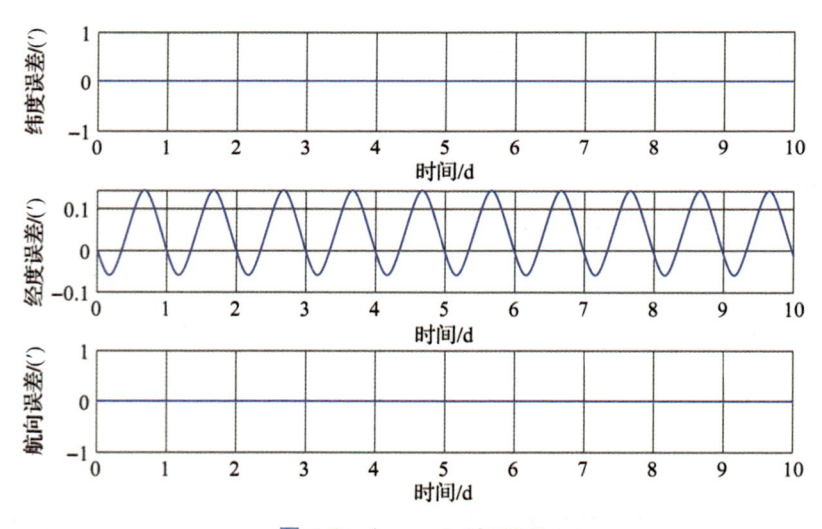

图 6.7　$\Delta m_{02} = 0.0005°/h$

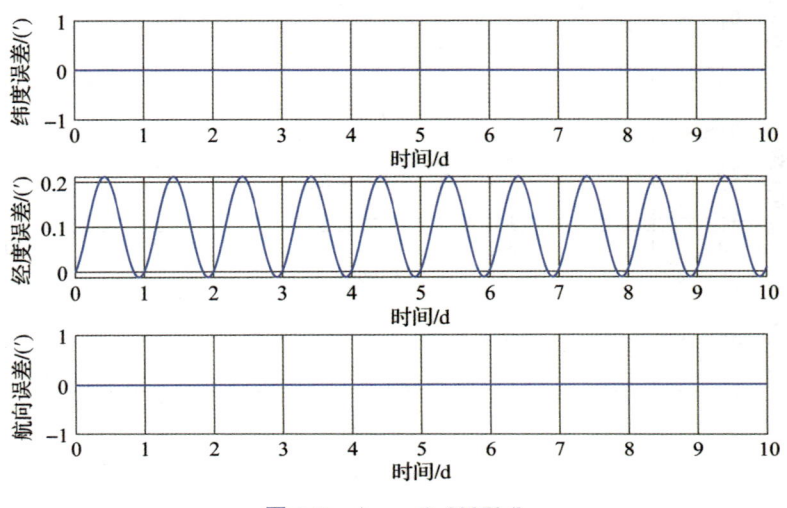

图 6.8 $\Delta n_{22} = 0.0005°/h$

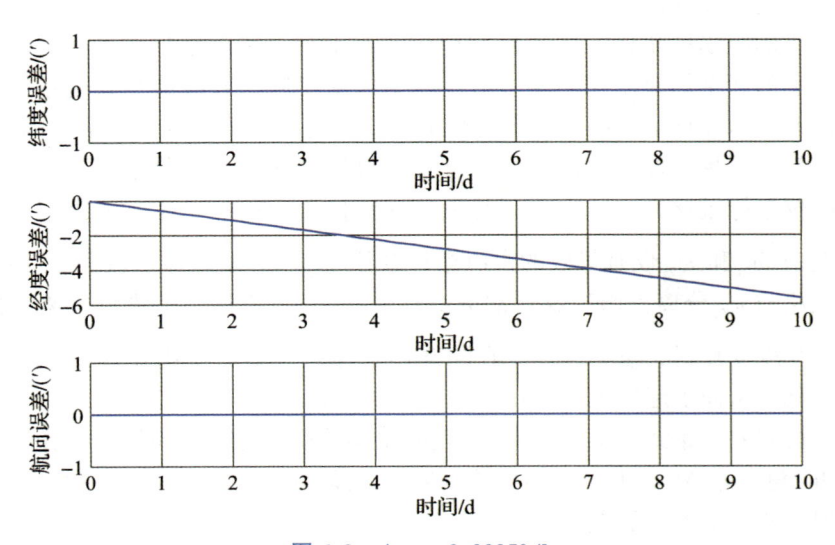

图 6.9 $\Delta n_{02} = 0.0005°/h$

图 6.10　$\Delta n_{12} = 0.0005°/h$

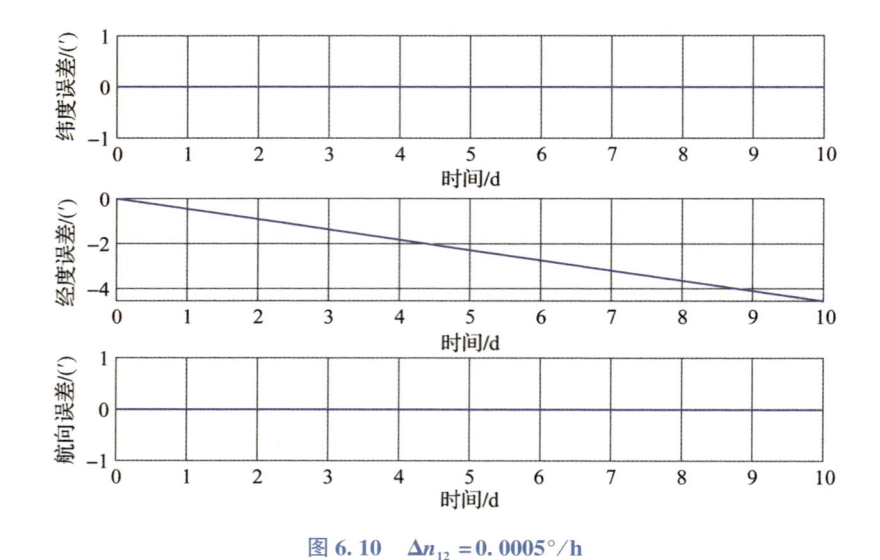

6.2.3　长航时静电陀螺仪漂移系数耦合项的影响分析

静电陀螺监控器为复示平台工作方式，通过随动系统，由舰载惯性导航系统提供的纵横摇角信号间接稳定构成复示平台，跟随地理水平面。依靠复示平台上的两个加速度计的输出信号经坐标变换后与舰载惯性导航系统的东西、南北加速度计信号同步采样对比求差，实现对复示平台水平偏差的修正。因此，静电陀螺监控器的加速度计测量值仅用来比对实现复示水平，不能指示陀螺仪坐标系比力 f_x、f_y、f_z。静电陀螺监控器的这种工作方式决定了其漂移模型中 $\tilde{\omega}_{1x}$ 和 $\tilde{\omega}_{2y}$ 仅有等效的常值漂移系数 m_{0i}，g^1 项漂移系数和 g^2 项漂移系数无法与 m_{0i} 分离，均等效到常值漂移系数 m_{0i}。漂移系数耦合带来的问题是，当纬度变化时，重力加速度在陀螺仪坐标系投影的变化导致 $\tilde{\omega}_{1x}$ 和 $\tilde{\omega}_{2y}$ 随纬度变化，从而引起静电陀螺仪漂移模型误差。

根据误差关系式（6.11），静电陀螺仪漂移误差随时间积累产生赤纬误差 $\Delta \delta_i$ 和时角误差 ΔS_i，并进一步影响高度角误差 Δh_i 和方位角误差 ΔA_i。

根据式（6.9）可得：

$$\begin{cases} h_i^p + \Delta h_i^p = \arcsin(\sin(\delta_i^p + \Delta \delta_i^p) + \sin L_i + \cos(\delta_i^p + \Delta \delta_i^p)\cos L_i \cos(S_i^{*p} + \Delta S_i^{*p})) \\ \tan(A_i^p + \Delta A_i^p) = \dfrac{-\cos(\delta_i^p + \Delta \delta_i^p)\sin S_i^{*p}}{\sin(\delta_i^p + \Delta \delta_i^p)\cos L_i - \cos(\delta_i^p + \Delta \delta_i^p)\sin L_i \cos(S_i^{*p} + \Delta S_i^{*p})} \end{cases}$$

（6.13）

推导得到高度角误差 Δh_i 和方位角误差 ΔA_i 公式为

$$\Delta h_i = (\cos\delta_i^p \sin L_i - \sin\delta_i^p \cos L_i \cos S_i^{*p})/\cosh_i^p \cdot \Delta\delta_i$$
$$- \cos\delta_i^p \cos L_i \sin S_i^{*p}/\cosh_i^p \cdot \Delta S_i \quad (6.14)$$

$$\Delta A_i = \frac{\cos\delta_i \tan L_i - \sin\delta_i \cos S_i^*}{\tan\delta_i - \cos S_i^* \tan L_i} \cos^2 A_i \cdot \Delta S_i$$
$$+ \frac{\sin S_i^*}{\sin\delta_i - \cos\delta_i \cos S_i^* \tan L_i} \cos^2 A_i \cdot \Delta\delta_i \quad (6.15)$$

根据式（6.14）、式（6.15）可知，纬度越低、导航时间越长，静电陀螺仪漂移误差引起的高度角、方位角误差变化越快。这是由于式（6.14）中，$\cosh_i^p$ 做分母，$h_2^p \to 90°$ 时 $\cosh_2^p \to 0$，Δh_2 变化剧烈，同理在低纬度区域方位角误差 ΔA_i 变化增大。

图 6.11 所示为三个不同纬度的误差仿真曲线，纬度分别为 7°、18° 和 39°，静电陀螺仪漂移系数均采用 5×10^{-5}°/h，仿真时长 60d。仿真结果表明，纬度越低，导航时间越长，位置角误差每 12h 在高度角峰值时变化越快。

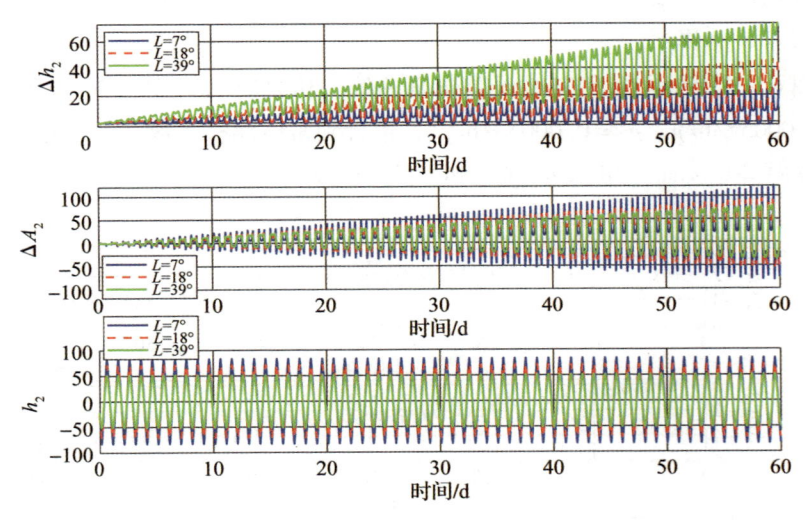

图 6.11 不同纬度、相同漂移（5×10^{-5}°/h）条件下高度角方位角误差

图 6.12 所示为不同纬度误差曲线放大图，可以看到随着纬度降低，高度角误差、方位角误差在赤道陀螺仪高度角 h_2 的极值附近变化更剧烈，并影响赤道陀螺仪时角误差 ΔS_2。

静电陀螺监控器赤道陀螺仪时角误差 ΔS_2 与高度角误差 Δh_2、方位角误差 ΔA_2 的关系为

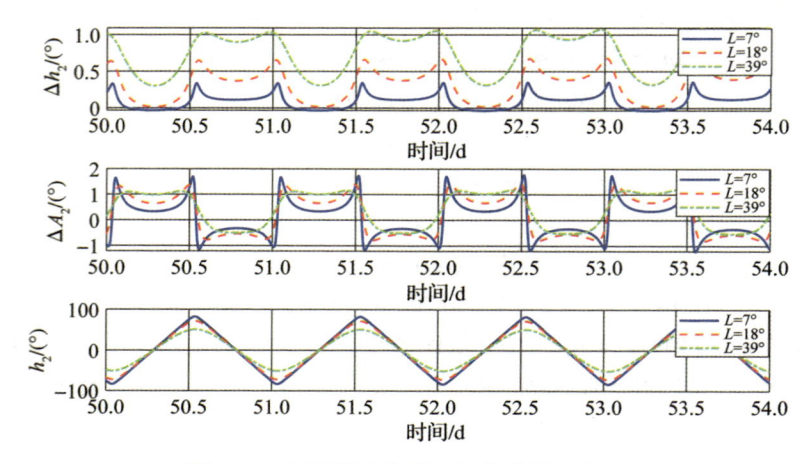

图 6.12 不同纬度条件下误差曲线放大图

$$\Delta S_2 = \sin\chi_2 \cdot \Delta h_2 + \sin L \cdot \Delta q_2 \tag{6.16}$$

因此，随着高度角 h_2 周期变化，高度角误差 Δh_2、方位角误差 ΔA_2 在低纬度区域的剧烈变化会引起赤道陀螺仪位置角误差 ΔS_2 和经差 $\Delta \lambda$ 的"短时误差增大"现象。

图 6.13 所示为纬度 7°时误差仿真曲线，仿真时 $\Delta \tilde{\omega}_{1x}$ 和 $\Delta \tilde{\omega}_{2y}$ 分别假设为 $g^1 = 0.0005°/h/g$、$g^2 = 0.0005°/h/g^2$，耦合到常值漂移系数 m_{02}。随着时间积累，导航 20 天后时角误差 ΔS_2 和经差 $\Delta \lambda$ 开始出现"尖峰"的误差曲线形式。

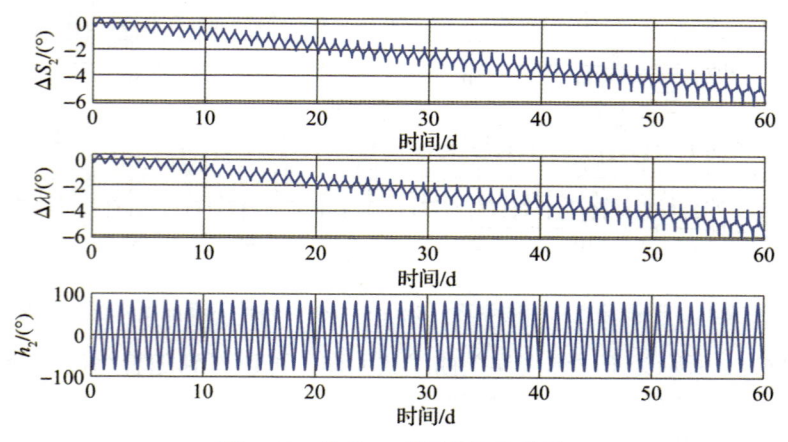

图 6.13 纬度 7°时误差仿真曲线

图 6.14 所示为纬度 7°时误差仿真曲线放大图，根据误差公式以及误差曲线，位置角误差 ΔS_2 和经度误差 $\Delta \lambda$ 波动与赤道陀螺仪高度角 h_2 达到峰值相关。

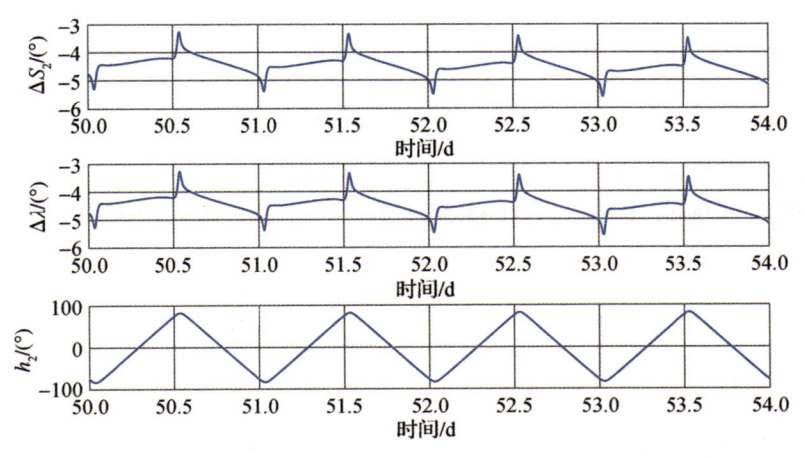

图 6.14　纬度 7°时误差曲线放大图

上述仿真分析说明，当静电陀螺仪赤道定位时，若 y 轴向 g^1 项漂移系数和 g^2 项漂移系数较大，由于标定阶段无法与常值系数 m_{02} 分离，与 g 有关项漂移全部等效到常值漂移系数 m_{02}，长时间导航引起误差积累，导致经度误差曲线出现"尖峰"现象。

该现象在静电陀螺监控器长时间导航时是否出现，需在标定结束后观察漂移系数 m_{02}，经过壳体翻滚调制的静电陀螺仪，其常值漂移系数应不大于 0.001°/h，若标定结果 m_{02} 大于 0.001°/h，则判断 m_{02} 耦合了较大的 g^1 项漂移系数和 g^2 项漂移系数，此时需要注意长周期导航过程经度误差的变化。

6.3　长航时静电陀螺仪误差对惯性导航误差的影响

6.3.1　空间稳定惯性导航系统中的静电陀螺仪漂移误差模型

以静电陀螺仪作为惯性元件的惯性导航系统称为静电陀螺惯性导航系统，与静电陀螺监控器监控液浮惯性导航的工作原理不同，静电陀螺惯性导航系统是独立的。静电陀螺惯性导航系统有空间稳定惯性导航系统和捷联式惯性导航系统两种结构方式。考虑静电陀螺仪对转子不施矩的特性，本节主要分析空间稳定式惯性导航系统。

根据第 3 章所述静电陀螺仪漂移模型，壳体翻滚调制的静电陀螺仪极定位漂移模型为

$$\begin{cases} \tilde{\omega}_{1x} = \varepsilon_{1x} + (d_{11} + d_{12}f_{1z})f_{1x} + \bar{d}'_{11}f_{1y} \\ \tilde{\omega}_{1y} = \varepsilon_{1y} + (d_{11} + d_{12}f_{1z})f_{1y} - \bar{d}'_{11}f_{1x} \end{cases} \quad (6.17)$$

式中：$\bar{d}'_{11} = d'_{11} + d'_{12}f_{1z}$。

同样，得到壳体翻滚调制的静电陀螺仪赤道定位漂移模型为

$$\begin{cases} \tilde{\omega}_{2y} = \varepsilon_{2y} + (d_{21} + d_{22}f_{2x})f_{2y} + \bar{d}'_{21}f_{2z} \\ \tilde{\omega}_{2z} = \varepsilon_{2z} + (d_{21} + d_{22}f_{2x})f_{2z} - \bar{d}'_{21}f_{2y} \end{cases} \quad (6.18)$$

式中：$\bar{d}'_{21} = d'_{21} + d'_{22}f_{2x}$。

由此得到壳体翻滚调制的静电陀螺仪漂移误差模型为

$$\begin{cases} \Delta\tilde{\omega}_{1x} = \Delta\varepsilon_{1x} + (\Delta d_{11} + \Delta d_{12}f_{1z})f_{1x} + \Delta\bar{d}'_{11}f_{1y} \\ \Delta\tilde{\omega}_{1y} = \Delta\varepsilon_{1y} + (\Delta d_{11} + \Delta d_{12}f_{1z})f_{1y} - \Delta\bar{d}'_{11}f_{1x} \\ \Delta\tilde{\omega}_{2y} = \Delta\varepsilon_{2y} + (\Delta d_{21} + \Delta d_{22}f_{2x})f_{2y} + \Delta\bar{d}'_{21}f_{2z} \\ \Delta\tilde{\omega}_{2z} = \Delta\varepsilon_{2z} + (\Delta d_{21} + \Delta d_{22}f_{2x})f_{2z} - \Delta\bar{d}'_{21}f_{2y} \end{cases} \quad (6.19)$$

对比式（6.7）和式（6.19），静电陀螺仪在静电陀螺监控器系统和静电陀螺惯性导航系统的漂移模型、漂移误差模型是有区别的，静电陀螺监控器极陀螺仪 x 轴方向只有一项常值漂移系数 m_{01}，赤道陀螺仪 y 轴方向只有一项常值漂移系数 m_{02}。虽然两个系统的静电陀螺仪都处于极定位和赤道定位工作方式，且动量矩轴方向完全一样，极陀螺仪动量矩轴指向地球极轴，赤道陀螺仪动量矩轴在赤道平面内。但是静电监控器系统复示惯性导航水平姿态的设计方式，不能测量陀螺仪坐标系的比力，使得静电陀螺监控器和静电陀螺惯性导航两种系统的陀螺仪漂移模型和陀螺仪漂移误差模型不同，对导航误差的影响也不同。

6.3.2 空间稳定惯性导航系统平台漂移模型

陀螺仪漂移误差引起的空间稳定平台相对惯性空间的漂移角速度误差为

$$\Delta\omega_{i\bar{p}}^{\bar{p}} = \begin{pmatrix} \Delta\tilde{\omega}_{1x} \\ \Delta\tilde{\omega}_{1y} \\ \Delta\tilde{\omega}_{1x}\tan Y_r + \Delta\tilde{\omega}_{2z}/\cos Y_r \end{pmatrix} \quad (6.20)$$

式中：Y_r 为冗余轴转角，与平台 y 轴方向的漂移有关，通常为小量。

记空间稳定惯性导航系统平台漂移误差角为 $\boldsymbol{\Psi}$，$\boldsymbol{\Psi}$ 角在地心地固坐标系（e 系）记为 $\boldsymbol{\Psi}^e$，其微分模型可表示为

$$\dot{\boldsymbol{\Psi}}^e = -[\boldsymbol{\omega}_{ie}^e]\boldsymbol{\Psi}^e + \boldsymbol{C}_{\bar{p}}^e \Delta\boldsymbol{\omega}_{i\bar{p}}^{\bar{p}} \tag{6.21}$$

式中：$\boldsymbol{C}_{\bar{p}}^e$ 为壳体翻滚调制平台坐标系 $\bar{p}$ 至地心地固坐标系 e 的变换矩阵。

由 e 系连续旋转三次得到 $\bar{p}$ 系：

$$OX_eY_eZ_e \xrightarrow[-S_1]{X_e} OX'_eY'_eZ'_e \xrightarrow[\sigma_1]{Y'_e} OX''_eY''_eZ''_e \xrightarrow[\gamma_2]{Z''_e} OX_{\bar{p}}Y_{\bar{p}}Z_{\bar{p}}$$

旋转矩阵 $\boldsymbol{C}_e^{\bar{p}}$ 为

$$\begin{aligned}\boldsymbol{C}_e^{\bar{p}} &= \begin{pmatrix} \cos\gamma_2 & -\sin\gamma_2 & 0 \\ \sin\gamma_2 & \cos\gamma_2 & 0 \\ 0 & 0 & 1 \end{pmatrix} \begin{pmatrix} \cos\sigma_1 & 0 & -\sin\sigma_1 \\ 0 & 1 & 0 \\ \sin\sigma_1 & 0 & \cos\sigma_1 \end{pmatrix} \begin{pmatrix} 1 & 0 & 0 \\ 0 & \cos S_1 & -\sin S_1 \\ 0 & \sin S_1 & \cos S_1 \end{pmatrix} \\ &\approx \begin{pmatrix} \cos\gamma_2 & -\sin\gamma_2 & 0 \\ \sin\gamma_2 & \cos\gamma_2 & 0 \\ 0 & 0 & 1 \end{pmatrix}\end{aligned} \tag{6.22}$$

式中：γ_2 为空间稳定平台台体轴转角；σ_1、S_1 为小量。

继续计算得

$$\begin{aligned}\boldsymbol{C}_{\bar{p}}^e \Delta\boldsymbol{\omega}_{i\bar{p}}^{\bar{p}} &= \begin{pmatrix} \cos\gamma_2 & \sin\gamma_2 & 0 \\ -\sin\gamma_2 & \cos\gamma_2 & 0 \\ 0 & 0 & 1 \end{pmatrix} \begin{pmatrix} \Delta\varepsilon_{1x} + (\Delta d_{11} + \Delta d_{12}f_{1z})f_{1x} + \Delta\bar{d}'_{11}f_{1y} \\ \Delta\varepsilon_{1y} + (\Delta d_{11} + \Delta d_{12}f_{1z})f_{1y} - \Delta\bar{d}'_{11}f_{1x} \\ \Delta\varepsilon_{2z} + (\Delta d_{21} + \Delta d_{22}f_{2x})f_{2z} - \Delta\bar{d}'_{21}f_{2y} \end{pmatrix} \\ &= \begin{pmatrix} (\Delta\varepsilon_{1x} + (\Delta d_{11} + \Delta d_{12}f_{1z})f_{1x} + \Delta\bar{d}'_{11}f_{1y})\cos\gamma_2 \\ + (\Delta\varepsilon_{1y} + (\Delta d_{11} + \Delta d_{12}f_{1z})f_{1y} - \Delta\bar{d}'_{11}f_{1x})\sin\gamma_2 \\ -(\Delta\varepsilon_{1x} + (\Delta d_{11} + \Delta d_{12}f_{1z})f_{1x} + \Delta\bar{d}'_{11}f_{1y})\sin\gamma_2 \\ + (\Delta\varepsilon_{1y} + (\Delta d_{11} + \Delta d_{12}f_{1z})f_{1y} - \Delta\bar{d}'_{11}f_{1x})\cos\gamma_2 \\ \Delta\varepsilon_{2z} + (\Delta d_{21} + \Delta d_{22}f_{2x})f_{2z} - \Delta\bar{d}'_{21}f_{2y} \end{pmatrix}\end{aligned} \tag{6.23}$$

于是，$\boldsymbol{\Psi}$ 角微分方程在 e 系中可表示为

$$\begin{pmatrix} \dot{\psi}_x^e \\ \dot{\psi}_y^e \\ \dot{\psi}_z^e \end{pmatrix} = \begin{pmatrix} 0 & \omega_{ie} & 0 \\ -\omega_{ie} & 0 & 0 \\ 0 & 0 & 0 \end{pmatrix} \begin{pmatrix} \psi_x^e \\ \psi_y^e \\ \psi_z^e \end{pmatrix}$$

$$+ \begin{pmatrix} (\Delta\varepsilon_{1x} + (\Delta d_{11} + \Delta d_{12}f_{1z})f_{1x} + \Delta\bar{d}'_{11}f_{1y})\cos\gamma_2 \\ + (\Delta\varepsilon_{1y} + (\Delta d_{11} + \Delta d_{12}f_{1z})f_{1y} - \Delta\bar{d}'_{11}f_{1x})\sin\gamma_2 \\ - (\Delta\varepsilon_{1x} + (\Delta d_{11} + \Delta d_{12}f_{1z})f_{1x} + \Delta\bar{d}'_{11}f_{1y})\sin\gamma_2 \\ + (\Delta\varepsilon_{1y} + (\Delta d_{11} + \Delta d_{12}f_{1z})f_{1y} - \Delta\bar{d}'_{11}f_{1x})\cos\gamma_2 \\ \Delta\varepsilon_{2z} + \Delta d_{21}f_{2z} + \Delta d_{22}f_{2x}f_{2z} - \Delta\bar{d}'_{21}f_{2y} \end{pmatrix} \quad (6.24)$$

Ψ 角微分方程的解析解为

$$\psi_x^e(t) = \psi_x^e(0)\cos(\omega_{ie}t) + \psi_y^e(0)\sin(\omega_{ie}t)$$
$$+ \frac{\Delta d_{11} + \Delta d_{12}\sin L}{\omega_{ie}}\cos L\sin(\omega_{ie}t)$$
$$+ \Delta\varepsilon_{1x}t\cos(\omega_{ie}t + \gamma_2(0)) + \Delta\varepsilon_{1y}t\sin(\omega_{ie}t + \gamma_2(0))$$
$$+ \frac{\Delta\bar{d}'_{11}}{\omega_{ie}}\cos L(1 - \cos(\omega_{ie}t)) \quad (6.25)$$

$$\psi_y^e(t) = -\psi_x^e(0)\sin(\omega_{ie}t) + \psi_y^e(0)\cos(\omega_{ie}t)$$
$$- \frac{\Delta d_{11} + \Delta d_{12}\sin L}{\omega_{ie}}\cos L(1 - \cos(\omega_{ie}t))$$
$$- \Delta\varepsilon_{1x}t\sin(\omega_{ie}t + \gamma_2(0)) + \Delta\varepsilon_{1y}t\cos(\omega_{ie}t + \gamma_2(0))$$
$$- \frac{\Delta\bar{d}'_{11}}{\omega_{ie}}\cos L\sin(\omega_{ie}t) \quad (6.26)$$

$$\psi_z^e(t) = \psi_z^e(0) + (\Delta\varepsilon_{2z} + \Delta d_{21}\sin L)t$$
$$+ \frac{\Delta d_{22}}{\omega_{ie}}\sin L\cos L(\sin(\omega_{ie}t + \gamma_2(0)) - \sin(\gamma_2(0)))$$
$$- \frac{\Delta\bar{d}'_{21}}{\omega_{ie}}\cos L(\cos(\omega_{ie}t + \gamma_2(0)) - \cos(\gamma_2(0))) \quad (6.27)$$

式中：$\gamma_2(0)$ 为台体轴转角初始位置。

空间稳定平台漂移角 Ψ^e 的三个分量随时间积累分别具有如下特性：

（1）极陀螺仪常值漂移系数误差 $\Delta\varepsilon_{1x}$、$\Delta\varepsilon_{1y}$，影响 x 轴失准角（$\psi_x^e(t)$）和 y 轴失准角（$\psi_y^e(t)$）地球周期振荡，且幅值随时间增长逐渐增大。

(2) 极陀螺仪 g^1 项漂移系数误差 Δd_{11} 和 g^2 项漂移系数误差 Δd_{12}，影响 x 轴失准角 ($\psi_x^e(t)$) 和 y 轴失准角 ($\psi_y^e(t)$) 地球周期等幅振荡，还使 y 轴失准角 ($\psi_y^e(t)$) 出现偏置误差。

(3) 极陀螺仪耦合漂移系数 $\Delta \bar{d}_{11}'$，影响 x 轴失准角 ($\psi_x^e(t)$) 和 y 轴失准角 ($\psi_y^e(t)$) 地球周期振荡，还使 x 轴失准角 ($\psi_x^e(t)$) 出现偏置误差。

(4) 赤道陀螺仪常值漂移系数误差 $\Delta \varepsilon_{2z}$ 和 g^1 项漂移系数误差 Δd_{21}，对 z 轴失准角 $\psi_z^e(t)$ 的影响随时间线性增长，是空间稳定平台漂移角最大的误差源。

(5) 赤道陀螺仪 g^2 项漂移系数误差 Δd_{22} 和耦合漂移系数误差 $\Delta \bar{d}_{21}'$，对 z 轴失准角 $\psi_z^e(t)$ 的影响为地球周期等幅振荡。

空间稳定平台漂移误差角 Ψ 在地理坐标系（n 系）记为 $\Psi^n = [\psi_N^n \quad \psi_E^n \quad \psi_D^n]^T$，则

$$\Psi^n = C_e^n \Psi$$

$$= \begin{pmatrix} -\cos\lambda\sin L & -\sin\lambda\sin L & \cos L \\ -\sin\lambda & \cos\lambda & 0 \\ -\cos\lambda\cos L & -\sin\lambda\cos L & -\sin L \end{pmatrix} \begin{pmatrix} \psi_x^e \\ \psi_y^e \\ \psi_z^e \end{pmatrix} \quad (6.28)$$

写成分量形式为

$$\begin{pmatrix} \psi_N^n \\ \psi_E^n \\ \psi_D^n \end{pmatrix} = \begin{pmatrix} -\cos\lambda\sin L \cdot \psi_x^e - \sin\lambda\sin L \cdot \psi_y^e + \cos L \cdot \psi_z^e \\ -\sin\lambda \cdot \psi_x^e + \cos\lambda \cdot \psi_y^e \\ -\cos\lambda\cos L \cdot \psi_x^e - \sin\lambda\cos L \cdot \psi_y^e - \sin L \cdot \psi_z^e \end{pmatrix} \quad (6.29)$$

6.3.3 长航时静电陀螺仪漂移对空间稳定惯性导航系统导航误差的影响

空间稳定惯性导航输出包括位置、速度和姿态等主要导航参量，标定残差和导航过程中产生的静电陀螺仪漂移系数误差直接影响导航误差。

1. 位置误差

根据惯性导航位置解算公式推导纬度误差模型为

$$\delta L = \frac{\delta r_N}{R_M}$$

$$= \psi_E^n + \frac{\Delta f_N^n}{g}$$

$$\begin{aligned}
&= -\sin\lambda \cdot \psi_x^e + \cos\lambda \cdot \psi_y^e + \frac{\Delta f_N^n}{g}\\
&= -\sin(\omega_{ie}t+\lambda)\psi_x^e(0) + \cos(\omega_{ie}t+\lambda)\psi_y^e(0)\\
&\quad -\Delta\varepsilon_{1x}t\sin(\omega_{ie}t+\gamma_2(0)+\lambda) + \Delta\varepsilon_{1y}t\cos(\omega_{ie}t+\gamma_2(0)+\lambda)\\
&\quad + \frac{\Delta d_{11}+\Delta d_{12}\sin L}{\omega_{ie}}\cos L[\cos(\omega_{ie}t+\lambda)-\cos\lambda]\\
&\quad - \frac{\Delta \bar{d}_{11}'}{\omega_{ie}}\cos L[\sin(\omega_{ie}t-\lambda)+\sin\lambda] + \frac{\Delta f_N}{g}
\end{aligned} \qquad (6.30)$$

根据惯性导航位置解算公式推导经度误差模型为

$$\begin{aligned}
\delta\lambda\cos L &= \frac{\delta r_E}{R_N}\\
&= -\psi_N^n + \frac{\Delta f_E}{g}\\
&= \cos\lambda\sin L \cdot \psi_x^e + \sin\lambda\sin L \cdot \psi_y^e - \cos L \cdot \psi_z^e + \frac{\Delta f_E}{g}\\
&= \sin L\cos(\omega_{ie}t+\lambda)\psi_x^e(0) + \sin L\sin(\omega_{ie}t+\lambda)\psi_y^e(0)\\
&\quad + \Delta\varepsilon_{1x}t\sin L\cos(\omega_{ie}t+\gamma_2(0)+\lambda) + \Delta\varepsilon_{1y}t\sin L\sin(\omega_{ie}t+\gamma_2(0)+\lambda)\\
&\quad -\cos L \cdot \psi_z^e(0) - \cos L(\Delta\varepsilon_{2z}+\Delta d_{21}\sin L)t\\
&\quad - \frac{\Delta d_{22}}{\omega_{ie}}\cos L\cos L\sin L[\sin(\omega_{ie}t+\gamma_2(0)) - \sin(\gamma_2(0))]\\
&\quad + \frac{\Delta \bar{d}_{11}'}{\omega_{ie}}\sin L\cos L[\cos\lambda - \cos(\omega_{ie}t-\lambda)]\\
&\quad - \frac{\Delta \bar{d}_{21}'}{\omega_{ie}}\cos L\cos L[\cos(\omega_{ie}t+\gamma_2(0)) - \cos(\gamma_2(0))] + \frac{\Delta f_E}{g}
\end{aligned} \qquad (6.31)$$

由位置误差公式可见长周期导航过程中，极轴陀螺仪常值漂移误差 $\Delta\varepsilon_{1x}$、$\Delta\varepsilon_{1y}$ 引起经度误差和纬度误差的正余弦发散振荡 $t\sin(\omega_{ie}t)$ 和 $t\cos(\omega_{ie}t)$，极轴陀螺仪 g^1 项和 g^2 项漂移系数误差 Δd_{11}、Δd_{12} 引起纬度误差偏置和等幅振荡 $\cos(\omega_{ie}t)$，赤道陀螺仪常值漂移误差 $\Delta\varepsilon_{2z}$ 和 g^1 项 Δd_{21} 引起经度误差随时间线性增长，耦合漂移系数误差 $\Delta\bar{d}_{11}'$、$\Delta\bar{d}_{21}'$ 引起经度误差和纬度误差的等幅振荡和偏置，这些漂移系数误差是长航时导航误差的主要误差源。具体如图 6.15~图 6.18 所示。

2. 速度误差

根据惯性导航速度解算公式推导北速误差公式为

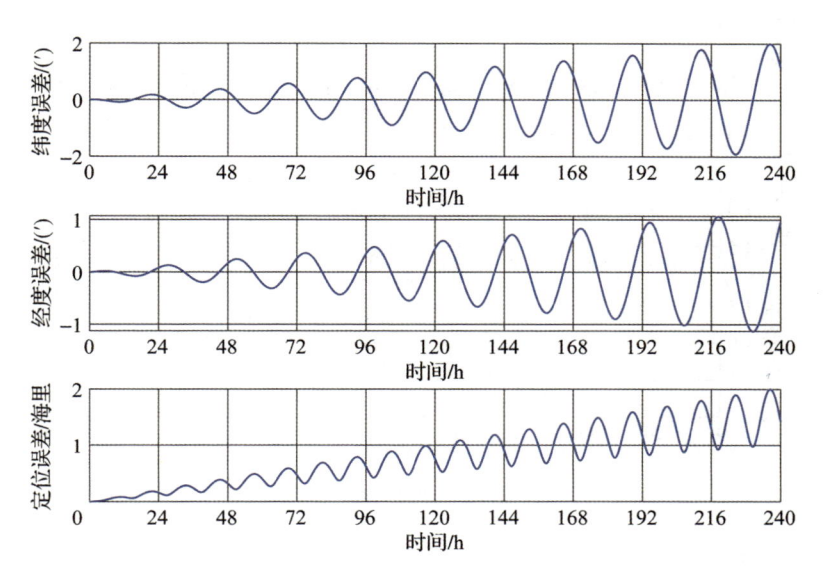

图 6.15　$\Delta \varepsilon_{1x}$、$\Delta \varepsilon_{1y}$ 均为 $0.0001°/h$ 定位误差曲线

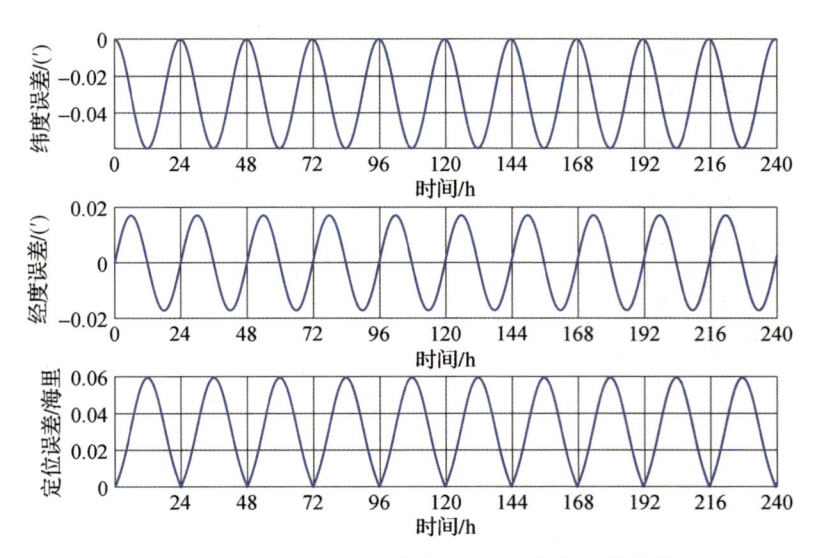

图 6.16　Δd_{11}、Δd_{12} 均为 $0.0001°/h$ 定位误差曲线

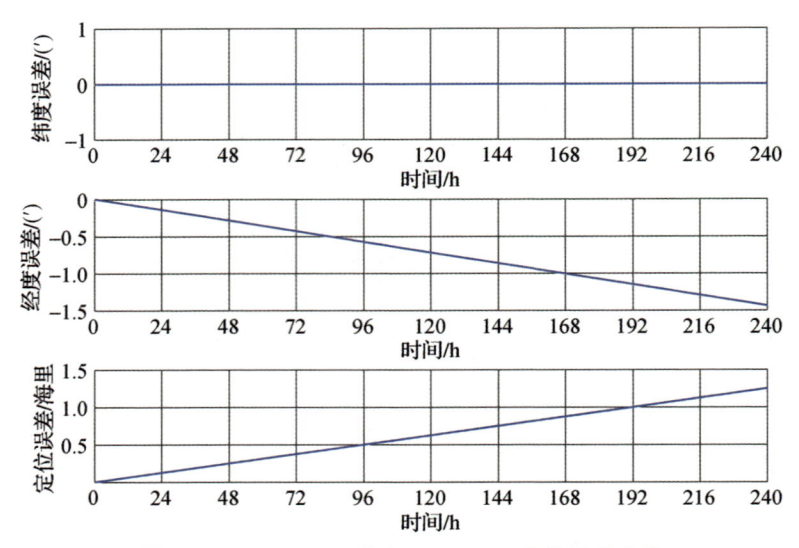

图 6.17　$\Delta\varepsilon_{2z}$、Δd_{21} 均为 $0.0001°/\mathrm{h}$ 定位误差曲线

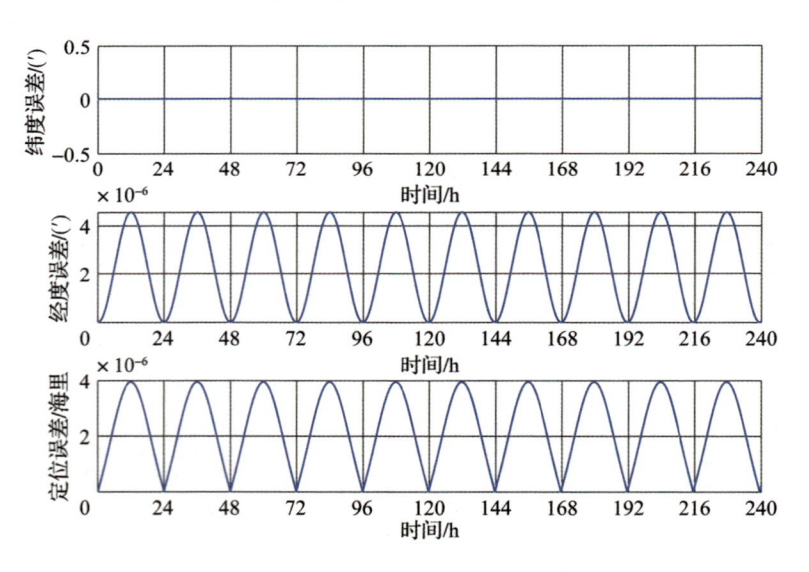

图 6.18　$\Delta\bar{d}'_{11}$、$\Delta\bar{d}'_{21}$ 均为 $0.0001°/\mathrm{h}$ 定位误差曲线

$$\begin{aligned}\delta v_N &= R \cdot \delta\dot{L} \\ &= R\left(\dot{\psi}_y^e + \frac{-\Delta\dot{f}_x^e\sin L + \Delta\dot{f}_z^e\cos L}{g}\right) \\ &= R\left(\dot{\psi}_y^e + \frac{\Delta\dot{f}_N^n}{g}\right)\end{aligned}$$

$$\begin{aligned}
&= R\Big\{ -\psi_x^e(0)\omega_{ie}\cos(\omega_{ie}t) - \psi_y^e(0)\omega_{ie}\sin(\omega_{ie}t) \\
&\quad - (\Delta d_{11} + \Delta d_{12}\sin L)\cos L\sin(\omega_{ie}t + \gamma_2(0)) \\
&\quad - \Delta\varepsilon_{1x}[\sin(\omega_{ie}t + \gamma_2(0)) + \omega_{ie}t\cos(\omega_{ie}t + \gamma_2(0))] \\
&\quad + \Delta\varepsilon_{1y}[\cos(\omega_{ie}t + \gamma_2(0)) - \omega_{ie}t\sin(\omega_{ie}t + \gamma_2(0))] \\
&\quad - \Delta\bar{d}_{11}'\cos L\cos(\omega_{ie}t + \gamma_2(0)) + \frac{\Delta\dot{f}_N^n}{g}\Big\}
\end{aligned} \tag{6.32}$$

根据惯性导航速度解算公式推导东速误差公式为

$$\begin{aligned}
\delta v_E &= R\left(\dot{\psi}_x^e\sin L - \dot{\psi}_z^e\cos L + \frac{\Delta\dot{f}_y^e}{g}\right) \\
&= R\left(\dot{\psi}_x^e\sin L - \dot{\psi}_z^e\cos L + \frac{\Delta\dot{f}_E^n}{g}\right) \\
&= R\sin L[-\psi_x^e(0)\omega_{ie}\sin(\omega_{ie}t) + \psi_y^e(0)\omega_{ie}\cos(\omega_{ie}t) \\
&\quad + \Delta\varepsilon_{1x}(\cos(\omega_{ie}t + \gamma_2^p(0)) - \omega_{ie}t\sin(\omega_{ie}t + \gamma_2^p(0))) \\
&\quad + \Delta\varepsilon_{1y}(\sin(\omega_{ie}t + \gamma_2^p(0)) + \omega_{ie}t\cos(\omega_{ie}t + \gamma_2^p(0))) \\
&\quad + (\Delta d_{11} + \Delta d_{12}\sin L)\cos L\cos(\omega_{ie}t + \gamma_2^p(0)) \\
&\quad + \Delta\bar{d}_{11}'\cos L\sin(\omega_{ie}t + \gamma_2^p(0))] \\
&\quad - R\cos L[(\Delta\varepsilon_{2z} + \Delta d_{21}\sin L) + \Delta d_{22}\sin L\cos L\cos(\omega_{ie}t + \gamma_2^p(0)) \\
&\quad - \Delta\bar{d}_{21}'\cos L\sin(\omega_{ie}t + \gamma_2^p(0))] + R\frac{\Delta\dot{f}_E^n}{g}
\end{aligned} \tag{6.33}$$

由速度误差公式可见长周期导航过程中：

(1) 极轴陀螺仪常值漂移误差 $\Delta\varepsilon_{1x}$、$\Delta\varepsilon_{1y}$ 引起速度误差的正余弦发散振荡 $t\sin(\omega_{ie}t)$ 和 $t\cos(\omega_{ie}t)$，$1\times10^{-4}°/h$ 的极轴陀螺仪常值漂移误差引起速度误差振荡幅值每 24h 增加 0.02m/s。

(2) 极轴陀螺仪 g^1 项和 g^2 项漂移系数误差 Δd_{11}、Δd_{12}，耦合漂移系数误差 $\Delta\bar{d}_{11}'$、$\Delta\bar{d}_{21}'$，赤道陀螺仪 g^2 项漂移系数误差 Δd_{22}，这三类陀螺仪漂移系数误差引起速度误差地球周期等幅振荡，$1\times10^{-4}°/h$ 的极轴陀螺仪 g^1 项误差引起速度误差振荡幅值仅为 0.003m/s，其误差影响可忽略。

(3) 赤道陀螺仪常值漂移误差 $\Delta\varepsilon_{2z}$ 和 g^1 项 Δd_{21} 引起东速误差偏置，$1\times10^{-4}°/h$ 的漂移误差引起东速误差偏置为 0.003m/s，其误差影响可忽略。

因此，在长周期导航过程中，静电陀螺仪漂移系数误差对速度误差的影响是很小的，而加表误差和阻尼外速度源误差波动是引起空间稳定惯性导航系统速度误差的主要因素。具体如图 6.19~图 6.21 所示。

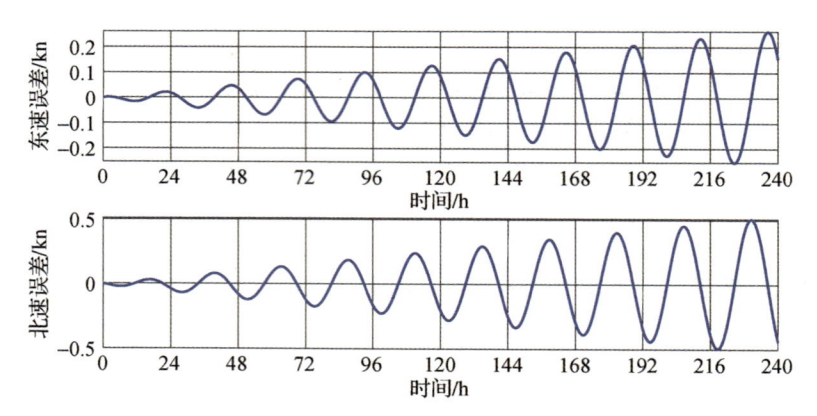

图 6.19　$\Delta\varepsilon_{1x}$、$\Delta\varepsilon_{1y}$ 均为 $0.0001°/h$ 速度误差曲线

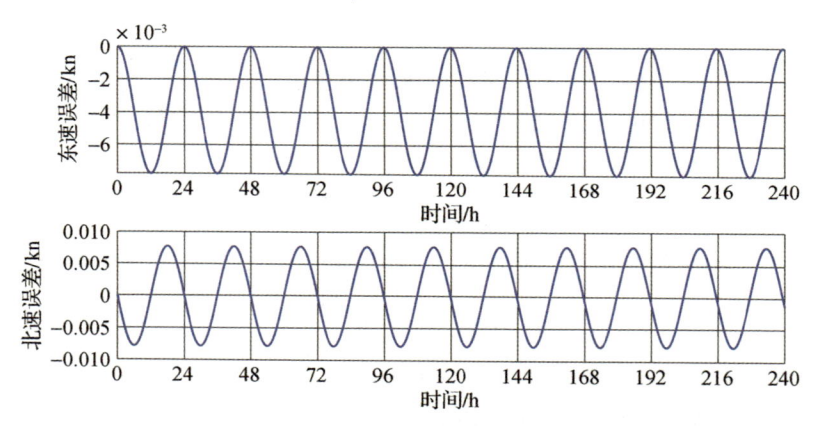

图 6.20　Δd_{11}、Δd_{12} 均为 $0.0001°/h$ 速度误差曲线

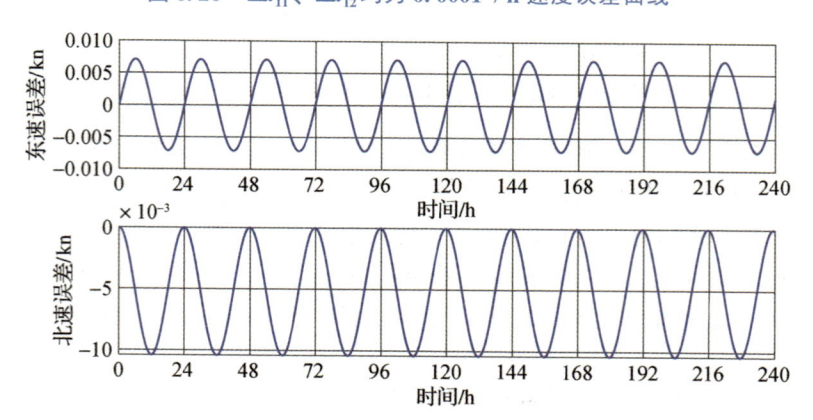

图 6.21　$\Delta\bar{d}'_{11}$、$\Delta\bar{d}'_{21}$ 均为 $0.0001°/h$ 速度误差曲线

3. 姿态误差

推导姿态误差公式为

$$\phi_N = \frac{\Delta f_y^e}{g} = \frac{\Delta f_E^n}{g} \tag{6.34}$$

$$\phi_E = \frac{\Delta f_x^e \sin L - \Delta f_z^e \cos L}{g}$$

$$= -\frac{\Delta f_N^n}{g} \tag{6.35}$$

$$\begin{aligned}
\phi_D \cos L &= -\left(\psi_x^e + \frac{\Delta f_y^e}{g}\right) \\
&= -\psi_x^e(0)\cos(\omega_{ie}t) - \psi_y^e(0)\sin(\omega_{ie}t) \\
&\quad - \frac{(\Delta d_{11} + \Delta d_{12}\sin L)\cos L}{\omega_{ie}}\sin(\omega_{ie}t) \\
&\quad - \Delta\varepsilon_{1x}t\cos(\omega_{ie}t + \gamma_2(0)) - \Delta\varepsilon_{1y}t\sin(\omega_{ie}t + \gamma_2(0)) \\
&\quad - \frac{\Delta\bar{d}'_{11}}{\omega_{ie}}\cos L(1 - \cos(\omega_{ie}t + \gamma_2(0))) - \frac{\Delta f_E^n}{g}
\end{aligned} \tag{6.36}$$

由姿态误差公式可见长周期导航过程中，水平姿态误差与加表误差相关，航向误差与陀螺仪漂移和加表误差相关：

（1）极轴陀螺仪常值漂移误差 $\Delta\varepsilon_{1x}$、$\Delta\varepsilon_{1y}$ 引起速度误差的正余弦发散振荡 $t\sin(\omega_{ie}t)$ 和 $t\cos(\omega_{ie}t)$，1×10^{-4}°/h 的极轴陀螺仪常值漂移误差引起航向误差振荡幅值每 24h 增加 0.144′。

（2）极轴陀螺仪 g^1 项和 g^2 项漂移系数误差 Δd_{11}、Δd_{12} 引起航向误差等幅振荡 $\cos(\omega_{ie}t)$，1×10^{-4}°/h 的极轴陀螺仪 g^1 项和 g^2 项漂移误差引起航向误差振荡幅值为 0.02′。

（3）耦合漂移系数误差 $\Delta\bar{d}'_{11}$ 引起航向误差偏置叠加等幅振荡 $\cos(\omega_{ie}t)$，1×10^{-4}°/h 的耦合漂移系数误差 $\Delta\bar{d}'_{11}$ 引起航向误差偏置为 0.02′，振荡幅值为 0.02′。具体如图 6.22~图 6.24 所示。

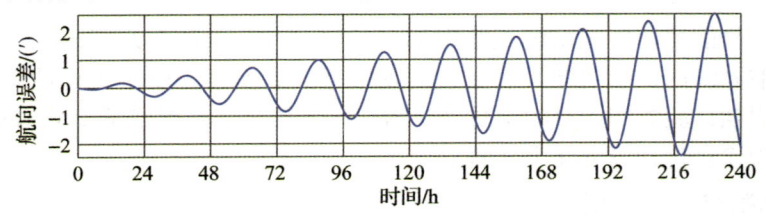

图 6.22 $\Delta\varepsilon_{1x}$、$\Delta\varepsilon_{1y}$ 均为 0.0001°/h 航向误差曲线

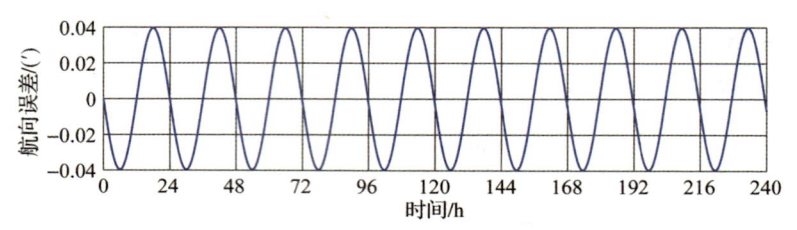

图 6.23　Δd_{11}、Δd_{12} 均为 $0.0001°/h$ 航向误差曲线

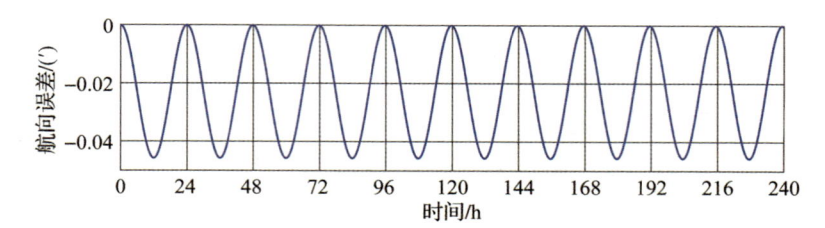

图 6.24　$\Delta \bar{d}'_{11}$、$\Delta \bar{d}'_{21}$ 均为 $0.0001°/h$ 航向误差曲线

因此，加表零偏误差 Δf_E^n、Δf_N^n 是影响水平姿态误差的主要因素，而极轴陀螺仪常值漂移误差 $\Delta \varepsilon_{1x}$、$\Delta \varepsilon_{1y}$ 是引起长周期导航过程航向误差的主要因素。

6.4　长航时静电陀螺仪精度评定方法探讨

6.4.1　长航时应用静电陀螺仪精度评价方法

使用静电陀螺仪的惯性导航系统主要是静电陀螺监控器和静电陀螺惯性导航，极陀螺仪动量矩轴极定位，赤道陀螺仪动量矩轴赤道面定位，依靠静电陀螺仪高精度、高稳定性进行高精度、长周期导航。长周期导航过程中，定位精度和航向精度主要由静电陀螺仪漂移决定，因此长航时静电陀螺仪误差评定方法主要是定位精度和航向精度评定方法。

6.4.2　长航时应用静电陀螺仪误差评定方法探讨

解决目前惯性导航系统试验周期过长问题，对于现在乃至未来更长周期惯性导航系统的试验问题具有极大的现实意义。惯性导航小子样试验方法能缩短长周期试验时间，目的是减少现场试验次数，降低现场试验成本和资源，主要实现途径包括以下几个方面。

1. 优化最小试验次数方法

理论上试验子样数越多越好，对于数字仿真系统是易实现的，但基于惯性导航系统实物进行的试验,当一个导航周期为几十天甚至更长时,就可能因为长时间使用船等试验资源受到限制。为最小化试验资源,可依据统计学理论确定最少子样数。

假设导航参量误差记为随机变量 X。

1) 定位误差统计角度

定位误差均为正,因此从偏差大小约束单边置信限角度,要求与均值的偏差 $\bar{X} - \mu$ 不超过 1 倍标准差 σ 的概率大于或等于 $1 - \alpha$。当航次 n 满足 $u_{1-\alpha}/\sqrt{n} \leq 1$ 时,有

$$P(|\bar{X} - \mu| \leq \sigma)$$
$$= P(-\sigma \leq \bar{X} - \mu \leq \sigma)$$
$$\geq P\left(-\frac{u_{1-\alpha/2}}{\sqrt{n}}\sigma \leq \bar{X} - \mu \leq \frac{u_{1-\alpha/2}}{\sqrt{n}}\sigma\right) = 1 - \alpha \qquad (6.37)$$

式中:$u_{1-\alpha/2}$ 为标准正态分布的 $1 - \alpha/2$ 分位点。

根据航次数不等式 $u_{1-\alpha}/\sqrt{n} \leq 1$,解得 $n \geq (u_{1-\alpha})^2$,则最小航次数为 $n_1 = (u_{1-\alpha})^2$。

举例说明,若置信度为 95%,则 $\alpha = 0.05$,此时最小子样数 $n_1 = 3$。对于定位误差评估试验,静态试验、摇摆试验和车载试验的陆上试验均需完成最少 3 航次试验。

2) 航向等姿态误差、速度误差统计角度

分析航向等姿态误差、速度误差具有正负数值误差的导航参量,仍从偏差大小约束的角度,要求与均值的偏差 $|\bar{X} - \mu|$ 不超过 1 倍标准差 σ 的概率大于或等于 $1 - \alpha$。此时,当航次 n 满足 $u_{1-\alpha/2}/\sqrt{n} \leq 1$ 时,有

$$P(|\bar{X} - \mu| \leq \sigma)$$
$$= P(-\sigma \leq \bar{X} - \mu \leq \sigma)$$
$$\geq P\left(-\frac{u_{1-\alpha/2}}{\sqrt{n_2}}\sigma \leq \bar{X} - \mu \leq \frac{u_{1-\alpha/2}}{\sqrt{n_2}}\sigma\right) = 1 - \alpha \qquad (6.38)$$

式中:$u_{1-\alpha/2}$ 为标准正态分布的 $1 - \alpha/2$ 分位点。

根据航次数不等式 $u_{1-\alpha/2}/\sqrt{n} \leq 1$,解得 $n \geq (u_{1-\alpha/2})^2$,则最小航次数 $n_2 = (u_{1-\alpha/2})^2$。

举例说明,若置信度为 95%,则 $\alpha = 0.05$,此时最小子样数 $n_2 = 4$。对于除定位误差外的导航参量误差评估试验,静态试验、摇摆试验和车载试验的

陆上试验均需完成最少 4 航次试验。

若置信度提高，则相应最小子样数 n 会增大。如置信度为 99%，则 $\alpha = 0.01$，此时定位误差评估试验最小子样数 $n_1 = 6$，除定位误差外的导航参量误差评估试验最小子样数 $n_2 = 7$。

确定陆上试验最少子样数的统计学方法，一是需要确定置信度，二是需要确定验证的导航参量，如果是船用惯性导航全参量评估，则要求的最小子样数 $n = \max(n_1, n_2)$。

2. 使用模型预测法预测导航精度

使用模型预测法预测导航精度是长周期导航时精度考核可采取的一种方式。基于惯性导航误差模型，通过模型预测法减少单航次试验时长，该方法可缩短单航次试验时长。模型预测法需要建立在误差源一定时间内稳定的基础上，根据惯性导航误差模型进行导航误差预测，使用预测值替代长航时未完成的导航时段，从而缩短单航次试验时长，并达到长周期导航精度考核的目的。

3. 优化精度性能评估方法

利用先验试验信息或参数检验法等验证现场试验结果与先验信息的一致性，结合贝叶斯统计检验方法、正交试验设计等方法优化试验，达到减小现场试验航次数的目的。

长周期导航试验受试验条件影响，尤其是海上资源有限，可利用贝叶斯理论优化精度性能评估方法，充分利用陆上试验等验前信息，基于海上验证试验，对惯性导航系统进行充分评估。

将船用惯性导航总体方差 σ^2 分为已知和未知两种情况，分别进行导航精度性能评估。

1) 总体方差 σ^2 已知

总体方差 σ^2 已知的条件下，首先估计验后期望 $\hat{\mu}_E = E(\mu|X)$，然后再进行验后期望的假设检验。

第一步，估计验后期望 $\hat{\mu}_E = E(\mu|X)$。

根据统计学定理：正态分布总体均值参数的共轭分布是正态分布。记 μ 的验前分布为正态分布 $N(\mu_\pi, \sigma_\pi^2)$，记 μ 的验后分布为正态分布 $N(\mu_1, \sigma_1^2)$，则得到 μ 的贝叶斯点估计为

$$\hat{\mu}_E = \begin{cases} E(\mu|X), \text{验后期望估计 } \hat{\mu}_E \text{ 的定义} \\ \mu_1, \text{验后分布均值 } \mu_1 \text{ 的定义} \\ \dfrac{\sigma^2/\sigma_\pi^2}{\sigma^2/\sigma_\pi^2 + n}\mu_\pi + \dfrac{n}{n + \sigma^2/\sigma_\pi^2}\bar{X}, \text{统计学定理} \end{cases} \quad (6.39)$$

式中：$\overline{X}$ 为样本均值；n 为样本数。

第二步，对验后期望进行假设检验。

设有原假设 H_0 和备选假设 H_1 分别为

$$H_0 : \mu < \mu_0, H_1 : \mu \geq \mu_0 \tag{6.40}$$

令 $\Theta_0 = \{\mu : \mu < \mu_0\}$，$\Theta_1 = \{\mu : \mu \geq \mu_0\}$，则 $\Theta_0 \cup \Theta_1 = \Theta$，$\Theta_0 \cap \Theta_1 = \Phi$，$\Theta$ 为参数空间，有

$$\frac{\alpha_0}{\alpha_1} = \frac{\int_{\Theta_0} \pi(\mu | X) \mathrm{d}\mu}{\int_{\Theta_1} \pi(\mu | X) \mathrm{d}\mu} = \frac{\int_{-\infty}^{\mu_0} \pi(\mu | X) \mathrm{d}\mu}{\int_{\mu_0}^{+\infty} \pi(\mu | X) \mathrm{d}\mu} \tag{6.41}$$

式中：α_0 为原假设 H_0 的验后概率，具体为

$$\alpha_0 = P(\Theta_0 | X) = \int_{\Theta_0} \pi(\mu | X) \mathrm{d}\mu = \int_{-\infty}^{\mu_0} \pi(\mu | X) \mathrm{d}\mu \tag{6.42}$$

α_1 为备选假设 H_1 的验后概率，具体为

$$\alpha_0 = P(\Theta_1 | X) = \int_{\Theta_1} \pi(\mu | X) \mathrm{d}\mu = \int_{\mu_0}^{+\infty} \pi(\mu | X) \mathrm{d}\mu \tag{6.43}$$

仍由统计学定理：正态分布总体均值参数的共轭分布是正态分布。通过样本验后分布的均值 μ_1 进行如下判断。

(1) 当 $\mu_0 > \mu_1$ 时，$\alpha_0 > \alpha_1$（原假设 H_0 的验后概率大于备选假设 H_1 的验后概率），采纳 H_0，认为 $\mu < \mu_0$，即该惯性导航系统精度符合指标 μ_0 的要求。

(2) 当 $\mu_0 < \mu_1$ 时，$\alpha_0 < \alpha_1$（原假设 H_0 的验后概率小于备选假设 H_1 的验后概率），采纳 H_1，认为 $\mu \geq \mu_0$，即该惯性导航系统精度不符合指标 μ_0 的要求。

2) 总体方差 σ^2 未知

总体方差 σ^2 未知的条件下，仍然先估计验后期望 $\hat{\mu}_E = E(\mu | X)$，然后再进行验后期望的假设检验。

第一步，估计验后期望 $\hat{\mu}_E = E(\mu | X)$。

仍根据统计学定理 μ 的贝叶斯点估计为验后期望估计为

$$\hat{\mu}_E = \begin{cases} E(\mu | X) & \text{，验后期望估计 } \hat{\mu}_E \text{ 的定义} \\ \mu_1 & \text{，验后分布均值 } \mu_1 \text{ 的定义} \\ \dfrac{\sigma^2 / \sigma_\pi^2}{\sigma^2 / \sigma_\pi^2 + n} \mu_\pi + \dfrac{n}{n + \sigma^2 / \sigma_\pi^2} \overline{X} & \text{，统计学定理} \end{cases} \tag{6.44}$$

式中：$\overline{X}$ 为样本均值；n 为样本数，由于 σ^2 未知，使用验后样本方差 S^2 作为 σ^2 的估计，即

$$\hat{\mu}_E = \frac{S^2/\sigma_\pi^2}{S^2/\sigma_\pi^2 + n}\mu_\pi + \frac{n}{n + S^2/\sigma_\pi^2}\overline{X} \tag{6.45}$$

式中：验后样本方差

$$S^2 = \frac{1}{n}\sum_{i=1}^{n}(x_i - \overline{X})^2 \tag{6.46}$$

其中，$X = \{x_i, i=1,2,\cdots,n\}$ 为验后样本。

第二步，验后期望的假设检验。

设有原假设 H_0 和备选假设 H_1 分别为

$$H_0: \mu < \mu_0, H_1: \mu \geq \mu_0 \tag{6.47}$$

令 $\Theta_0 = \{\mu: \mu < \mu_0\}$，$\Theta_1 = \{\mu: \mu \geq \mu_0\}$，则 $\Theta_0 \cup \Theta_1 = \Theta$，$\Theta_0 \cap \Theta_1 = \Phi$，$\Theta$ 为参数空间，有

$$\frac{\alpha_0}{\alpha_1} = \frac{\int_{\Theta_0}\pi(\mu|X)\mathrm{d}\mu}{\int_{\Theta_1}\pi(\mu|X)\mathrm{d}\mu} = \frac{\int_{-\infty}^{\mu_0}\pi(\mu|X)\mathrm{d}\mu}{\int_{\mu_0}^{+\infty}\pi(\mu|X)\mathrm{d}\mu} \tag{6.48}$$

由 $\mu|X \sim t(\nu_1, \mu_1, \sigma_1/\sqrt{k_1})$，其验后中位数是 μ_1，因此：

(1) 当 $\mu_0 > \mu_1$ 时，$\alpha_0 > \alpha_1$（原假设 H_0 的验后概率大于备选假设 H_1 的验后概率），采纳 H_0，认为 $\mu < \mu_0$，即该惯性导航系统精度符合指标 μ_0 的要求。

(2) 当 $\mu_0 < \mu_1$ 时，$\alpha_0 < \alpha_1$（原假设 H_0 的验后概率小于备选假设 H_1 的验后概率），采纳 H_1，认为 $\mu \geq \mu_0$，即该惯性导航系统精度不符合指标 μ_0 的要求。

贝叶斯方法重视已出现的样本观察值，而对尚未发生的样本观察值不予考虑。同时，也非常重视验前信息的收集、挖掘和加工，使其数量化，以便形成验前分布，并参加到统计推断中来，从而提高统计推断的质量。因此，可利用贝叶斯理论优化导航精度评估，进而得到长周期试验时静电陀螺仪精度。

参考文献

[1] 高钟毓. 静电陀螺仪技术 [M]. 北京：清华大学出版社，2004.
[2] 高钟毓. 空间稳定惯性导航系统研究 [M]. 北京：清华大学出版社，2021.
[3] 高钟毓. 惯性导航系统技术 [M]. 北京：清华大学出版社，2012.
[4] 孙新民，李树文. 对小型静电陀螺仪球形转子的研磨技术 [J]. 新工艺新技术，2000（4）：15－18.
[5] 李立勇，实心静电陀螺仪铍转子技术研究 [D]. 天津：天津大学，2006.
[6] 贺晓霞，高钟毓，王永梁. 静压气体球轴承球形转子的干扰力矩分析 [J]. 中国惯性技术学报，2002，10（6）：56－61.
[7] 贺晓霞，高钟毓，王永梁. 两种球形转子平衡装置干扰力矩的比较 [J]. 仪器仪表学报，2004，25（5）：681－683.
[8] 刘延柱. 静电陀螺仪动力学 [M]. 北京：国防工业出版社，1979.
[9] 章燕申. 高精度导航系统 [M]. 北京：中国宇航出版社，2005.
[10] 金志华，田蔚风. 静电陀螺仪光电信号器 [J]. 中国惯性技术学报，1991（1）：51－56，41.
[11] 高钟毓. 静电陀螺仪的磁场修正法 [J]. 惯性导航与器件，1979（4）：41－47.
[12] 高钟毓，静电支承球形转子的恒速控制 [J]. 中国惯性技术学报，2000，8（3）：42－47.
[13] 彭晓军，高钟毓，王永梁，等. 静电悬浮球形转子的电场恒速方法 [J]. 中国惯性技术学报，2002，10（4）：29－34.
[14] 彭晓军，高钟毓，王永梁，等. 转子在静电支承系统中的转速衰减特性 [J]. 清华大学学报（自然科学版），2004，44（8）：1009－1012.
[15] 彭晓军，高钟毓，王永梁. 在 ESS 中嵌入滤波器实现转子电场恒速的系统设计方法 [J]. 中国惯性技术学报，2004，12（5）：1－3.
[16] 黄芝兰，高钟毓，韩丰田，等. 基于正弦波和方波调制的高压放大器比较与实验研究 [J]. 中国惯性技术学报，2006，14（6）：48－51.
[17] 张春庭，高钟毓. 陀螺仪壳体翻滚系统 [J]. 中国惯性技术学报，2005，13（6）：58－60.
[18] 张春庭，高钟毓. 壳体旋转对由恒速磁场引起的漂移误差的调制作用 [J]. 中国惯性技术学报，2004，12（6）：72－74.
[19] 韩丰田，高钟毓，王永梁. 有源静电悬浮系统的反馈线性化控制 [J]. 清华大学学报（自然科学版），2003，43（2）：196－199，203.
[20] 韩丰田，高钟毓. 有源静电轴承的动刚度特性研究 [J]. 机械工程学报，2004，40（3）：31－34.
[21] 韩丰田，李冬梅，高钟毓，等. 有源静电轴承起支过程的非线性控制 [J]. 清华大学学报（自然科学版），2005，45（11）：1476－1479.
[22] 高钟毓，贺晓霞，何虔恩. 空间稳定平台通用误差模型 [J]. 中国惯性技术学报，2015，23（4）：421－428.

[23] 刘赟. 密封局域环境风冷恒温控制技术研究 [D]. 北京: 清华大学, 2009.
[24] 黄宗升, 秦石乔, 王省书, 等. 光栅角编码器误差分析及用激光陀螺标校的研究 [J]. 仪器仪表学报, 2007, 28 (10): 1866–1869.
[25] 袁辉, 刘朝晖, 李治国, 等. 圆感应同步器系统误差的动态提取与补偿 [J]. 光学精密工程, 2015, 23 (3): 794–802.
[26] 陈景春, 韩丰田, 李海霞. 陀螺仪壳体翻滚控制系统的分析与实验研究 [J]. 中国惯性技术学报, 2007, 15 (2): 225–228.
[27] 胡佩达, 高钟毓, 吴秋平, 等. 基于参考速度和一点位置的重调技术 [J]. 中国惯性技术学报, 2013, 21 (3): 281–284.
[28] Ландау Б. Е. Электростатический гироскоп со сплошным ротором [M]. Санкт-Петербург: Электроприбор, 2020.
[29] Ландау Б. Е., Емельянцев Г. И., Левин С. Л., ИДР. Основные результаты разработки и испытаний системы определения ориентации на электростатических гироскопах для низкоорбитальных космических аппаратов [J]. Гироскопия и навигация, 2007 (2): 3–12.
[30] Ландау Б. Е., Гуревич С. С., Емельянцев Г. И., ИДР. Калибровка погрешностей бескарданной инерциальной системы на ЭСГ в условиях орбитального полета [J]. Гироскопия и навигация, 2010 (1): 36–46.
[31] Ландау Б. Е., Романенко С. Г., Демидов А. Н. Способ калибровки бескарданной инерциальной системы на электростатических гироскопах в условиях орбитального полета: Патент РФ 2677099 [P]. 2019-01-15.
[32] Ландау Б. Е., Белаш А. А., Гуревич С. С., ИДР. Электростатический гироскоп в системах ориентации космических аппаратов [J]. Гироскопия и навигация, 2021, 29 (3): 69–79.
[33] 金振中, 李晓斌, 等. 战术导弹试验设计 [M]. 北京: 国防工业出版社, 2013.
[34] 蔡洪, 张士峰, 张金槐, 等. Bayes 试验分析与评估 [M]. 长沙: 国防科技大学出版社, 2004.
[35] 王国玉, 申绪涧, 汪连栋, 等. 电子系统小子样试验理论方法 [M]. 北京: 国防工业出版社, 2003.